普通高等教育"十二五"规划教材

Photoshop 图形图像处理实用教程
（CS4 中文版）

主　编　孟庆伟　刘　婷

副主编　王晓红　王　峰　余奇明

内 容 提 要

本书由浅入深、循序渐进地介绍使用 Adobe 公司推出的中文版 Photoshop CS4 进行图形图像处理的基础知识和基本技巧。全书共分为 10 章，主要内容包括 Photoshop 的基本概念与基础知识，基本操作与图像设置，选择和移动图像，绘画和编辑图像，绘制路径与图形，图层、蒙版与通道的应用，色彩与色调，滤镜，文字特效，Photoshop CS4 的综合应用实训等。

本书内容丰富，结构清晰，语言简练，图文并茂，具有很强的实用性和可操作性，对每个功能及操作都采用案例式教学，通俗易懂。

本书可作为大中专院校、职业学校及各类社会培训学校的基础教材，也可作为广大初、中级电脑用户的自学参考书，还可以作为图像制作和设计人员的参考资料。

本书所配电子教案等相关教学素材均可从中国水利水电出版社和万水书苑网站上下载，网址：http://www.waterpub.com.cn/softdown/和 http://www.wsbookshow.com。或与编者联系（zzsymqw@163.com），获取更多教学服务支持。

图书在版编目（CIP）数据

Photoshop图形图像处理实用教程：CS4中文版 / 孟庆伟，刘婷主编. -- 北京：中国水利水电出版社，2011.1（2020.1 重印）

普通高等教育"十二五"规划教材
ISBN 978-7-5084-8270-5

Ⅰ. ①P… Ⅱ. ①孟… ②刘… Ⅲ. ①图形软件，Photoshop CS4－高等学校－教材 Ⅳ. ①TP391.41

中国版本图书馆CIP数据核字(2010)第262921号

策划编辑：雷顺加　　责任编辑：周益丹　　加工编辑：冯玮　　封面设计：李佳

书　名	普通高等教育"十二五"规划教材 Photoshop 图形图像处理实用教程（CS4 中文版）
作　者	主　编　孟庆伟　刘　婷 副主编　王晓红　王　峰　余奇明
出版发行	中国水利水电出版社 （北京市海淀区玉渊潭南路 1 号 D 座　100038） 网址：www.waterpub.com.cn E-mail：mchannel@263.net（万水） 　　　　sales@waterpub.com.cn 电话：（010）68367658（营销中心）、82562819（万水）
经　售	全国各地新华书店和相关出版物销售网点
排　版	北京万水电子信息有限公司
印　刷	三河市鑫金马印装有限公司
规　格	184mm×260mm　16 开本　20 印张　506 千字
版　次	2011 年 1 月第 1 版　2020 年 1 月第 7 次印刷
印　数	11501—12500 册
定　价	35.00 元

凡购买我社图书，如有缺页、倒页、脱页的，本社营销中心负责调换

版权所有·侵权必究

前　　言

　　Photoshop 是 Adobe 公司旗下最为出名的图像处理软件之一，提供了最专业的图像编辑与处理功能。Photoshop CS4 软件通过直观的用户体验、更大的编辑自由度以及大幅提高的工作效率，深受美术设计人员的青睐，广泛应用于出版印刷、广告设计、影楼和家庭照片处理、网页美工等各个领域。

　　本书从提高学生的实践能力出发，由浅入深，注重理论的同时，提倡学生多操作与实训，在基础中总结技巧，从训练中积累经验，真正让学生能学以所用、学有所成，为此专门提出本门课程的学习精髓与学习方法。

　　Photoshop 的学习精髓：对于初学者来说，掌握各种概念、基础知识至关重要，掌握基本工具与命令的使用是最基本的技能，而学习 Photoshop 的真正精髓与核心是设计与创意，在此状态下，你会感觉 Photoshop 真正成了如同鼠标一样的工具，而使用工具靠的是自己的感觉、技巧，而不是 Photoshop 本身。

　　Photoshop 的学习方法：对于初学者来说，要多观察、多思考、多延伸，不要盲目在网络上找案例学习，在简单了解每个部分的基础知识及基本操作之后，再深入细致地研究。学会一个案例、一个效果之后，要进行延伸使用、变化，举一反三，增加一些书上讲不到提不到的效果。达到初级程度后，就可以到网上找实例，但不要先看别人的教程，而是根据自己的能力来实现同样的效果，当然 Photoshop 自身带的 help 文件也是我们较好的学习宝典，遇到问题可以随时随地进行查寻，制作出来后再对比别人的制作过程，你会发现自己和别人的思路的差异。

　　作者建议学习 Photoshop 的思路：看到一个效果——惊讶——我也要做——学习——理解——延伸——我能用这个特性做出更好的效果吗——我还有其他方法实现吗——再看到下一个效果，哦，其实这就是……

　　全书共分 10 章，全面介绍 Photoshop 的基本概念与基础知识，基本操作与图像设置，选择和移动图像，绘画和编辑图像，绘制路径与矢量图形，图层、蒙版与通道的应用，色彩与色调调整，滤镜，文字特效，Photoshop CS4 的综合应用实训等内容，并结合实践应用制作出理想的实例效果。内容概括如下：

　　第 1 章主要介绍 Photoshop CS4 的基本概念与基础知识。

　　第 2 章介绍如何在 Photoshop 中进行基本操作，以及对图像的一些基本设置等。

　　第 3~6 章讲解 Photoshop 的核心内容，包括选区、图层、绘制工具、路径与文本等。通过这些知识的学习，可以创建要表现的图像效果。

　　第 7 章详细介绍 Photoshop 中的色彩与色调调整命令，并将这些调整命令加以分类，使得读者可以灵活方便地使用这些命令调整图像色调和色彩。

　　第 8~9 章介绍滤镜及文字特效的制作。这是 Photoshop 中利用软件自身特效制作用手工操作无法达到的一些效果。

　　第 10 章介绍 Photoshop CS4 的综合应用。针对前几章的内容，结合在社会各领域的应用，采用案例式应用说明。

本书由长期从事于图像制作的教师和设计人员执笔编写，内容详略得当，逻辑结构合理，图文并茂，实例丰富。在编写时充分考虑到图形图像培训市场的需要，从内容到体例都精心设计，可以满足教师授课和学生学习需要。教材的讲授以每周四课时的标准进行，教师授课时也可适时进行调整至每周两课时或六课时。例如在滤镜一章，教师可重点讲解部分常用滤镜，其他由学生自由练习。本书既可以作为 Photoshop CS4 培训教材和自学教材，也可以作为图像制作和设计人员的参考资料。

本书由孟庆伟、刘婷任主编，王晓红、王峰、余奇明任副主编。主要编写人员分工如下：孟庆伟编写第 1、2 章，刘婷编写第 3、7 章，王晓红编写第 4、5 章，王峰编写第 6 章，李丽编写第 7 章，张晓亮与李正超共同编写第 8 章，余奇明编写第 9 章，王东编写第 10 章。最终在中国水利水电出版社雷顺加、向辉等同志提出很好建议的情况下完成书稿，另外参与本书制作工作的还有赵秀华、王改平、王绪荷、孟慧、王丹丹、杨柳青、杨青琨等。在实训方面参考了部分网站、博客的一些作品与创意。在此一并向为本书提供帮助与支持的所有同志表示衷心感谢。

由于篇幅、时间和作者水平等方面的限制，本书在讲解软件基础之外，只对图像创新设计进行了粗略的探讨，涉及数码艺术方面更多的内容还有待于今后不断地探索与完善，错误之处也在所难免，在此敬请各位同行专家及读者不吝赐教、批评指正，作者的邮箱为 zzsymqw@163.com。

编　者
2010 年 12 月

目　　录

前言

第1章　基本概念与基础知识 ……………………………… 1
1.1　Photoshop 的发展历程 ……………………… 1
1.2　Photoshop CS4 的运行环境 …………………… 3
1.2.1　系统运行的软硬件环境 …………………… 3
1.2.2　相关的图像输入/输出设备 ……………… 4
1.3　Photoshop 的行业应用 ………………………… 8
1.4　Photoshop 的基本概念 ………………………… 9
1.4.1　位图与矢量图 ……………………………… 9
1.4.2　像素与分辨率 ……………………………… 10
1.4.3　颜色模式 …………………………………… 11
1.4.4　常用图像文件格式 ………………………… 13
1.5　Photoshop CS4 主界面 ………………………… 14
1.6　Photoshop CS4 特点及新增功能 ……………… 20
1.7　Photoshop CS4 案例实训 ……………………… 22
1.7.1　"导航器"调板放大面部黑痣 …………… 22
1.7.2　面部黑痣的擦除 …………………………… 23
1.7.3　制作马赛克效果人像图 …………………… 24
1.7.4　图像操作历史复原 ………………………… 25
习题与实训 …………………………………………… 26

第2章　基本操作与图像设置 ……………………………… 27
2.1　文件基本操作 …………………………………… 27
2.1.1　新建文件 …………………………………… 27
2.1.2　打开文件 …………………………………… 28
2.1.3　存储文件 …………………………………… 29
2.1.4　文件的导入与导出 ………………………… 30
2.1.5　置入文件命令 ……………………………… 30
2.1.6　关闭文件 …………………………………… 30
2.2　图像显示控制 …………………………………… 31
2.2.1　缩放工具 …………………………………… 31
2.2.2　抓手工具 …………………………………… 32
2.2.3　屏幕显示模式 ……………………………… 32
2.2.4　隐藏面板、工具及菜单 …………………… 32
2.3　设置图像文件大小 ……………………………… 32
2.3.1　查看图像文件大小 ………………………… 32
2.3.2　调整图像文件大小 ………………………… 33
2.3.3　调整图像画布大小 ………………………… 33
2.4　标尺、网格、参考线及附注 …………………… 34
2.4.1　设置标尺 …………………………………… 34
2.4.2　设置网格 …………………………………… 34
2.4.3　设置参考线 ………………………………… 35
2.5　设置颜色与填充颜色 …………………………… 35
2.5.1　设置颜色 …………………………………… 35
2.5.2　绘图颜色设置 ……………………………… 37
2.5.3　填充颜色 …………………………………… 38
2.6　图像的基本操作 ………………………………… 39
2.6.1　图像的（自由）变换 ……………………… 39
2.6.2　图像的裁剪和裁切 ………………………… 40
2.7　基本编辑操作 …………………………………… 41
2.8　综合案例实训——填充图案效果 ……………… 42
习题与实训 …………………………………………… 43

第3章　选择和移动图像 …………………………………… 45
3.1　选择工具 ………………………………………… 45
3.1.1　矩形选框工具和椭圆选框工具 …………… 45
3.1.2　套索工具 …………………………………… 47
3.1.3　多边形套索工具练习 ……………………… 47
3.1.4　磁性套索工具 ……………………………… 48
3.1.5　快速选择工具组 …………………………… 48
3.2　选择命令 ………………………………………… 49
3.2.1　利用色彩范围命令选择图像 ……………… 49
3.2.2　使用"扩大选取"命令建立选区 ………… 51
3.2.3　使用"选取相似"命令建立选区 ………… 51
3.3　编辑选区 ………………………………………… 51
3.3.1　移动选区 …………………………………… 51
3.3.2　取消和隐藏选区 …………………………… 53
3.3.3　修改选区 …………………………………… 53
3.3.4　变换选区 …………………………………… 54

3.3.5 存储和载入选区 55
3.3.6 其他编辑选区命令 56
3.4 案例实训 56
习题与实训 64

第4章 绘画和编辑图像 65
4.1 绘制图像 65
 4.1.1 使用绘画工具 65
 4.1.2 设置画笔 67
 4.1.3 自定义画笔 72
 4.1.4 替换图像颜色 74
 4.1.5 面部化彩妆 75
4.2 渐变颜色 78
 4.2.1 设置渐变样式 78
 4.2.2 设置渐变方式 78
 4.2.3 设置渐变选项 79
 4.2.4 编辑渐变颜色 80
 4.2.5 绘制苹果 81
4.3 擦除图像 87
 4.3.1 橡皮擦工具 87
 4.3.2 背景橡皮擦工具 88
 4.3.3 魔术橡皮擦工具 89
4.4 历史记录 90
 4.4.1 历史记录画笔工具 90
 4.4.2 历史记录艺术画笔工具 92
 4.4.3 设置"历史记录"调板 94
4.5 修复、修补图像 94
 4.5.1 污点修复画笔工具 94
 4.5.2 修复画笔工具 96
 4.5.3 修补工具 98
 4.5.4 红眼工具 100
 4.5.5 仿制图章工具 100
 4.5.6 图案图章工具 102
4.6 修饰图像工具 103
 4.6.1 模糊工具、锐化工具和涂抹工具 103
 4.6.2 减淡和加深工具 105
 4.6.3 海绵工具 106
4.7 综合案例实训——绘制一条逼真的鱼 107
习题与实训 118

第5章 绘制路径与矢量图形 120
5.1 绘制路径 120
 5.1.1 路径的构成 120
 5.1.2 使用路径工具 121
 5.1.3 设置路径的属性 121
 5.1.4 "路径"调板 122
 5.1.5 选择人物图像 124
5.2 形状工具 126
 5.2.1 图形的类型 126
 5.2.2 利用形状工具绘制图形 127
 5.2.3 定义形状图形 129
 5.2.4 绘制闪闪的红星 130
5.3 综合案例实训 134
习题与实训 140

第6章 图层、蒙版与通道的应用 141
6.1 图层概述 141
 6.1.1 图层概念与基本特性 141
 6.1.2 图层与选区的关系 142
 6.1.3 "图层"调板 143
 6.1.4 图层类型 144
6.2 图层操作 144
 6.2.1 新建图层 144
 6.2.2 删除图层 145
 6.2.3 复制图层 146
 6.2.4 合并图层 146
 6.2.5 重命名图层 147
 6.2.6 锁定/解锁图层 147
 6.2.7 图层的对齐与分布 147
 6.2.8 调整图层的叠放顺序 150
 6.2.9 创建与编辑图层组 150
 6.2.10 图层的常规混合 152
 6.2.11 图层的高级混合 155
 6.2.12 图层样式 156
6.3 通道 163
 6.3.1 通道概述 164
 6.3.2 通道的创建、复制与删除 165
 6.3.3 通道分离与合并 167
 6.3.4 将通道作为选区载入 168
 6.3.5 将选区存储为通道 169
 6.3.6 专色通道及其应用 169

| 6.3.7   应用图像与计算 ································· 170
| 6.4   蒙版 ·· 173
| 6.4.1   蒙版概述 ·· 174
| 6.4.2   "蒙版"调板 ·· 174
| 6.4.3   快速蒙版 ·· 174
| 6.4.4   图层蒙版 ·· 176
| 6.4.5   矢量蒙版 ·· 177
| 6.4.6   剪贴蒙版 ·· 178
| 6.5   案例实训——重构IPAD产品外观 ········· 179
| 习题与实训 ·· 184

第7章 色彩与色调调整 ·· 186

| 7.1   色彩和色调调整概述 ······························· 186
| 7.1.1   色彩和色调调整基础知识 ··················· 186
| 7.1.2   图像校正的基本步骤 ························· 187
| 7.1.3   "调整"调板的基本使用 ··················· 187
| 7.2   色阶、曲线和曝光度 ······························· 188
| 7.2.1   色阶 ·· 188
| 7.2.2   曲线 ·· 190
| 7.2.3   曝光度 ·· 191
| 7.3   图像的色相/饱和度和颜色平衡 ············· 192
| 7.3.1   色相/饱和度 ·· 192
| 7.3.2   自然饱和度 ·· 193
| 7.3.3   色彩平衡 ·· 194
| 7.3.4   照片滤镜 ·· 194
| 7.4   匹配、替换和混合颜色 ··························· 195
| 7.4.1   匹配颜色 ·· 195
| 7.4.2   替换颜色 ·· 196
| 7.4.3   通道混合器 ·· 197
| 7.4.4   可选颜色 ·· 198
| 7.5   图像的快速调整 ······································· 198
| 7.5.1   亮度/对比度 ·· 198
| 7.5.2   变化 ·· 199
| 7.5.3   色调均化 ·· 200
| 7.5.4   阴影/高光 ·· 200
| 7.6   图像的特殊颜色处理 ······························· 201
| 7.6.1   去色 ·· 201
| 7.6.2   反相 ·· 201
| 7.6.3   阈值 ·· 202
| 7.6.4   色调分离 ·· 202

        7.6.5   渐变映射 ·· 203
        7.6.6   黑白 ·· 204
    7.7   案例实训——秋天的童话 ······················· 204
    习题与实训 ·· 209

第8章 滤镜 ·· 211

    8.1   滤镜概述 ·· 211
    8.2   传统滤镜库 ·· 212
        8.2.1   艺术效果滤镜 ····································· 212
        8.2.2   模糊滤镜 ··· 218
        8.2.3   画笔描边滤镜 ····································· 223
        8.2.4   扭曲滤镜 ··· 226
        8.2.5   杂色滤镜 ··· 232
        8.2.6   像素化滤镜 ··· 235
        8.2.7   渲染滤镜 ··· 237
        8.2.8   锐化滤镜 ··· 240
        8.2.9   素描滤镜 ··· 242
        8.2.10 风格化滤镜 ··· 248
        8.2.11 纹理滤镜 ··· 252
        8.2.12 视频滤镜 ··· 255
        8.2.13 其他滤镜 ··· 256
    8.3   几个常用滤镜 ·· 259
        8.3.1   抽出滤镜 ··· 259
        8.3.2   液化滤镜 ··· 262
        8.3.3   图案生成器 ··· 265
        8.3.4   消失点滤镜 ··· 267
    8.4   使用滤镜插件KPT 7.0 ····························· 269
    8.5   综合案例实训 ·· 270
    习题与实训 ·· 273

第9章 文字特效 ································ 275

    9.1   文字与图层的关系 ·································· 275
    9.2   文字的输入与转换 ·································· 276
        9.2.1   横排与直排文字 ································· 276
        9.2.2   横排与直排文字蒙版 ························· 276
        9.2.3   点与段落文字 ····································· 277
        9.2.4   文字属性 ··· 278
        9.2.5   文字的转换 ··· 280
    9.3   特效文字 ·· 280
        9.3.1   变换与变形文字 ································· 280
        9.3.2   路径文字 ··· 280

9.3.3 形状文字 ·· 282
9.3.4 文字栅格化处理 ··· 282
9.4 综合案例实训 ··· 283
习题与实训 ··· 286
第 10 章 Photoshop CS4 的综合应用实训 ·········· 288
10.1 网站美工 ··· 288
   10.1.1 网页页面布局 ··· 288
   10.1.2 色彩搭配 ·· 289
   10.1.3 文字的选择 ·· 292
   10.1.4 图片的选择 ·· 293
   10.1.5 浏览导航 ·· 293
10.2 产品包装设计 ·· 294
   10.2.1 包装设计概述 ··· 294
   10.2.2 包装设计常识 ··· 294

10.2.3 实例制作 ·· 294
10.3 数码照片处理 ·· 297
   10.3.1 艺术照片制作 ··· 297
   10.3.2 照片修复 ·· 299
   10.3.3 照片合成 ·· 300
   10.3.4 个人写真的制作 ··· 301
10.4 广告设计与制作 ·· 304
   10.4.1 广告设计概述 ··· 304
   10.4.2 广告设计制作过程 ····································· 305
   10.4.3 广告设计案例 ··· 306
习题与实训 ··· 309
参考文献 ··· 312
参考网站 ··· 312

第 1 章　基本概念与基础知识

本章是学习Photoshop平面图形处理的基本概念及基本操作,通过本章的学习要求读者了解Photoshop的发展历程、Photoshop的行业应用及前景、图形处理的基本概念、Photoshop CS4 的基本界面等,最后就基本知识内容进行案例教学以加深基本概念的理念与认识,培养读者最基本的图形处理意识。

1. Photoshop基本概念及基本操作。
2. Photoshop的应用前景。

1.1　Photoshop的发展历程

Photoshop 是一款非常优秀的图像处理软件,它图像处理功能强大,效果显著,在图形图像处理领域是迄今为止世界上最畅销的图像编辑软件。它已成为许多涉及图像处理行业的标准,并且是 Adobe 公司最大的收入来源。

Photoshop 的开始是名不见经传,如果不是 Michigan 大学一位研究生延迟毕业答辩,Photoshop 或许根本就不可能被开发出来。1987 年秋,一名攻读博士学位的研究生 Thomas Knoll,出于兴趣一直尝试编写一个程序,使得在黑白位图监视器上能够显示灰阶图像。他把该程序命名为 Display。但是 Knoll 在家里用他的 Mac Plus 计算机编写这个编码纯粹是为了娱乐,与他的论文题目并没有直接的关系。他认为它并没有很大的价值,更没想过这个编码会是 Photoshop 的开始。

他的程序引起了他哥哥 John 的注意。当时 John 正效劳于 Iindustrial Light Magic(ILM)公司是一家影视特效制作公司。随着《星球大战》的诞生,Lucas 向世人证明,真正的酷效,配以英雄人物,将创造出惊世巨片。当时 John 正在实验利用计算机创造特效,他让 Thomas 帮他编写一个程序处理数字图像,这正是 Display 的一个极佳起点,他们的合作也从此开始。

John 通过他父亲——Michigan 大学的教授,购买了一台新的 Macintosh II 计算机。Thomas 用它重新编写 Display 代码,使之支持彩色功能。随后,在 John 的力促下, Thomas 开发了图像处理例程(即后来的滤镜插件),以及增加了读写各种文件格式的功能。其独创的创建软化边缘选区功能亦在此时得以实现,另外,还增加了:色阶、色彩平衡、色相及饱和度等功能。

1988 年夏天,John 决定实现这个程序的商业价值。尽管将很艰难,但天性乐观的他认为它值得努力。当时,在 MacWeek 上刊登的一种图像应用软件 PhotoMac 引起了 John 的关注。

他到 SIGGRAPH（计算机绘图专业组）大会去调查这种新的软件。最后他告诉 Thomas 他们无需担心，事实上 PhotoMac 与 Knoll 编写的程序相比，缺少很多重要的功能。

Thomas 好几次试图更改这个软件的名称，但每次都没有成功。有趣的是，正所谓踏破铁鞋无觅处，得来全不费工夫，在一次偶然的演示时，他采用了一个人的建议，把这个软件命名为 Photoshop。从此，Photoshop 正式成为了这个软件的名称，直至今日。与此同时，John 四处奔走，寻找公司投资 Photoshop。SuperMac、Alcus、Adobe 都因为种种原因没有成功。他继续在硅谷寻找投资者，并鼓励 Thomas 继续编写新的功能。他甚至编写了一本简单的手册介绍这个程序。最后，一家扫描仪公司采用了这个软件。大约 200 份 0.87 版本的 Photoshop 副本贝随着扫描仪捆绑出售。Photoshop 首次发行即是与 Banreyscan XP 扫描仪捆绑发行的。

后来，John 重返 Adobe 进行另一次演示。Russell Brown，Adobe 的艺术总监，完全被这个程序所打动。Adobe 以极大的热情果断地买下了 Photoshop 的发行权。1988 年 11 月，Knoll 兄弟与 Fred Mitchell，Adobe 的首脑，口头议定合同，并于次年 4 月完成真正的法律合同。合同上的关键词是"license to distribute（授权销售）"，Adobe 公司当时并没有完全买断这个程序，直到若干年后 Photoshop 取得了巨大的成功。签定了合同后，Thomas 和 John 两兄弟开始研发新的版本以发布销售。而 Adobe 公司则决定保留 Photoshop 这个名字。如图 1-1 所示为早期软盘版 Photoshop。

图 1-1　早期软盘版 Photoshop

Thomas 在 Ann Harbor 编写所有的程序，而 John 在 California 编写插件。Adobe 的一些人认为 John 的插件过于花俏，不适合严肃的应用程序。他们的观点是产品仅作为一种润饰的工具，而非为了特殊作用。所以 John 只能偷偷地把这些插件编写进去。正是这些原来为很多所不齿的插件，却成为日后 Photoshop 成功的一大因素。时至今日，插件已经成为 Photoshop 不可或缺的重要功能。

1990 年 2 月，Photoshop 1.0 版本发行。它优秀的编码和简单便捷的使用给了它的竞争者 ColorStudio 狠狠的打击。它给计算机图像处理行业市场带来巨大的冲击。除了其他软件没有的特点外，它还获得了天时。当时正值计算机桌面革命炒得火热，桌面的发展更为它创造了有利条件。这个版本与今天 Windows 系统自带的"画板"组件十分相似，仅提供一些基本功能：上色板、图形缩放、画笔、橡皮擦等，而且只支持 Mac 平台。

1991 年，Adobe 发布了 Photoshop 2.0，提供了很多更新的工具，比如矢量编辑软件 Illustrator、CMYK 颜色以及 Pen tool（钢笔工具）。最低内存需求从 2MB 增加到 4MB，这对提高软件稳定性有非常大的影响。随后，公司又发行了一款支持 Windows 的版本，版本号设定为 2.5，新加了过滤器和调色板两个功能。Illustrator 的出现标志 PS 正式进军出版行业。

1994 年，Photoshop 3.0 问世，Thomas 和 John Knoll 依然还在研发第一线工作，Photoshop 3.0 版本中加入了"Layer"图层功能，这个功能具有革命性的创意：允许用户在不同视觉层面中处理图片，然后合并压制成一张图片。

1996 年，Photoshop 4.0 推出，采用其他 Adobe 产品同样的操作界面，程序使用流程也有所改变。一些老用户刚开始对此比较敏感，但是后来发现整合用户界面后能节省很多时间。此外，4.0 中首次应用了调整图层功能和宏命令工具。

1998 年，Photoshop 5.0 推出，Photoshop 5.0 引入 History 的概念，这和一般的 Undo 不同，在当时引起巨大反响。色彩管理也是 5.0 的一个新功能，尽管当时引起一些争议，此后被证明这是 Photoshop 历史上的一个重大改进。分支版本新增支持 Web 功能和 ImageReady 2.0。

1999 年，Photoshop 5.5 推出，增加了另存为 Web 网页图像。此功能允许需要选择它保存在一个预设的专门网页使用，允许用户调整图像质量，实现更小的形象设计的形象。该版本还捆绑了 ImageReady，一个用来制作特殊的 Web 图形编辑器（比如 GIF 格式）。

2000 年，Photoshop 6.0 推出，图层风格和矢量图形是 Photoshop 6.0 的最大特色。图层风格允许用户将某一特定模板运用到整个层中，且加强了与其他 Adobe 工具之间的交互性。

2001 年，Photoshop Elements 推出，是 Adobe 发布的一个简化版的 Photoshop，可以满足要求不高的用户使用，用户也可以从这个版本升级到全功能版。

2002 年，Photoshop 7.0 推出，Photoshop 7.0 对软件的核心部分进行了优化，新的绘图引擎上线，修复了读取文件时容易崩溃的重大漏洞。开放用户创建自定义的画笔，更加实用的文本工具提供拼写检查、查找/替代功能。工作区管理、批处理重命名工具也正式亮相。

在其后的发展历程中 Photoshop 8.0 的官方版本号是 CS（2003 年）、Photoshop 9.0 的版本号则变成了 CS2（2005 年）、Photoshop 10.0 的版本号则变成 CS3（2007 年）、Photoshop 11.0 的版本则变成 CS4(2008 年推出，分为 Adobe Photoshop CS4 和 Adobe Photoshop CS4 Extended 两个版本）。CS 是 Adobe Creative Suite 一套软件中后面 2 个单词的缩写，代表"创作集合"，是一个统一的设计环境。

2010 年 4 月，Adobe Creative Suite 5 设计套装软件正式发布。共有 15 个独立程序和相关技术，其中 Photoshop CS5 有标准版和扩展版两个版本。Photoshop CS5 标准版适合摄影师以及印刷设计人员使用，Photoshop CS5 扩展版除了包含标准版的功能外还添加了用于创建、编辑 3D 和基于动画内容的突破性工具。

由于版本越高需要电脑的相应配置就越高，考虑到广大电脑用户的硬件配置平均水平，本书以 Adobe Photoshop CS4 Extended 中文版为例向大家讲解。Photoshop CS4 号称是 Adobe 公司历史上最大规模的一次产品升级，Adobe Photoshop CS4 充分利用无与伦比的编辑与合成功能、更直观的用户体验以及大幅提高的工作效率，是以下人士的理想选择：专业摄影师、图形设计师、Web 设计人员、建筑工程设计人员、广告设计师等。

1.2　Photoshop CS4 的运行环境

1.2.1　系统运行的软硬件环境

Photoshop 是出色的图形图像处理软件，由于在处理过程中占用大量的计算机资源，它对电脑的软硬件环境有独特的要求，特别是在 CPU、内存及硬盘空间方面，下面是官方发布的软硬件环境要求。

1. 操作系统平台要求

运行在 Mac OS 和 Windows 平台上。

2. 最低硬件环境

（1）Windows®

Intel® Pentium 4 1.8G 或更高（或相当级别的处理器）。Microsoft® Windows XP Service Pack 2 或者 Windows Vista™ Home、Premium、Business、Ultimate 或 Enterprise。

512MB 内存（推荐 1GB）。

1 GB 可用硬盘空间（安装期间需要额外的可用空间）。

1024×768 显示器分辨率，16 位显卡。

DVD-ROM 驱动器。多媒体功能需要 QuickTime 7.1 软件。产品激活需要 Internet 或电话连接。Adobe Stock Photos 和其他服务需要宽带 Internet 连接。

（2）Mac OS

PowerPC® G4 或 G5，或者基于 Intel 的 Macintosh。Mac OS X v.10.4.8。

512MB 内存（推荐 1GB）。

2 GB 可用硬盘空间（安装期间需要额外的可用空间）。

1024×768 显示器分辨率，16 位显卡。

DVD-ROM 驱动器，多媒体功能需要 QuickTime 7.1 软件。产品激活需要 Internet 或电话连接。Adobe Stock Photos 和其他服务需要宽带 Internet 连接。

1.2.2 相关的图像输入/输出设备

与 Photoshop 相关的图形图像设备有许多，其中较为常用的输入设备有扫描仪、数码相机、摄像头，输出设备有显示器、打印机和绘图仪，下面对这些常用的设备进行简单介绍。

1. 图像输入设备

（1）扫描仪。扫描仪是一种被广泛应用于计算机的输入设备。如图 1-2 所示。作为光电、机械一体化的高科技产品，自问世以来以其独特的数字化"图像"采集能力，低廉的价格以及优良的性能，得到了迅速的发展和广泛的普及。扫描仪已经广泛应用于办公自动化、广告设计、服装设计等领域。

图 1-2 HP 扫描仪

一般来讲，扫描仪所采用的扫描元件有三种，即：以光电耦合器（CCD）为光电转换元件的扫描、以接触式图像传感器 CIS（或 LIDE）为光电转换元件的扫描和以光电倍增管（PMT）为光电转换元件的扫描。无论以什么元件制作的哪一种扫描仪，其工作原理大同小异，其功能都是把图形扫描进入计算机内部。

扫描仪的种类繁多，根据扫描仪设计类型和用途的不同，目前市面上的扫描仪大体上分为：平板式扫描仪、名片扫描仪、胶片扫描仪、馈纸式扫描仪、文件扫描仪、底片扫描仪、滚筒扫描仪。常见的扫描仪品牌有 Epson（爱普生）、汉王（HanWang）、晨拓、中晶（Microtek）、HP（惠普）、Thunis（清华紫光）、Founder（方正）、BenQ（明基）、Canon（佳能）、Avision（虹光）等。

（2）数码相机。数码相机就是以数字形式存取图像的相机。是目前进行现场取景的最重要、最普遍的设备。数码相机所记录的影像当时就可以在液晶屏上看到拍摄效果，做到即拍即得，并且不需要进行复杂的胶卷冲洗印放过程，可以很方便地通过计算机进行图像加工处理、打印照片、制作多媒体幻灯、储存备用等，由于它是数字化信息，还可以借助数字通信网络，实现即时远距离传输。因此，数码相机越来越受到人们的青睐，已逐步成为计算机的外围设备而得到普及。目前市场上常见的品牌有奥林帕斯、尼康、柯达、富士、佳能、三洋、索尼、宝利来、卡西欧等。

数码相机从外观上与普通相机差别不大，都有机身、电池、镜头、光圈、快门、闪光灯等部件，如图 1-3 所示。数码相机的操作比普通相机复杂，主要是数码相机有一个面板。面板上有很多按钮，各个按钮有不同功能，用户需要根据说明书参考使用。数码相机还需要插入存储卡，有些相机本身也有少量存储量。

图 1-3 一款数码相机外观

简单地说，数码相机就是以电子存储设备作为摄像记录载体，通过光学镜头在光圈和快门的控制下，实现在电子存储设备上的曝光，完成被摄影像的记录。

与传统相机相比，传统相机使用"胶卷"作为其记录信息的载体，而数码相机的"胶卷"就是其成像感光元件，而且是与相机一体的，是数码相机的心脏。数码相机的发展道路，可以说就是感光器的发展道路。目前数码相机的核心感光元件主要有两种：一种是 CCD（电荷耦合）元件；另一种是 CMOS（互补金属氧化物导体）器件。

电荷耦合器件图像传感器（Charge Coupled Device，CCD），它使用一种高感光度的半导体材料制成，能把光线转变成电荷，通过模数转换器芯片转换成数字信号，数字信号经过压缩以后由相机内部的闪速存储器或内置硬盘卡保存，因而可以轻而易举地把数据传输给计算机，并借助于计算机的处理手段，根据需要和想象来修改图像。

互补性氧化金属半导体（Complementary Metal-Oxide Semiconductor，CMOS）和 CCD 一样同为在数码相机中可记录光线变化的半导体。CMOS 的制造技术和一般计算机芯片没什么差别，主要是利用硅和锗这两种元素所做成的半导体，使其在 CMOS 上共存着带 N（带－电）和 P（带+电）级的半导体，这两个互补效应所产生的电流即可被处理芯片记录和解读成影像。然而，CMOS 的缺点就是太容易出现杂点，这主要是因为早期的设计使 CMOS 在处理快速变化的影像时，由于电流变化过于频繁而会产生过热的现象。

（3）摄像头。早期的摄像头主要用于一些监测系统中，但是近几年随着数码技术的发展以及数码产品的普及，广泛运用于视频会议、远程医疗、实时监控、视频聊天以及人们的日常生活中。因此，作为最经济实惠的数码产品，数字摄像头开始被越来越多的用户所接受。如图1-4 所示。常见摄像头的品牌有 ANC、罗技、蓝色妖姬、极速、天敏、多彩、良田、新贵、双巧星、百脑通等。通常情况下我们购置的摄像头的性能较差，清晰度不够，只是用于聊天等。不过随着技术的成熟，高清晰摄像头市场上也会逐步普及起来，完全可以满足实时采集图像的需要。

图 1-4　摄像头

2．图像输出设备

（1）显示器。显示器是电脑的标准输出设备，也是观察图形图像最基本及最直接的设备，它性能的好坏直接影响图像处理的效果。

按照显像管来分，分为采用电子枪产生图像的阴极显示管（Cathode Ray Tube，CRT）显示器和液晶显示器（Liquid Crystal Display，LCD）；按显示色彩来分，分为单色显示器和彩色显示器；按显示屏幕大小来分，以英寸为单位（1 英寸=2.54cm），分为 14 寸、15 寸、17 寸、20 寸和 22 寸或者更大。但最具实用与商品化的是 CRT 和 LCD。如图 1-5 所示。

图 1-5　液晶显示器和 CRT 显示器

CRT 就是阴极射线管显示器，大多数 CRT 显示器是通过 R（红）、G（绿）、B（蓝）三个电子枪来显示颜色，电子枪发出的红、绿、蓝三色电子束打在屏幕内层的荧光粉涂层上激发对应颜色的荧光粉，然后在屏幕上显示出颜色。在电子枪和荧光粉之间有一层荫罩，荫罩是安装在荧光屏内侧的上面，刻有 40 多万个孔的薄钢板，是显像管的造色机构，荫罩上小孔的作用在于保证三个电子束共同穿过同一个荫罩孔，准确地激发彩色荧光粉，显示出所需的颜色，这是最初时 CRT 显示器所使用的荫罩。随后，又有了条栅状荫罩（也可标为荫栅技术），它的原理和孔状荫罩基本一样，只是圆孔换成了垂直的条栅，从而增加了光束的穿透率。CRT 显示器按照显像管屏幕表面曲度来划分，可以分为球面、平面直角、柱面、纯平面 4 种。

LCD 显示面板的厚度不到 1 厘米，看似轻薄短小，其实内部包含二十多项材料及元件，不同类型的 LCD 所需的材料不尽相同，基本 LCD 结构如同三明治，在 2 片玻璃基板内夹着彩色滤光片、偏光板、配向膜等材料，灌入液晶材料，最后封装成一个液晶盒。液晶分子本身并不会发光，显示所需的光线来自安装在显示屏两边的灯管，同时在液晶显示屏背面有一块背光板和反光膜，背光板是由荧光物质组成的，可以发射光线，其作用主要是提供均匀的背景光源。背光板发出的光线穿过包含成千上万液晶分子的液晶层，液晶层中的液晶分子都被包含在细小的单元格结构中，每一个像素都是由三个液晶单元格构成的，其中每一个单元格前面都分别有红色、绿色和蓝色的彩色滤光片，光线经过滤光片的处理照射到每个像素中不同色彩的液晶单元格之上，再利用三原色的原理组合出不同的色彩。

目前市场上的液晶显示器主要有两类：无源阵列彩显（DSTN-LCD，俗称伪彩显）和薄膜晶体管有源阵列彩显（TFT-LCD，俗称真彩显）。其中 TFT-LCD 因反应时间快，显示品质较佳，被大多数 LCD 显示器所使用，是现在笔记本电脑和台式机上的主流显示设备。

（2）打印机。打印机作为各种计算机的最主要输出设备之一，随着计算机技术的发展和日趋完美的用户需求而得到较大的发展。尤其是近年来，打印机技术取得了较大的进展，各种新型实用的打印机应运而生，一改以往针式打印机一统天下的局面。

通常打印机可以分为击打式打印机和非击打式打印机两大类。根据成像原理和技术分为针式打印机、喷墨打印机、激光打印机和热转换打印机。这些打印机不仅打印原理相差较远，物理结构也有较大区别，打印技术完全不同，所以它们的应用领域也不同。根据打印的颜色可分为单色打印机和彩色打印机。根据打印的幅面可以分为窄幅打印机（只能打印 A4 纸以下幅面）和宽幅打印机（可打印 A4 纸以上的幅面）。

目前针式、喷墨式、激光式三种打印机占据了整个打印机行业，并且各有各的特点和市场。目前常见的打印机品牌有惠普（HP）、爱普生（Epson）、佳能（Canon）、利盟（Lexmark）、柯尼卡美能达（Minolta）、富士施乐（Xerox）、联想（Lenovo）、方正（Founder）等。

作为与图形图像处理软件的配套应用，单色打印机已经没有意义了，重点要考虑彩色打印机的使用。

（3）绘图仪。是一种优秀的输出设备。与打印机不同，打印机是用来打印文字和简单的图形的。要想精确地绘图，如绘制工程中的各种图纸，就不能用打印机，只能用专业的绘图设备——绘图仪了。

在电脑辅助设计（CAD）与电脑辅助制造（CAM）中，绘图仪是必不可少的，它能将图形准确地绘制在图纸上输出，供工程技术人员参考。如果把绘图仪中的绘图笔，换为刀具或激光束发射器等切割工具就能精确地加工机械零件了。

从原理上分类，绘图仪分为笔式、喷墨式、热敏式、静电式等；从结构上分，又可以分为平台式和滚筒式两种。平台式绘图仪的工作原理是，在电脑信号的控制下，笔或喷墨头沿 X、Y 方向移动，而纸在平面上不动，从而绘出图来。滚筒式绘图仪的工作原理是，笔或喷墨头沿 X 方向移动，纸沿 Y 方向移动，这样，可以绘出较长的图样。

绘图仪所绘图也有单色和彩色两种。目前，彩色喷墨绘图仪绘图线型多，速度快，分辨率高，价格也不贵，很有发展前途。现代的绘图仪已具有智能化的功能，它自身带有微处理器，可以使用绘图命令，具有直线和字符演算处理以及自检测等功能。这种绘图仪一般还可选配多种与计算机连接的标准接口。如图 1-6 所示为惠普绘图仪的外观。

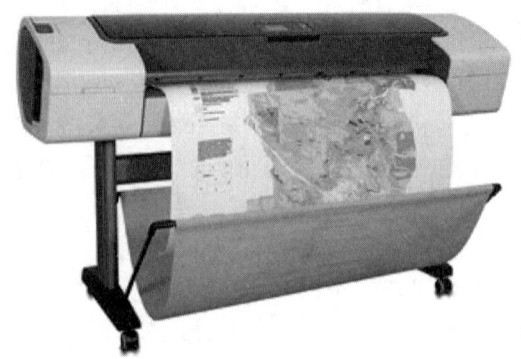

图 1-6　惠普 Designjet T610 绘图仪

3. 图像处理设备与Photoshop的连接

无论哪一种图像处理设备，原理上都是通过接口与计算机物理相连，同时安装配套驱动程序与计算机逻辑对接才能完全被计算机系统所接受，只不过在作为特殊的情况下，有些图像设备的驱动程序是计算机操作系统已经自带的，物理连接好后只是逻辑上由操作系统自动识别一下，如显示器驱动、部分数码相机驱动、部分摄像头驱动、部分打印机驱动等，作为大型设备的绘图仪基本上都是要利用产品自带的驱动程序安装盘另外单独安装驱动的。

1.3　Photoshop的行业应用

作为平面设计中最常用的工具之一，它的应用领域很广泛，在图像、图形、文字、视频、出版各方面都有涉及。经过 20 年的发展，Photoshop 的功能也可以说，只要是学过计算机的人没有不知道的，只不过不会用或者说用得少。如果单纯地把 Photoshop 软件定义为平面设计，这里有些狭隘。

平面设计是应用最为广泛的领域，它不仅是一个好的图像编辑软件，而且在以下行业都有所涉及。图书封面、招帖、海报、包装等图像平面印刷品，基本上都需要 Photoshop 软件对图像进行处理。

广告摄影作为一种对视觉要求非常严格的工作，其最终成品往往要经过 Photoshop 的修改润色才能得到满意的效果。

影像创意是 Photoshop 的特长，通过 Photoshop 的处理可以将原本风马牛不相及的对象组合在一起，也可以使用"狸猫换太子"的手段使图像发生面目全非的巨大变化。

网络的普及是促使更多人需要掌握 Photoshop 的一个重要原因。因为在制作网页时Photoshop 是必不可少的网页图像处理软件。特别是在做界面美工设计时用得较多。

由于 Photoshop 具有良好的绘画与调色功能，许多插画设计制作者往往使用铅笔绘制草稿，然后用 Photoshop 填色的方法来绘制插画。

在制作建筑效果图包括许多三维场景时，人物与配景包括场景的颜色常常需要在 Photoshop 中增加并调整。

Photoshop 具有强大的图像修饰功能。利用这些功能，可以快速修复一张破损的老照片，也可以修复人脸上的斑点等缺陷。

当文字遇到 Photoshop 处理，就已经注定不再普通。利用 Photoshop 可以使文字发生各种各样的变化，并利用这些艺术化处理后的文字为图像增加效果。

1.4　Photoshop的基本概念

Photoshop 功能繁多，结构复杂，但作为初学者来说掌握基本的图形图像知识是必不可少的，下面主要介绍有关图像的基本知识，包括位图与矢量图、像素与分辨率、图像尺寸与图像文件大小、颜色模式、常用文件格式、颜色模式等。

1.4.1　位图与矢量图

1. 位图

（1）位图图像（Bitmap）。亦称为点阵图像或绘制图像，是由称作像素（图片元素）的单个点组成的。这些点可以进行不同的排列和染色以构成图样。当放大位图时，可以看见赖以构成整个图像的无数单个方块。扩大位图尺寸的效果是增大单个像素，从而使线条和形状显得参差不齐。然而，如果从稍远的位置观看它，位图图像的颜色和形状又显得是连续的。在体检时，工作人员会给你一个本子，在这个本子上有一些图像，而图像都是由一个个的点组成的，这和位图图像其实是差不多的。由于每一个像素都是单独染色的，可以通过以每次一个像素的频率操作选择区域而产生近似相片的逼真效果，诸如加深阴影和加重颜色。缩小位图尺寸也会使原图变形，因为此举是通过减少像素来使整个图像变小的。同样，由于位图图像是以排列的像素集合体形式创建的，所以不能单独操作（如移动）局部位图。处理位图时要着重考虑分辨率，如图 1-7 所示。

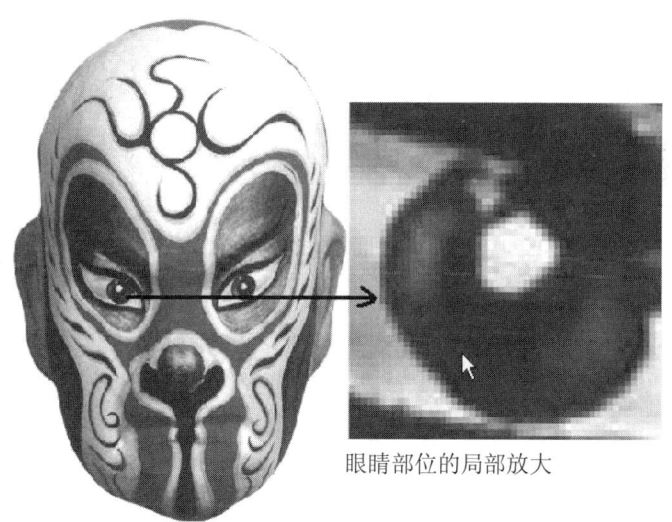

眼睛部位的局部放大

图 1-7　位图文件的局部放大

（2）位图颜色编码。

RGB：位图颜色的一种编码方法，用红、绿、蓝三原色的光学强度来表示一种颜色。这是最常见的位图编码方法，可以直接用于屏幕显示。

CMYK：位图颜色的一种编码方法，用青、品红、黄、黑 4 种颜料含量来表示一种颜色。

为常用的位图编码方法之一，可以直接用于彩色印刷。

(3) 位图图像属性。

索引颜色/颜色表：位图常用的一种压缩方法。从位图图片中选择最有代表性的若干种颜色（通常不超过 256 种）编制成颜色表，然后将图片中原有颜色用颜色表的索引来表示。这样原图片可以被大幅度有损压缩。适合于压缩网页图形等颜色数较少的图形，不适合压缩照片等色彩丰富的图形。

Alpha 通道：在原有的图片编码方法基础上，增加像素的透明度信息。图形处理中，通常把 RGB 三种颜色信息称为红通道、绿通道和蓝通道，相应的把透明度称为 Alpha 通道。多数使用颜色表的位图格式都支持 Alpha 通道。

色彩深度：又叫色彩位数，即位图中要用多少个二进制位来表示每个点的颜色，是分辨率的一个重要指标。常用有 1 位（单色）、2 位（4 色）、CGA)、4 位（16 色、VGA)、8 位（256 色)、16 位（增强色)、24 位和 32 位（真彩色）等。色深 16 位以上的位图还可以根据其中分别表示 RGB 三原色或 CMYK 四原色（有的还包括 Alpha 通道）的位数进一步分类，如 16 位位图图片还可分为 R5G6B5、R5G5B5X1（有一位不携带信息)、R5G5B5A1、R4G4B4A4 等。

2. 矢量图

(1) 矢量图定义。也称为面向对象的图像或绘图图像，在数学上定义为一系列由线连接的点。矢量文件中的图形元素称为对象。每个对象都是一个自成矢量图，它具有颜色、形状、轮廓、大小和屏幕位置等属性。矢量图可以在维持它原有清晰度和弯曲度的同时，多次移动和改变它的属性，而不会影响图例中的其他对象。这些特征使基于矢量的程序特别适用于图例和三维建模，因为它们通常要求能创建和操作单个对象。基于矢量的绘图同分辨率无关。

矢量图与位图最大的区别是，它不受分辨率的影响。因此在印刷时，可以任意放大或缩小图形而不会影响出图的清晰度，可以按最高分辨率显示到输出设备上。

(2) 矢量图特点。

优点：文件小，图像元素对象可编辑，图像放大或缩小不影响图像的分辨率，图像的分辨率不依赖于输出设备。如图 1-8 所示。

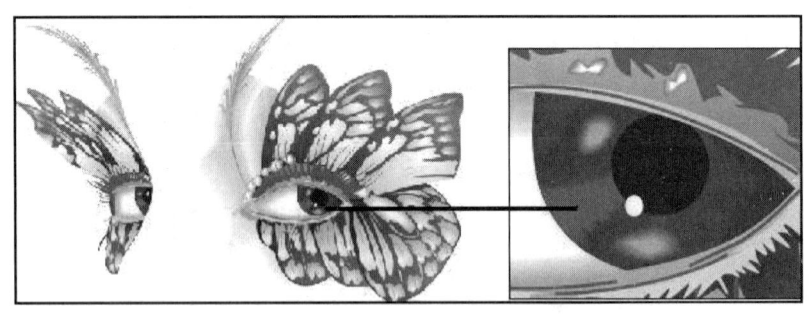

图 1-8 矢量图文件的局部放大

缺点：重画图像困难，逼真度低。要画出自然度高的图像需要很多的技巧。

应用：通常用来制作版画、Logo、简单图案，常用的软件有 Illustrator、Freehand、CorelDraw 等。

1.4.2 像素与分辨率

像素与分辨率是图像的最基本知识，是其他概念理解的最重要基础知识。

1. 像素

"像素"(Pixel)是由 Picture（图像）和 Element（元素）这两个单词的字母所组成的，是用来计算数码影像的一种单位，如同摄影的相片一样，数码影像也具有连续性的浓淡阶调，若把影像放大数倍，会发现这些连续色调其实是由许多色彩相近的小方点所组成，如图 1-7 所示。这些小方点就是构成影像的最小单位"像素"(Pixel)。这种最小的图形单元通常在屏幕上显示的是单个的染色点。越高位的像素，其拥有的色板也就越丰富，越能表达颜色的真实感，相应来说像素数越多，文件容量也就越大，图像品质也就越好。

一个像素通常被视为图像的最小的完整采样。例如，可以说在一幅可见的图像中的像素（如打印出来的一页）或者用电子信号表示的像素，或者用数码表示的像素，或者显示器上的像素，或者数码相机（感光元素）中的像素。

当然不能单纯地说像素数多图像一定高品质，这还要看图像的色彩、亮度、对比度、色阶等因素，只有综合考虑才能确定图像是否高品质或者人直观上感觉非常好。

2. 分辨率

分辨率（Resolution）就是屏幕图像的精密度，是指显示器所能显示的像素的多少。由于屏幕上的点、线和面都是由像素组成的，显示器可显示的像素越多，画面就越精细，同样的屏幕区域内能显示的信息也越多，所以分辨率是非常重要的性能指标之一。可以把整个图像想象成是一个大型的棋盘，而分辨率的表示方式就是所有经线和纬线交叉点的数目。

以分辨率为 1024×768 的屏幕来说，即每一条水平线上包含有 1024 个像素点，共有 768 条线，即扫描列数为 1024 列，行数为 768 行。分辨率不仅与显示尺寸有关，还受显像管点距、视频带宽等因素的影响。其中，它和刷新频率的关系比较密切，严格地说，只有当刷新频率为"无闪烁刷新频率"，显示器能达到最高多少分辨率，才能称这个显示器的最高分辨率为多少。

分辨率是用于度量位图图像内数据量多少的一个参数。通常表示成每英寸像素（Pixel Per Inch，PPI）和每英寸点（Dot Per Inch，DPI）。包含的数据越多，图形文件的长度就越大，也能表现更丰富的细节。但更大的文件也需要耗用更多的计算机资源，更多的内存，更大的硬盘空间等。在另一方面，假如图像包含的数据不够充分（图形分辨率较低），就会显得相当粗糙，特别是把图像放大为一个较大尺寸观看的时候。所以在图片创建期间，必须根据图像最终的用途决定正确的分辨率。这里的技巧是要首先保证图像包含足够多的数据，能满足最终输出的需要。同时也要适量，尽量少占用一些计算机的资源。通常，"分辨率"被表示成每一个方向上的像素数量，比如 640×480 等。而在某些情况下，它也可以同时表示成"每英寸像素（PPI）"以及图形的长度和宽度。比如 72PPI 和 8×6 英寸。PPI 和 DPI 经常都会出现混用现象。从技术角度说，"像素（P）"只存在于计算机显示领域，而"点（d）"只出现于打印或印刷领域。

就具体图形处理流程而言，还存在设备分辨率、图形分辨率、屏幕分辨率、输出分辨率的说法，即在处理过程中所有流程只要有一种达不到所要求的分辨率最终效果就不可能达到。例如 300PPI 的照片如果放到只有 200PPI 显示器下，也只能显示 200PPI 效果。

1.4.3 颜色模式

将某种颜色表现为数字形式的模型，或者说是一种记录图像颜色的方式。分为 RGB 颜色模式、CMYK 颜色模式、HSB 颜色模式、Lab 颜色模式、位图模式、灰度模式、索引颜色模式、双色调模式和多通道模式等。如图 1-9 所示。

1. RGB颜色模式

虽然可见光的波长有一定的范围，但在处理颜色时并不需要将每一种波长的颜色都单独表示。因为自然界中所有的颜色都可以用红、绿、蓝这三种颜色波长的不同强度组合而得，这就是人们常说的三基色原理。因此，这三种光常被人们称为三基色或三原色。有时候亦称这三种基色为添加色（Additive Colors），这是因为把不同光的波长加到一起的时候，得到的将会是更加明亮的颜色。把三种基色交互重叠，就产生了次混合色：青（Cyan）、洋红（Magenta）、黄（Yellow）。这同时也引出了互补色（Complement Colors）的概念。基色和次混合色是彼此的互补色，即彼此之间最不一样的颜色。例如青色由蓝色和绿色构成，而红色是缺少的一种颜色，因此青色和红色构成了彼此的互补色。在数字视频中，对 RGB 三基色各进行 8 位编码就构成了大约 16.7 万种颜色，这就是常说的真彩色。顺便提一句，电视机和计算机的监视器都是基于 RGB 颜色模式来创建其颜色的。

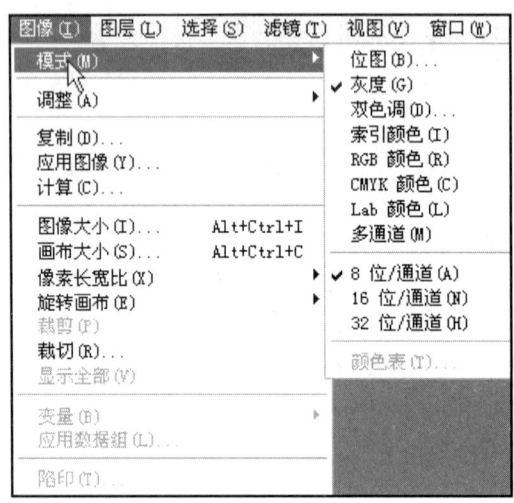

图 1-9　颜色模式

2．CMYK 颜色模式

CMYK 颜色模式是一种印刷模式。其中 4 个字母分别指青（Cyan）、洋红（Magenta）、黄（Yellow）、黑（Black），在印刷中代表 4 种颜色的油墨。CMYK 模式在本质上与 RGB 模式没有什么区别，只是产生色彩的原理不同，在 RGB 模式中由光源发出的色光混合生成颜色，而在 CMYK 模式中由光线照到有不同比例 C、M、Y、K 油墨的纸上，部分光谱被吸收后，反射到人眼的光产生颜色。由于 C、M、Y、K 在混合成色时，随着 C、M、Y、K 四种成分的增多，反射到人眼的光会越来越少，光线的亮度会越来越低，所有 CMYK 模式产生颜色的方法又被称为色光减色法。

3．HSB 颜色模式

从心理学的角度来看，颜色有三个要素：色泽（Hue）、饱和度（Saturation）和亮度（Brightness）。HSB 颜色模式便是基于人对颜色的心理感受的一种颜色模式。它是由 RGB 三基色转换为 Lab 模式，再在 Lab 模式的基础上考虑了人对颜色的心理感受这一因素而转换成的。因此这种颜色模式比较符合人的视觉感受，让人觉得更加直观一些。它可由底与底对接的两个圆锥体立体模型来表示，其中轴向表示亮度，自上而下由白变黑；径向表示色饱和度，自内向外逐渐变高；而圆周方向，则表示色调的变化，形成色环。

4．Lab 颜色模式

Lab 颜色模式是由 RGB 三基色转换而来的，它是由 RGB 模式转换为 HSB 模式和 CMYK

模式的桥梁。该颜色模式由一个发光率（Luminance）和两个颜色（a,b）轴组成。它由颜色轴所构成的平面上的环形线来表示色的变化，其中径向表示色饱和度的变化，自内向外，饱和度逐渐增高；圆周方向表示色调的变化，每个圆周形成一个色环；而不同的发光率表示不同的亮度并对应不同环形颜色变化线。它是一种具有"独立于设备"的颜色模式，即不论使用任何一种监视器或者打印机，Lab 的颜色不变。

5. 位图模式

位图模式用两种颜色（黑和白）来表示图像中的像素。位图模式的图像也叫做黑白图像。因为其深度为 1，也称为一位图像。由于位图模式只用黑白色来表示图像的像素，在将图像转换为位图模式时会丢失大量细节，因此 Photoshop 提供了几种算法来模拟图像中丢失的细节。在宽度、高度和分辨率相同的情况下，位图模式的图像尺寸最小，约为灰度模式的 1/7 和 RGB 模式的 1/22 以下。

6. 灰度模式

灰度模式可以使用多达 256 级灰度来表现图像，使图像的过渡更平滑细腻。灰度图像的每个像素有一个 0（黑色）到 255（白色）之间的亮度值。灰度值也可以用黑色油墨覆盖的百分比来表示（0%等于白色，100%等于黑色）。使用黑色或灰度扫描仪产生的图像常以灰度显示。

7. 索引颜色模式

索引颜色模式是网上和动画中常用的图像模式，当彩色图像转换为索引颜色的图像后包含近 256 种颜色。索引颜色图像包含一个颜色表。如果原图像中颜色不能用 256 色表现，则 Photoshop 会从可使用的颜色中选出最相近颜色来模拟这些颜色，这样可以减小图像文件的尺寸。用来存放图像中的颜色并为这些颜色建立颜色索引，颜色表可在转换的过程中定义或在形成索引图像后修改。

8. 双色调模式

双色调模式采用 2～4 种彩色油墨来创建由双色调（2 种颜色）、三色调（3 种颜色）和四色调（4 种颜色）混合其色阶来组成图像。在将灰度图像转换为双色调模式的过程中，可以对色调进行编辑，产生特殊的效果。而使用双色调模式最主要的用途是使用尽量少的颜色表现尽量多的颜色层次，这对于减少印刷成本是很重要的，因为在印刷时，每增加一种色调都需要更大的成本。

9. 多通道模式

多通道模式对有特殊打印要求的图像非常有用。例如，如果图像中只使用了一两种或两三种颜色时，使用多通道模式可以减少印刷成本并保证图像颜色的正确输出。8 位/16 位通道模式在灰度 RGB 或 CMYK 模式下，可以使用 16 位通道来代替默认的 8 位通道。根据默认情况，8 位通道中包含 256 个色阶，如果增到 16 位，每个通道的色阶数量为 65536 个，这样能得到更多的色彩细节。Photoshop 可以识别和输入 16 位通道的图像，但对于这种图像限制很多，所有的滤镜都不能使用，另外 16 位通道模式的图像不能被印刷。

1.4.4 常用图像文件格式

Photoshop 软件支持的图像格式非常多，从扩展名来说近 80 种，并且各种格式间通过软件可以互相转化，包括文件打开及文件保存都有转化功能。其中最为常见的有十几种。表 1-1 列出了一些常用格式的特点及用途。

表 1-1 常见的图像文件格式及用途

图像格式	特点及用途
PSD、PDD	Photoshop 软件的专用格式。可以支持图层、通道、蒙版和不同色彩模式的各种图像特征，是一种非压缩的原始文件保存格式。扫描仪不能直接生成该种格式的文件。PSD 文件有时容量会很大，但由于可以保留所有原始信息，在图像处理中对于尚未制作完成的图像，选用 PSD 格式保存是最佳的选择
BMP	Windows 标准图像格式。位图可以用任何颜色深度（从黑白到 24 位颜色）存储单个光栅图像。它不支持文件压缩，也不适用于 Web 页。优点：支持 1 位到 24 位颜色深度。BMP 格式与现有 Windows 程序（尤其是较旧的程序）广泛兼容。缺点：BMP 不支持压缩，这会使文件非常大，BMP 文件不支持 Web 浏览器
JPEG	JPEG 图片以 24 位颜色存储单个光栅图像。支持最高级别的压缩，不过，这种压缩是有损耗的。渐近式 JPEG 文件支持交错，可以提高或降低 JPEG 文件压缩的级别。但文件大小是以图像质量为代价的。压缩比率可以高达 100:1。JPEG 压缩可以很好地处理写实摄影作品。但是，对于颜色较少、对比级别强烈、实心边框或纯色区域大的较简单的作品，JPEG 压缩无法提供理想的效果。有时，压缩比率会低到 5:1，严重损失了图片完整性。这一损失产生的原因是，JPEG 压缩方案可以很好地压缩类似的色调，但是 JPEG 压缩方案不能很好地处理亮度的强烈差异或纯色区域。 优点：摄影作品或写实作品支持高级压缩，利用可变的压缩比可以控制文件大小。支持交错（对于渐近式 JPEG 文件）。JPEG 广泛支持 Internet 标准。缺点：有损压缩会使原始图片数据质量下降。当编辑和重新保存 JPEG 文件时，会丢失部分图像数据。这种下降是累积性的。不适用于所含颜色很少，具有大块颜色相近的区域或亮度差异十分明显的较简单的图片。是最常见的格式之一
TIFF	是 Mac 中广泛使用的图像格式，特点是图像格式复杂，存储信息多。正因为它存储的图像细微层次的信息非常多，图像的质量得以提高，故而非常有利于原稿的复制。该格式有压缩和非压缩两种形式，其中压缩可采用 LZW 无损压缩方案存储。目前在 Mac 和 PC 机上移植 TIFF 文件也十分便捷，因而 TIFF 现在也是计算机上使用最广泛的图像文件格式之一
RAW	RAW 位图又称光栅图、点阵图，一般用于照片品质的图像处理，是由许多像小方块一样的像素组成的图形。由像素的位置与颜色值表示，能表现出颜色阴影的变化。简单说，位图就是以无数的色彩点组成的图案，当无限放大时会看到一块块的像素色块，效果会失真。常用于图片处理、影视婚纱效果图、如常用的照片、扫描、数码照片等，是常用的工具软件：Photoshop，Painter 等。位图一般占空间较大
PNG	以任何颜色深度存储单个光栅图像。与平台无关。优点：PNG 支持高级别无损耗压缩，支持 Alpha 通道透明度、支持伽玛校正、支持交错。支持新的 Web 浏览器。缺点：较旧的浏览器和程序可能不支持 PNG 文件。作为 Internet 文件格式，与 JPEG 的有损耗压缩相比，PNG 提供的压缩量较少。作为 Internet 文件格式，PNG 对多图像文件或动画文件不提供任何支持
GIF	GIF 图片以 8 位颜色或 256 色存储单个光栅图像数据或多个光栅图像数据。GIF 图片支持透明度、压缩、交错和多图像图片（动画 GIF）。优点：GIF 广泛支持 Internet 标准。支持无损耗压缩和透明度。动画 GIF 很流行，易于使用许多 GIF 动画程序创建。缺点：GIF 只支持 256 色调色板，因此，详细的图片和写实摄影图像会丢失颜色信息

1.5 Photoshop CS4 主界面

Photoshop CS4 的主界面较为简单，真正实用的时候还要考虑各个操作功能的详细参数设置。如图 1-10 所示的主界面。

图 1-10　Photoshop CS4 的主界面（XP 工作平台）

1．Photoshop CS4 的主界面简介

应用程序栏：包含工作区切换器及其他应用程序控件。

菜单栏：用户选取任务方式的操作工具栏。

工作区切换器：可通过预设从多个工作区中进行选择或创建自己的工作区来调整各个应用程序，以适合自己的工作方式。

工具选项栏：针对当前活动工作区中具体选定的工具进行相关的工具参数设定。

选项卡式文档窗口：显示当前打开的文件工作区，若多个文件同时打开，此栏中显示多个选项卡，可以进行不同图片工作区的切换。

工具面板：存放用于创建或编辑图像的工具。

调板区域：垂直放置的调板组，包括颜色、色板、样式、图层、通道、路径、蒙版等。

状态栏：显示当前打开文件的放大率、文件大小、分辨率等有用的信息及有关使用当前工具的简要说明。

2．工具面板（工具箱）简介

若单击工具箱 PS 标志上方的两个点，工具箱会以单列和双列状态交替显示工具。移动鼠标到某一工具栏上稍等片刻会显示出工具的名称及快捷键的提示。若在某一工具上按下左键不放会弹出此同类工具箱的其他工具，移到鼠标到更换的工具后，放开左键，当前类工具已经更换为你想更改的工具。

选取工具：选取工具包含了矩形、椭圆、单行、单列选取工具。矩形选取工具：选取该工具后在图像上拖动可以确定一个矩形的选取区域，也可以在选项面板中将选区设定为固定的大小。如果在拖动的同时按下 Shift 键可将选区设定为正方形。椭圆形选取工具：选取该工具后在图像上拖动可以确定椭圆形选取区域，如果在拖动的同时按下 Shift 键可将选区设定为圆形。单行选取工具：选取该工具后在图像上拖动可确定单行（一个像素高）的选取区域。单列选取工具：选取该工具后在图像上拖动可确定单列（一个像素宽）的选取区域。

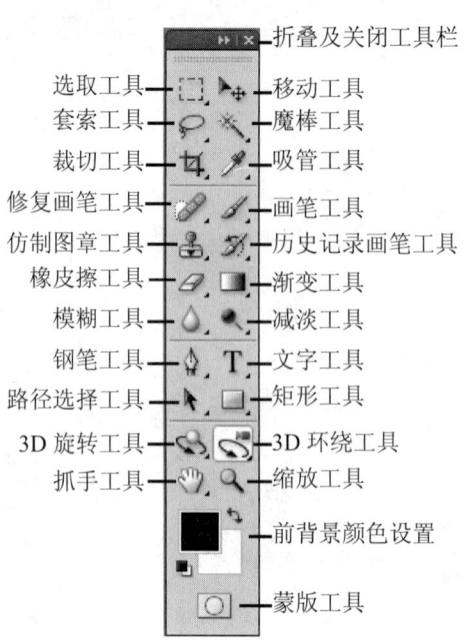

图 1-11　工具面板（双列显示）

移动工具：用于移动选取区域内的图像。

套索工具：分为普通套索、多边形套索、磁性套索。用于通过鼠标等设备在图像上绘制任意形状的选取区域。

魔棒工具：用于将图像上具有相近属性的像素点设为选取区域。

裁剪工具：用于从图像上裁剪需要的图像部分。

切片工具：该工具包含一个薄片工具和一个薄片选取工具。薄片工具：选定该工具后在图像工作区拖动，可画出一个矩形的薄片区域。薄片选取工具：选定该工具后在薄片上单击可选中该薄片，如果在单击的同时按下 Shift 键可同时选取多个薄片。

图像修复工具：该工具包含修复画笔工具和修补工具。

画笔工具：该工具包括画笔工具和铅笔工具，它们也可用于在图像上作画。

图章工具：该工具包含仿制图章和图案图章工具。

历史记录画笔工具：该工具包含历史记录画笔工具和历史记录艺术画笔工具。用于恢复图像中被修改的部分及使图像中画过的部分产生模糊的艺术效果。

橡皮擦工具：橡皮擦工具包括橡皮擦工具、背景橡皮擦工具、魔术橡皮擦工具 3 种工具。橡皮擦工具用于擦除图像中不需要的部分，并在擦过的地方显示背景图层的内容。背景橡皮擦工具用于擦除图像中不需要的部分，并使擦过区域变透明。

渐变工具：在工具箱中选中"渐变工具"后，在选项面板中可再进一步选择具体的渐变类型。

路径工具：用于绘制、选取或调整已有路径或固定点。

文字工具：用于在图像上添加文字图层或放置文字。

多边形工具：根据工具分类可以在图像工作区内拖动可产生一个矩形图形、圆角矩形、椭圆形图形、多边形图形工具。

注解工具：注解工具包含一个笔注解工具和一个声音注解工具。

吸管与测量工具：用于选取图像上光标单击处的颜色，并将其作为前景色。色彩均取工具：用于将图像上光标单击处周围 4 个像素点颜色的平均值作为选取色。测量工具：选用该工具后在图像上拖动，可拉出一条线段，在选项面板中则显示出该线段起始点的坐标、始末点的垂直高度、水平宽度、倾斜角度等信息。

缩放工具：用于缩放图像处理窗口中的图像，以便进行观察处理。

3D 旋转工具和 3D 环绕工具：这是新版本的 Photoshop CS4 中加入的三维建模的功能，并且可以对模型贴材质、打灯光、渲染、输出动画等。

3. Photoshop 的个性化环境设置

Photoshop 安装成功后，会自动创建一个预置文件，记录着默认的图像处理设置信息，但这些信息并不一定是最优化设置或者符合你本人的个性设置，所以我们要根据自己的情况进行 Photoshop 工作环境个性化设置。

单击"编辑"菜单下的"首选项"命令会看到下一级菜单，如图 1-12 所示。其中含有常规界面，文件处理，性能，光标，透明度与色域，单位与标尺，参考线，网格和切片，增效工具和文字子菜单，并且每个选项内部含具体的首选设置选项，常用的设置一般是 Photoshop 软件对内存和硬盘的设置，不过建议作为初学者，先不要更改这些选项，而采用默认设置，待学习达到一定程度的时候或者根据教师教学中的进度适时进行必要的设置。

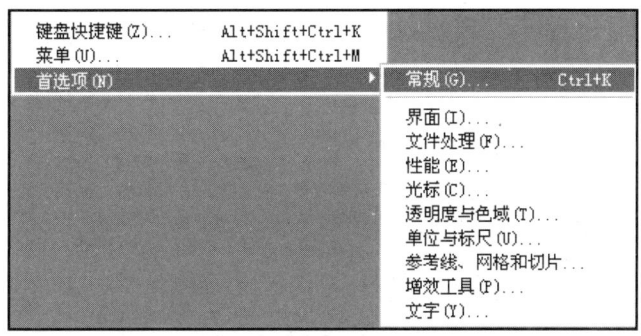

图 1-12　自定义 Photoshop CS4 工作环境

4. 熟悉调板

在 Photoshop CS4 中有许多调板，设置与使用这些调板是我们学习的重要任务之一。这些调板均为浮动调板。当按住 Tab 键时，实现所有调板关闭与开启的切换。软件本身将不同的调板进行分组，用户也可以根据自己的情况进行重新编排，默认情况下调板都集中在屏幕的右侧。下面将重要的一些调板进行简单介绍。

（1）"导航器"调板。用于对图像放大进行细节处理，它可以快速地移动和缩放图像。导航板中的方块指出当前正在查看的图像区域，主窗口中显示放大后的图像内容。如图 1-13 所示。

（2）"颜色"调板。"颜色"调板可看作传统图像处理中的"拾色器"，可用吸管形式，也可以用数字形式调颜色，首先从"颜色"调板的菜单中选择要使用的滑块类型，再进行其他颜色选项的调整。如图 1-14 所示。

（3）"图层"调板。"图层"调板的主要作用是对图层进行集中管理与操作，其主要操作有创建图层、删除图层、隐藏或显示图层、调整图层次序、不同属性图层之间的转换、创建图层等。如图 1-15 所示。

图 1-13 "导航器"调板

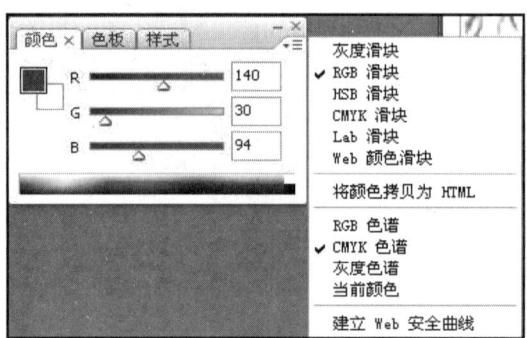

图 1-14 "颜色"调板

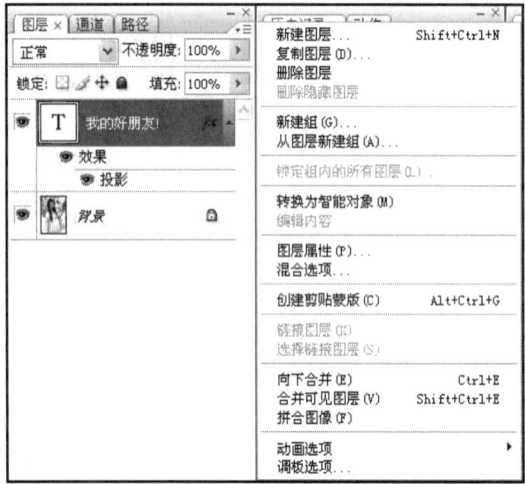

图 1-15 "图层"调板

(4)"通道"调板。用于通道的管理,其主要操作有创建通道、删除通道、合并通道、调整通道的叠放次序等。调板中显示的是组成图像的基本颜色通道,可对不同颜色通道中的图像进行编辑、复制,使图像达到更好的效果,如图1-16所示。

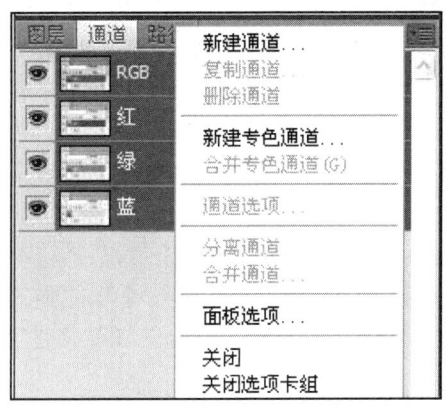

图1-16 "通道"调板

(5)"路径"调板。主要是对路径进行管理和操作,其主要操作有创建新路径、删除路径、路径与选区的互换、描边路径、填充路径等。在"路径"调板中显示每个存储的路径、当前工作路径和当前图层剪贴路径的名称和缩览图像。如图1-17所示。

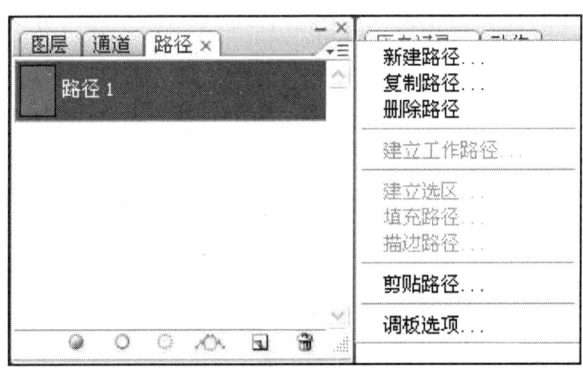

图1-17 "路径"调板

(6)"历史记录"调板。主要作用是记录用户每一步的操作过程,默认保留20步用户的操作。单击调板上的某一操作,系统就会将图像恢复到先前的状态。对于操作失误非常有好处。如图1-18所示的"历史记录"调板。

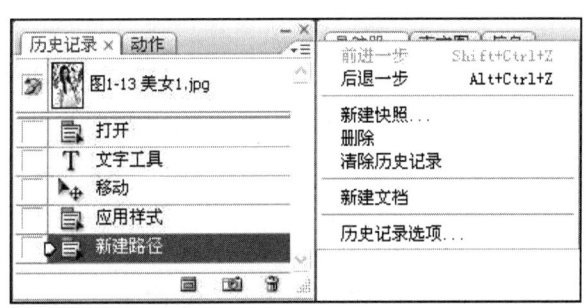

图1-18 "历史记录"调板

1.6 Photoshop CS4 特点及新增功能

Photoshop 是一款非常优秀的图像处理软件，它图像处理功能强大，效果显著，在图形图像处理领域是迄今为止世界上最畅销的图像编辑软件。它已成为许多涉及图像处理行业的标准，并且是 Adobe 公司最大的收入来源。相对于以前的版本来说具有以下特点及新增功能。

1. 简明紧凑的界面

CS4 Extended 版全新的界面给人的印象是简洁紧凑，追求实用和效率，取消了毫无实质意义的标题栏，直接以菜单栏开始，并在其右边出现了一排新按钮（这要求显示器分辨率不小于 1280×768）。工具选项栏的位置没有变化；左边的新工具箱不但增加了新的工具按钮，而且各个工具的功能也加强了；右边的调板组中出现了一个功能强大的全新的调整面板和蒙版面板；在工具箱和调板之间图像操作区上沿出现了一排带图像文件名称的标签卡栏。所有这些都为用户提供了一系列新的体验。

- 标签卡文档（Tabbed Document）方式管理多幅图片的展示和切换。
- 多幅图像多种排列组合显示。
- 快速平滑缩放是 CS4 引进显卡加速以后的成果之一。
- 全新的调整面板不但提供了极其方便而明晰的操作方式，而且将在图层中的有损调整完全转化成为无损处理方式。
- CS4 版的各个调整面板也可以自定义排列组合、自定义快捷键开关，以符合个人的使用习惯。

2. 运行速度的提升

由于 Photoshop 新版 CS4 在底层上实行对部分功能植入显卡硬件加速技术，将图片的旋转、变形、缩放、抗锯齿、文字和矢量图形渲染都直接交给 GPU 处理，将对笔刷预览和 HDR（High-Dynamic Range，高动态范围）图片处理进行实时加速，新增了用于创建可无损编辑的、色调可受控的调整面板和蒙版面板，增强了图像自动混合功能和图层自动对齐功能，和对超大图像更为出色的支持，使 CS4 版本的性能向更高速、更高效、更高质地处理大型图像迈近了一大步。CS4 在高中端计算机上的启动速度均非常快；在高端计算机上（主频 2.66G 的 Intel 四核 i7 920 CPU，6G DDR3 内存）开启显卡图形加速功能后，打开 1.6GB 的超大图像文件比中端计算机（主频 2.5G 的 Intel 双核 E5200 CPU，4G DDR2 内存）约快 4.1 倍；至于 65MB 大小的图像文件，在中端机上可以瞬间迅速打开，在高端机上更不在话下。可见 CS4 运行速度的确是更上一层楼。

3. 增加调板功能

Photoshop 新版 CS4 将"图像"/"调整"菜单中的许多命令都加入到一个全新的调整面板之中，不但提供了极其方便而明晰的操作方式和更精确细腻的调整工具，而且将在图层中的有损调整完全转化成为无损处理方式。有了新调整面板就可以少用甚至不再使用菜单中的命令，因为这些命令不但要使用跳出的对话框进行操作，而且其结果会造成图层像素不可逆转的破坏性修改。新的调整面板，使用户可以在任何情况下对调整图层的参数进行反复修改，还可以指定其影响的图层范围或干脆将其关闭，从而给了用户更大的调整色彩的自由度。

除去增加可用于创建基于像素和矢量图的功能外，新的蒙版调板将新的 Color Range（色彩范围）工具和原有的 Mask Edge（调整边缘）工具作为按钮嵌入到蒙版调板之中。从而使得利用蒙版掩盖和置换景物的背景之类操作成为轻而易举的事情。在色彩范围选择工具中加入了一个非常实用的 Localized Color Clusters（限定色彩集群）功能按钮，将帮助我们解决对景物的精确选择和控制问题。

强化对齐命令。"编辑"/"自动对齐图层"命令进一步的强化，同样也增加了多种实用的对齐方式和几何扭曲校正选项。更是在"编辑"/"自动混合图层"命令中将图片的色调过渡也考虑进去，使图片制作更加智能化和人性化。为全景拍摄合成后期处理带来了新的提升，也是 Photoshop 继续保持图像处理霸主地位的重要因素之一。

4. 增加目标色调整工具

提供了一个全新的色彩调整新工具——目标色调整工具（Target Adjust Tool）。应用目标色调整工具，很准确地将图像中感兴趣的点的颜色判断出它是属于那个色系，并对它进行所需要的调整。这一切都可以在调整面板中进行，因而是无损调整的。这个工具出现在 CS4 新的调整面板的三个选项中：色相/饱和度（Hue/Saturation）、曲线（Curve）、黑白（Black & White）调板中。而这些又都是 Photoshop 中大量的高级色彩校正工具中最强大、最常用的色彩校正工具，极大地减轻了不论新手或老手学习和使用它的难度。

5. 增加内容智能缩放

内容智能缩放是 CS4 全新开发的一个有趣的新功能，它能在使用缩放工具调整图片的时候，智能识别并保护诸如人体等物体不被缩放，而仅对被保护的内容以外的背景进行缩放。这是 Photoshop 以前版本或其他图像处理软件很难做到或几乎做不到的事情。不过，这个操作是需要大内存支持的。

6. 局部调色的改进

在局部调色方面 CS4 也进行了全新的改进，将保护色调和自然饱和度调色技术引入减淡、加深和海绵工具，使这组以前很少用的局部调色工具焕发了新的青春。

在升级后的 Camera Raw 5.0 控制面板中，也新添了一个 Adjustment Brush 调整画笔工具和新的 Graduated Filter 渐变滤镜工具。这个 Adjustment Brush 调整画笔工具不但和著名的 Capture NX 软件最得意的控制点——UPoint 工具有类似的功能，而且由于它所控制的范围更加容易编辑和修改，所以更为精确和好用。用画笔绘制调整区域，并自动产生蒙版。蒙版的大小、羽化值等可以控制，蒙版区域可添加、编辑和清除。用户可对蒙版区域的图像进行曝光度、对比度、锐化、色彩等精确的调整处理。CS4 的这个升级使局部色彩处理功能达到了新的水平，结合新增强的全局色彩调整技术的进步，使色彩处理有了全面巨大的进步，更精确更快捷，也更易于使用。

7. Bridge CS4 应用程序的引入

在 CS4 的新特性中不能不提的还有一个不大被用户注意的"桥"，即 Bridge CS4。这是一个直接通向 Photoshop CS4 某些命令的真正桥梁。就浏览器而言，Bridge CS4 能够浏览的图像文件格式几乎是最齐全的，包括最新数码相机的原始数据图像 RAW 文件，以及高动态图像格式如 HDR、EXR 文件。甚至还可以浏览 PDF 文档。Bridge CS4 不仅浏览功能强大，而且与 Photoshop CS4 具有很流畅地互动性。在 Photoshop CS4 的菜单栏中直接镶入了 Br 按钮，单击后即可进入 Bridge CS4 界面。在 Bridge CS4 中，还可以直接进行 Photoshop CS4 的某些命令。例如 Photomerge（图像合成）全景图制作、合并到 HDR（高动态范围）图像合成等，快速而便捷。

8. 3D 描绘

借助全新的光线描摹渲染引擎，现在可以直接在 3D 模型上绘图，用 2D 图像绕排 3D 形状，将渐变图转换为 3D 对象，为层和文本添加深度，实现打印质量的输出并导出到支持的常见 3D 格式。

Photoshop CS4 在 3D 动画中是一个新的改进，甚至能达到 3d max 的基本动画效果，而在二维动画处理中结合自有的绘画工具及修饰工具是很多软件无法比拟的，Photoshop CS4 在动画（时间轴）中新增的动画属性有 3D 相机位置、3D 对象位置、3D 渲染设置、3D 横截面以及全局光源，还可以播放声音（不能输出），虽然很简单而笨拙，但是已经是个突破了。

1.7 Photoshop CS4 案例实训

仅仅通过学习基本的操作还不能掌握具体的制作过程，下面将通过一些实例学习 Photoshop 处理图像的一般过程，需要特别说明的是，在本书中每个章节的例子，完全依靠本章中所讲的知识点有可能达不到应有效果，读者在学习的时候要适当做好综合应用各种工具的考虑。本例素材为带黑痣美女一幅。

1.7.1 "导航器"调板放大面部黑痣

如图 1-19 所示带黑痣美女照片，利用基本的导航调板对黑痣进行放大，操作过程如下。

图 1-19　带黑痣美女

（1）打开图片。启动 Photoshop CS4，在"文件"下拉菜单中选取"打开"命令，寻找文件存在的位置，打开文件。

（2）向右拖动"导航器"调板中的缩放滑块，根据需要放大到合适的大小，也可以在"导航器"调板左下方的数字输入及显示比例框中输入百分比数字进行显示，但这种方式一般不容易控制到需要的放大量。

同时要注意到缩放滑块所在横线的两端有两个标志，左边是个单向上三角符号，右端是个双向上三角符号。如果单击这些符号，分别是按 100%的比例放大或者缩小。

(3)移动导航图中小图像红色的边框到美女黑痣所在位置上,Photoshop CS4 图像工作区的图像随之会自动进行放大并移动到黑痣的位置,产生放大的黑痣。如图 1-20 所示。

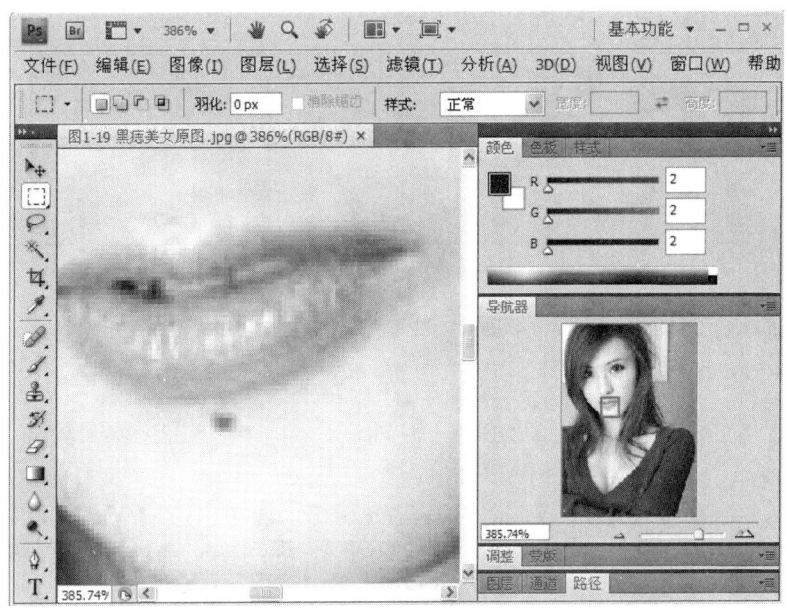

图 1-20　放大的黑痣

1.7.2　面部黑痣的擦除

接上例,假如此黑痣并不是我们希望出现的,可以利用基本工具箱的工具进行清除,包括脸部的痘同样可以去除。过程如下。

(1)在工具箱中选取仿制图章工具,图标变成一个圆圈形状,只不过此圆圈的默认范围较大,远远超过黑痣的范围了。

(2)调整"画笔预设"。选择工具栏的"画笔"预设项,单击右边向下实心三角符号,即可打开画笔调整相关选项,再单击即可关闭选项,选取主直径 13,硬度为 0。如图 1-21 所示。

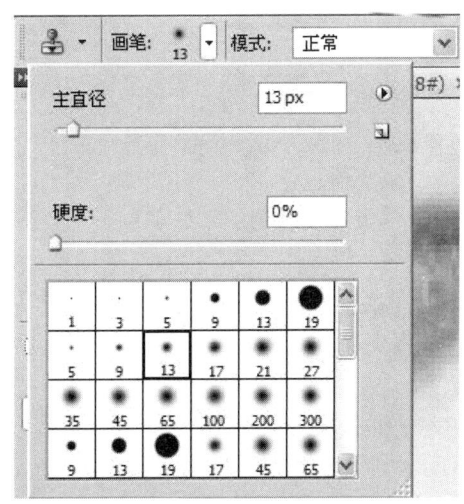

图 1-21　调整画笔选项

(3) 定义仿制图章。按住 Alt 键移动鼠标到黑痣附近的完好皮肤上取样，如图 1-22 前两幅图所示，分别为定义前和定义时的鼠标形状。定义完成后松开 Alt 键，在黑痣上仔细（左键单击）涂抹，黑痣就被覆盖了，如图 1-22 所示。

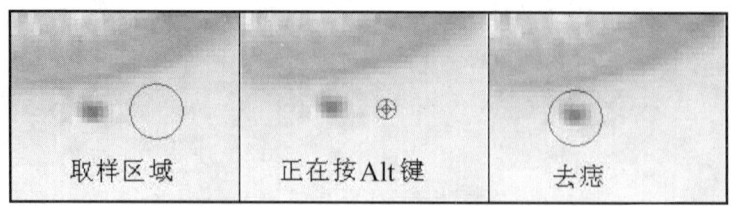

图 1-22　定义及去痣

用导航调板缩放图像到原来的形状，会发现痣已经完全不在了，去痣后的效果如图 1-23 所示。

图 1-23　去痣效果图

1.7.3　制作马赛克效果人像图

接上例，下面将制作一个马赛克效果的美女贴图，使之带上特殊的效果，操作过程如下。

（1）选取马赛克拼贴。选择菜单栏中"滤镜"/"纹理"/"马赛克拼贴"命令。如图 1-24 所示。弹出如图 1-25 所示的马赛克拼贴参数选项。

（2）设置马赛克拼贴参数。在图 1-25 中有风格化、画笔描边、扭曲、素描、纹理、艺术效果选项，每一项均含有大量的效果图。本例中单击"纹理"中的"马赛克拼贴"选项，在右边的参数选项中设置拼贴大小、缝隙宽度及加亮缝隙，单击"确定"按钮，设置完成。效果如图 1-26 所示。

第 1 章　基本概念与基础知识

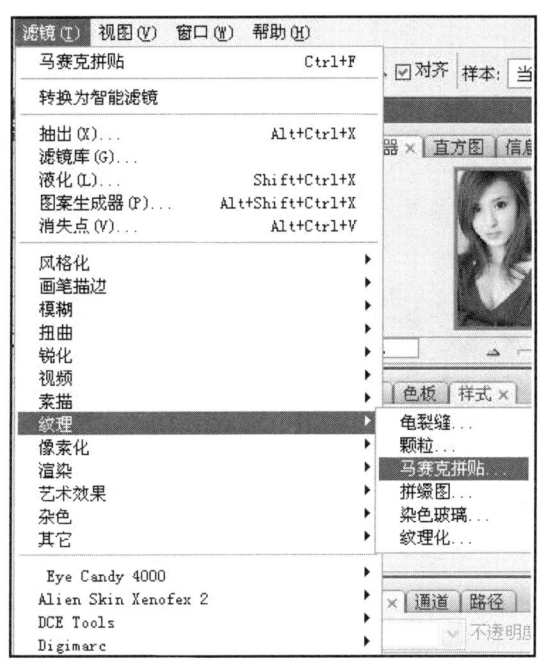

图 1-24　"马赛克拼贴"命令

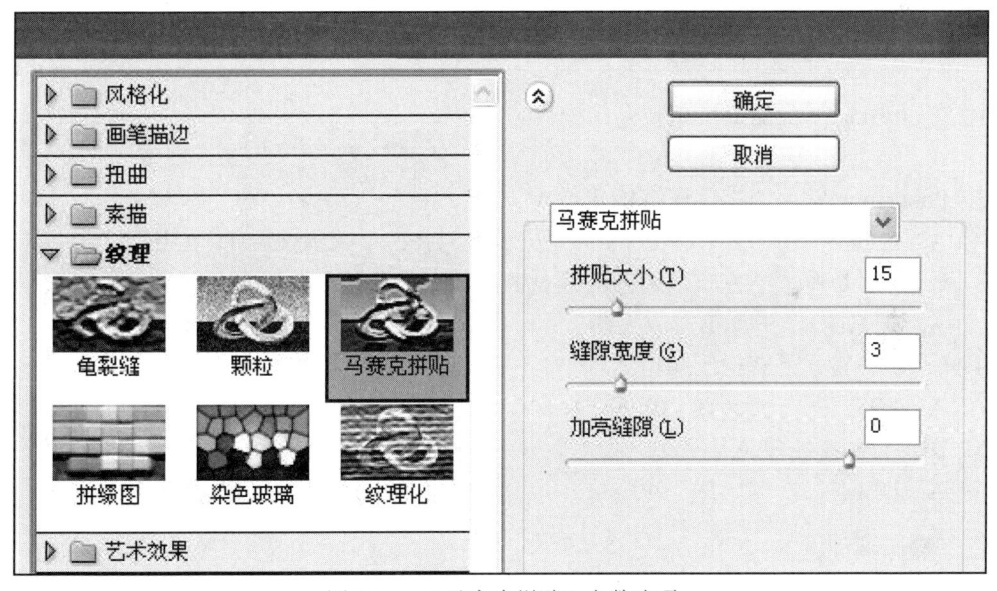

图 1-25　"马赛克拼贴"参数选项

1.7.4　图像操作历史复原

接上例，我们已经进行了一系列的操作，如果在操作过程中某一步做错了，并且在制作过程中有许多的参数设置，想一下子改回来，在改动较大的情况下很难，这时可以利用"历史记录"调板进行调整。

（1）打开"历史记录"调板。单击如图 1-27 所示的"历史记录调板"按钮，弹出"历史记录"调板。

图 1-26 马赛克拼贴效果

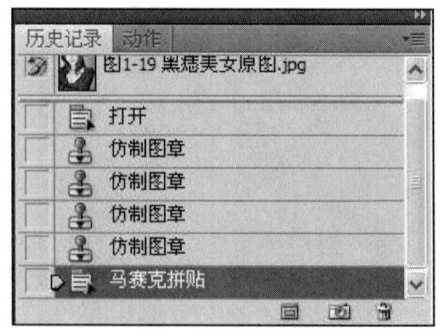

图 1-27 "历史记录"调板

（2）恢复操作步骤。单击操作历史中的某一选项后，此操作后的所有操作立即取消，图像恢复到此步的操作。如果单击第一步操作，图片会立即复原。

习题与实训

一、单项选择题

1．Photoshop 图像的最小单位是（　　）。
　　A．像素　　　　　　B．位　　　　　　C．路径　　　　　　D．密度
2．Photoshop 常用的文件压缩格式是（　　）。
　　A．PSD　　　　　　B．JPG　　　　　　C．TIFF　　　　　　D．GIF
3．（　　）是用数学方式描述的曲线及曲线围成的色块制作的图形。
　　A．缩略图　　　　　B．放大图　　　　　C．矢量图　　　　　D．位图
4．（　　）格式是有损压缩格式。
　　A．EPS　　　　　　B．JPEG　　　　　　C．PSD　　　　　　D．TIFF
5．图像分辨率的单位是（　　）。
　　A．DPI　　　　　　B．PPI　　　　　　C．LPI　　　　　　D．pixel

二、操作实训题

1．熟悉组合键

（1）按 Ctrl+O 组合键打开 4 个图像窗口，然后按 Ctrl+Tab 组合键和 Ctrl+Shift+Tab 组合键切换窗口；最后，按 Ctrl+W 组合键或 Ctrl+F4 组合键将打开的窗口关闭。

（2）显示标尺或网格后，按 Ctrl+H 组合键将其隐藏。

（3）按 Ctrl++组合键或 Ctrl+-组合键放大和缩小图像窗口。

（4）按 Ctrl+N 组合键新建图像文件，按 Ctrl+S 组合键保存图像文件。

2．对本章实例按要求操作：增加美人痣数量到两个，位置任意。

第 2 章　基本操作与图像设置

本章是学习 Photoshop 平面图形处理的基本操作及简单的图像设置，通过对本章的学习要求读者了解 Photoshop 常见的文件基本操作、图像基本操作，掌握图像显示控制，图像附属工具的使用，进一步培养学生 Photoshop 基础领域的相关技能。

1. 图像显示控制及其属性。
2. 图像辅助工具的设置与使用。
3. 颜色的设置与填充。

2.1　文件基本操作

在 Photoshop 中，无论是绘制图像还是编辑图像，最基本的操作方法必须首先掌握，比如新建、打开或者保存不同格式的图像文件，设置图像大小，调整图像窗口的大小或位置等。使用 Photoshop 进行图像处理有多种方式，可以在一个新建的空白文档中绘制，也可以打开一个素材图像，在原有基础上进行编辑修改，还可以利用扫描仪、数码相机等输入设备来导入图像，并对图像进行特效处理，从而创作出富有创意的图像效果。所有这些工作方式，都建立在掌握文件管理方法的基础之上。在 Photoshop 中，文件管理主要包括新建、打开及存储等操作。

2.1.1　新建文件

对于任何一个软件，新建文件都是初学者要学习的最基本的操作，在 Photoshop 中，新建文件的方法是执行"文件"/"新建"命令（快捷键 Ctrl+N），打开"新建"对话框，如图 2-1 所示。在该对话框中可以设置新文件的大小、颜色模式以及背景图层等选项。其中的各个选项及功能如表 2-1 所示。

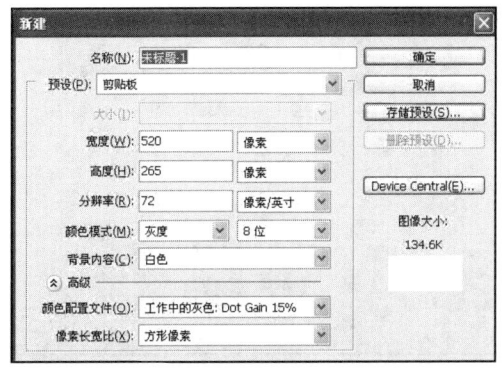

图 2-1　"新建"对话框

表 2-1 "新建"对话框相关选项及功能

选项名称	功能
名称	为新建的文件命名，如果不输入，则以默认名"未标题 1"命名
预设	在"预设"下拉列表框中包括了一系列常用尺寸规格的空白文档模板，例如，选择"国际标准纸张"选项，那么新建文件的大小为 105mm×148mm。如果选择"自定"选项，可以自己设置图像的宽度和高度
颜色模式	在"颜色模式"下拉列表框中可以选择"位图"、"灰度"、"RGB 颜色"、"CMYK 颜色"和"Lab 颜色"等多种颜色模式。默认为"RGB 颜色"模式。在颜色模式后面可以选择 8 位颜色，也可以选择 16 位颜色，一般选择 8 位
背景内容	设置新建图像背景图层的颜色，有 3 个选项：选择"白色"选项时，新建文件背景图层为白色；选择"背景色"选项时，新建文件背景与工具箱中设置的背景颜色一致；选择"透明"选项时，则新建一个完全透明的普通图层文档
高级	可以选取一个颜色配置文件，或选择不对文档进行色彩管理。对于"像素长宽比"，除非用于视频图像，一般选取"方形像素"
存储预设	对于经常使用的参数设置，可以单击该按钮存储起来。下次新建文件时，可以从"预设"下拉列表框中找到上次存储的设置

其中单击"高级"左侧的按钮可以打开高级相关参数。如果当前操作系统的剪贴板内有一定大小的图片，其高度、宽度默认值会默认出现在对话框的相应位置。

如果用户经常创建同样大小的文档，在第一次创建时设置好各选项，然后在第二次新建时，按 Ctrl+Alt+N 组合键，可以创建与第一次设置完全一样的文档。

2.1.2 打开文件

在 Photoshop 中，打开图像文件可以使用多种方式。打开文件操作，最简单、最常用的方法就是执行"文件"/"打开"命令（快捷键 Ctrl+O），打开"打开"对话框，从中选择素材库里的图像或者已有的 Photoshop 文件，单击"打开"按钮即可，如图 2-2 所示。

图 2-2 "打开"对话框

打开的文件类型默认为所有支持的格式，若要显示某一类型的文件，可以在"文件类型"下拉列表框中选择文件格式，此时对话框中只显示符合格式要求的文件。

第二种打开文件的方法是直接双击所要编辑的文件，如果操作系统注册表中事先已经记录好这种图像默认是用 Photoshop 打开的，此时会自动先打开 Photoshop 再打开图像。

第三种方法是拖动要打开文件到 Photoshop 的快捷方式上松开鼠标即可。

有时候需要连续打开多个文件进行不同文件中的图像合成，此时可以在"打开"对话框中单击开始的第一个文件，然后按住 Shift 键单击最后一个文件，以选中多个连续的文件；按住 Ctrl 键同时单击要选取的文件，可以选中多个不连续的文件。

2.1.3 存储文件

图片编辑完之后紧接着的工作即是保存，同时在编辑过程中为了避免在绘图过程中出现停电、死机、Photoshop 出错自动关闭等情况时导致文件信息丢失，在编辑图像的过程中应养成经常存储的习惯，这样才能够避免不必要的麻烦。

执行"文件"/"存储"命令（快捷键 Ctrl+S），打开"存储为"对话框（如图 2-3 所示），对话框中的各个选项及功能如表 2-1 所示。

图 2-3 "存储为"对话框

另存文件可以分为两种情况：一是当完成一幅作品时，因为 PSD 源文件所占的空间比较大，需要把原文件存储为其他格式；二是对原图像进行修改调整后存储为另一种效果以便其他软件来使用。

如果当前文件曾经以一种格式存储过，可以执行"文件"/"存储为"命令（快捷键 Ctrl+Shift+S），打开"存储为"对话框。设置文件存储的位置和文件名称，然后在"格式"下拉列表框中选择一种存储格式即可。

表 2-1 "存储为"对话框的参数说明

选项	功能
保存在	该下拉列表框用于选择文件的存储路径，选定的项目将显示在文件或者文件夹列表中
文件名	输入新文件的名称，这样在文件之间就比较容易辨认
格式	在该下拉列表框中选择所要存储的文件格式
作为副本	启用该复选框，系统将存储文件的副本，但是并不存储当前文件，当前文件在窗口中仍然保持打开状态
注释	启用该复选框，图像的注释内容将与图像一起存储
Alpha 通道	启用该复选框，系统将 Alpha 通道信息和图像一起存储
专色	启用该复选框，系统将文件中的专色通道信息与图像一起存储
图层	启用该复选框，将会存储图像中的所有图层
使用小写扩展名	启用该复选框，当前存储的文件扩展名为小写，不启用该复选框，文件扩展名为大写

2.1.4 文件的导入与导出

导入与导出功能提供给用户不能用 Photoshop 打开或编辑的一些图像软件和设备的通信功能，可以与其他图形、图像、视频等处理软件及设备进行数据交换，当然能够使用的前提是必须电脑上安装过这些软件或者与这些设备正常连接。

与其他软件的图像通信还有一些方式，如用户还可以利用操作系统的剪贴板，直接将其他应用程序中的图像复制并粘贴到 Photoshop 的图像窗口中进行编辑，也可以将 Photoshop 中的图像导出到其他应用程序中。导入与导出相关选项如图 2-4 所示。

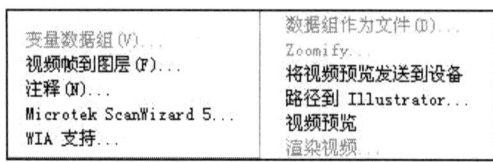

图 2-4 导入与导出相关选项

2.1.5 置入文件命令

在 Photoshop 中，一般的图像格式可以通过"打开"命令打开，如果遇到特殊的图像格式如矢量格式的图像，则需要通过"置入"命令打开。

在 Photoshop 中，通过"置入"命令可以将矢量图（如 Illustrator 软件制作的.AI 图形文件）插入到 Photoshop 中当前打开的文档内使用。方法是：在 Photoshop 中新建一个空白文档，执行"文件"/"置入"命令，打开"置入"对话框。选择图形文件后，单击"置入"按钮。此时，文档中会显示一个浮动的对象控制框，用户可以更改它的位置、大小和方向。完成调整后在框线内双击或按回车键确认插入，确认后框线会消失，如图 2-5 所示。

2.1.6 关闭文件

关闭 Photoshop 界面的方法有很多种，正常情况图像编辑完成后，单击"文件"下拉菜单中的"退出"命令即可退出，如果当前文件没有保存，首先弹出保存确认选项。单击"是"按钮、即可退出，若单击"取消"按钮，则取消退出命令，重新返回 Photoshop 主界面。

图 2-5 当前图像置入兰花效果图

第二种是双击界面左上角的 标志,也能关闭主界面,或者按 Alt+F4 组合键。

2.2 图像显示控制

在制作或修改图像的时候,经常会同时编辑多个图像,或更换图像与图像间的图层或元素,因此要在多个图像窗口之间频繁切换,缩放图像,以及改变图像的位置等。灵活掌握图像窗口的操作方法,很大程度上可以提高工作效率。图像控制工具栏也就是在第 1 章提到的应用程序栏,其外观如图 2-6 所示。

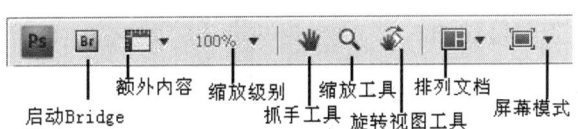

图 2-6 应用程序栏

2.2.1 缩放工具

在 Photoshop 中要放大或者缩小图像的显示比例,最简单的方法就是选择工具箱中的"缩放工具" ,然后在工具选项栏中启用"放大"按钮 或者"缩小"按钮 ,在图像窗口中单击即可,如图 2-7 所示。

图 2-7 图像缩放工具

要放大或者缩小图像显示比例，还可以执行"视图"/"放大"（快捷键 Ctrl+ +）或者"缩小"（快捷键 Ctrl+ -）命令，在状态栏中的比例文本框中输入数值也可。

2.2.2 抓手工具

抓手工具是图像显示超出满屏时可以移动当前图像到适合观察图像位置的工具。其使用较为简单，单击"抓手工具"按钮，然后将鼠标移动到图像上，拖动鼠标即可移动显示区域。在选中"放大"或者"缩小"的前提下，按空格键也可以切换到"抓手工具"。

与工具箱中移动工具不同的是，抓手工具移动的是整个图像，而移动工具可能只移动一层，并且是移动当前层在图像尺寸中的位置。

2.2.3 屏幕显示模式

在编辑图像的过程中，为了全面地观察图像效果，可以切换图像的显示模式。为了满足用户的需求，单击 Photoshop 界面最上方的视图快捷按钮中的"屏幕模式"按钮，会出现3种屏幕模式：标准屏幕模式、带有菜单栏的屏幕模式、全屏模式。对以上三种模式，初学者可自行观察其区别。

标准屏幕模式：可以切换到标准屏幕模式的窗口，将会显示 Photoshop 中的所有组件，该模式适合对 Photoshop 不太了解的初学者。

带有菜单栏的全屏模式　不显示 Photoshop 的标题栏，而只显示菜单栏。在该模式下，可以使图像最大化，充满整个屏幕，以便有更多的操作空间。

全屏模式　该模式下系统隐藏了菜单栏，适合对 Photoshop 菜单栏熟悉的设计人员。

2.2.4 隐藏面板、工具及菜单

对于使用较为熟练或者使用一段时间后的用户，还可以将右边的操作面板隐藏。无论在何种模式下只需按 Shift+Tab 组合键，就可以隐藏右边的所有面板。

在 Photoshop 中还有一种图像显示模式，即除图像外隐藏所有的菜单及选项栏。该模式适合对 Photoshop 各个菜单、工具以及面板上的所有信息相当熟悉的设计人员。其调用方法是，在"全屏模式"下同时按 Tab 键即可。

在 Photoshop 中按 Tab 键可以将除菜单栏以外的所有工具、面板和选项隐藏，以便于设计者在编辑图像的过程中有更大的操作区域。

2.3　设置图像文件大小

在图像处理中经常会根据需要随时查看或者根据需要调整图像、图层的大小、分辨率等，这时可以利用"图像"下拉菜单中的"图像大小"和"画布大小"两个命令来完成。如图 2-8 所示。

2.3.1 查看图像文件大小

在图 2-8 中单击"图像大小"命令，弹出如图 2-9 所示的对话框，同时在第一行显示该图像的容量。

第 2 章　基本操作与图像设置

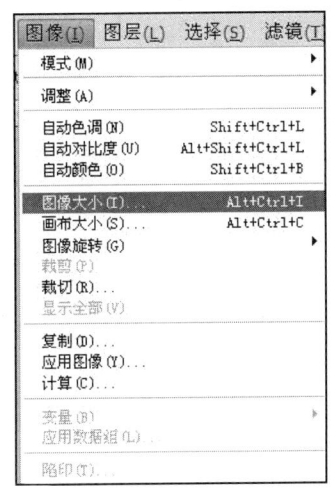

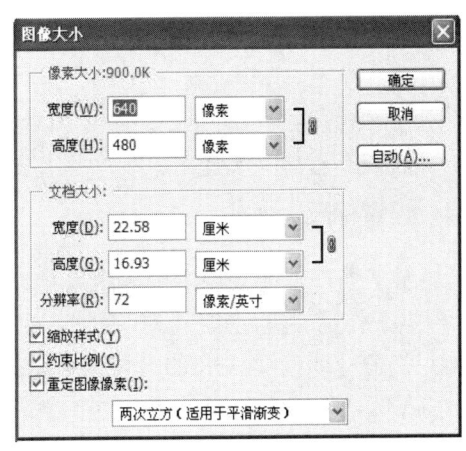

图 2-8　图像大小查看及设置选项　　　　　图 2-9　"图像大小"对话框

2.3.2　调整图像文件大小

若刚才查看的文件大小不能满足要求，可以在图 2-9 的基础上直接更改数字参数，以调整图像的大小。

通常在此对话框中通过调整分辨率来更改图像的大小。更改图像的分辨率，可以直接影响到图像的显示效果，增加分辨率时，会自动加大图像的像素；缩小分辨率，会自动减少图像的像素。更改分辨率的方法非常简单，只要在"图像大小"对话框中的"分辨率"选项处直接输入要改变的数值即可改变当前图像的分辨率。

2.3.3　调整图像画布大小

在实际操作中画布指的是实际打印的工作区域，改变画布大小直接会影响最终的输出设置。

使用"画布大小"命令可以按指定的方向增大围绕现有图像的工作空间或通过减小画布尺寸来裁剪掉图像边缘，还可以设置增大边缘的颜色。默认情况下添加的画布颜色由背景色决定。在菜单中执行"图像"/"画布大小"命令，弹出如图 2-10 所示的"画布大小"对话框。在该对话框中即可完成对画布大小的改变。

图 2-10　"画布大小"对话框

2.4 标尺、网格、参考线及附注

在 Photoshop 中还有一些辅助性的工具，经常起着一些特殊的作用，如标尺、网络、参考线及附注。这些辅助工具可以大大提高工作效率以及对象在文件中的对齐程度等。

2.4.1 设置标尺

标尺显示了当前正在应用中的测量系统，可以帮助我们确定任何窗口中对象的大小和位置。可以根据工作需要重新设置标尺属性、标尺原点，以及改变标尺位置。在菜单中执行"视图"/"标尺"命令或按 **Ctrl+R** 组合键，可以显示与隐藏标尺，在可视状态下，标尺显示在窗口的顶部和左侧，如图 2-11 所示。

将鼠标指针移动到标尺相交处，按下左键，再向另外一点处拖曳鼠标，到达目的地后松开鼠标，此时就会看到标尺原点位置发生了改变，如图 2-11 所示。

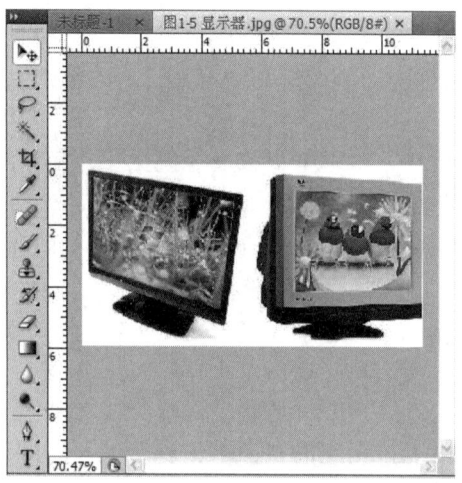

图 2-11　标尺功能开启

2.4.2 设置网格

网格是由一连串的水平和垂直点所组成，经常被用来协助绘制图像和对齐窗口中的任意对象。默认状态下网格是不可见的。在菜单中执行"视图"/"显示"/"网格"命令或按 **Ctrl+'** 组合键，可以显示与隐藏非打印的网格，如图 2-12 所示。

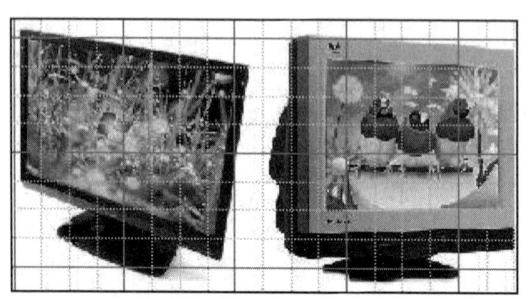

图 2-12　网格打开效果

2.4.3 设置参考线

参考线是浮在整个图像上但不能被打印的直线，可以设置水平方向也可以设置垂直方向，更可以设置若干条，可以移动、删除或锁定参考线，参考线主要用来协助对齐和定位对象。

在菜单中执行"视图"/"新建参考线"命令，在弹出的"新建参考线"对话框中设置"取向"为"垂直"、"位置"为 2 厘米，单击"确定"按钮，即可新建参考线。在标尺上按下鼠标向工作区拖动可以创建参考线。

如果要删除图像所有的参考线，只要在菜单中执行"视图"/"清除参考线"命令，就可以将图像中的所有参考线删除。如果要删除一条或几条参考线，只要使用移动工具拖动要删除的参考线到标尺处即可。

在菜单中执行"视图"/"显示"/"参考线"命令，可以完成对参考线的显示与隐藏。在菜单中执行"视图"/"锁定参考线"命令，可以完成对参考线的锁定与解锁。

2.5 设置颜色与填充颜色

"颜色设置"是 Photoshop 的色彩控制指挥中心。这是进行其他选项操作或者命令的前提设置。

2.5.1 设置颜色

启动 Photoshop，选择"编辑"/"颜色设置"命令，打开"颜色设置"对话框，单击"更多选项"后就可以看到全部面板，从上到下分别有 5 个板块区域，分别为：设置、工作空间、色彩管理方案、转换选项、高级控制。这些选项的学习建议结合第 1 章的基本颜色知识进行。如图 2-13 所示。

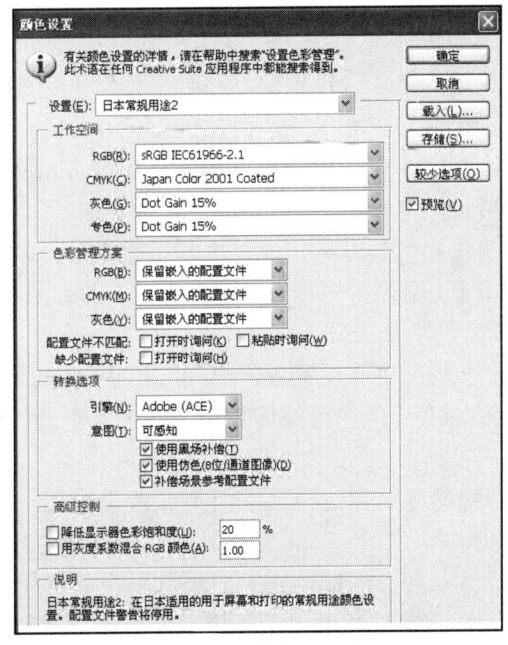

图 2-13 "颜色设置"对话框

1. "工作空间"设置

"工作空间"是全部 Photoshop 色彩工作的核心,它规定操作必须在一个特定的色彩区域中进行,此工作空间制作的照片改换到彼工作空间,照片色彩就会发生变化,分为以下 4 个方面的设置:

（1）RGB：工作中应该选择 Adobe RGB（1998），以使图像能够适合高档印刷的需要。

（2）CMYK：它的设置较为复杂。应选择印刷特性 ICC 曲线,此 ICC 文件可放在"系统安装盘内的\资源库\ColorSync\Profiles"内（Mac 机）或"\windows\system32\spool\drive\color"内（PC 机），Photoshop 可自动调用。

（3）灰色：苹果机选择 Gray Gamma 1.8，PC 机选 Gray Gamma 2.2。

（4）专色：专色是指采用黄、品红、青、黑四色墨以外的其他色油墨来复制原稿颜色的印刷工艺。包装印刷中经常采用专色印刷工艺印刷大面积底色。

2. "色彩管理方案"设置

这一步设置能够为后期色彩管理提高效率,对照片设定色彩空间自动转换、提示、警告等几项内容,分别说明以下 4 项:

（1）RGB：设为"保留嵌入的配置文件",保留文件本身自带的配置文件；如文件未带配制文件则默认使用工作空间所设定的配制文件。

（2）CMYK：设为"保留嵌入的配置文件",保留文件本身的配置文件；如文件未带配制文件则默认使用工作空间所设定的配制文件。

（3）灰色：建议选择"关",因为黑白照片自动转换的效果往往不佳,事实上都会对灰度照片的影调重新调整。

（4）配置文件部分建议都不勾选。配置文件不匹配时,RGB 配置文件直接转换成设置的 Adobe RGB，CMYK 运用的是保留的嵌入配置文件,此时应注意：使用嵌入的配置文件,图片的标题栏上有"*"号标记,注意分析网点值,如不合适,应使用"转换为配制文件"进行 ICC 转换；缺少的配置文件直接使用"工作空间"内设置的配置文件。

3. "转换选项"设置

（1）引擎：是一个系统级的色彩管理模块,整合了工作平台和应用软件,选择这个选项前首先要清楚使用和与之交流的工作平台是什么,假如都在 Adobe 的软件之间使用,首选 Adobe(ACE)，如果在 Windows 平台下工作,可以选 Microsoft/CMM，而全部在苹果系统上工作,就可以选 Apple Colorsynic。

（2）意图：可以理解为色彩代替方案,或者色彩压缩方案。由于在原设备呈现的色彩不可能 100%地在目的设备中复制,必然要引起一些损失,损失的方法是用其他相邻的色彩代替,"意图"就是准备指定用哪个色彩来代替。

可感知：使用色域压缩方案,将源设备色彩空间超出色域的颜色饱和度降低,使其与目的设备色域相吻合,改变所有颜色,但保持整体颜色间的关系不变,比较适合表现照片的层次和色彩。

饱和度：只关注对色彩鲜艳度的表达再现,而不太考虑原文件之间的关系,适合于印刷地图、图表等,不适合做照片。

相对比色：使用色域裁剪方案,保持色域内的颜色不变,将超出色域的颜色直接裁掉,用与它们最接近的颜色来代替,该方法将源设备色域空间的白点映射到目的设备色域空间的白点,输出时白色总是纸张的白色,而不是源设备色域空间的那个白色,并按白的转换比例调整其他所有颜色。相对比色最大的优势就是能准确地复制色域内的所有颜色。通常在数码打样上用于不模拟纸色。

绝对比色：和相对比色一样保持色域内的颜色不变，但将超出色域的颜色压缩到源色域的边缘，不映射色域间的白点。通常在数码打样上用于模拟纸色。

（3）使用黑场补偿：勾选则能使原文件达到较好的黑色还原，应该选中它。

（4）使用仿色（8位/通道图像）：可以使各通道层次过渡平滑连续，防止图像中出现台阶或断带。

4．"高级控制"设置

（1）降低显示器色彩饱和度：后面有可以定义的数值框，它有助于以大于屏幕的色域来显示完整的色域范围，但是，屏幕的显示将不再符合打印的输出结果，不建议选用。

（2）用灰度系数混合 RGB 颜色：本意是指在 Gamma1.0 的密度时（也就是按中灰曝光的胶片曲线 1.0 密度区特性曲线的中段，是最主要的影调中间值），RGB 的个性混合时能够体现出中性灰度，不选。

当完成色彩管理设置后单击"存储"按钮，把色彩管理参数存储下来，方便以后调用（可把存储的 Color Setting 文件备份一下）。

2.5.2 绘图颜色设置

利用绘图工具编辑图像，首先要学会前景色与背景色的设置。通常用拾色器、"颜色"调板、色板调板和吸管工具几种方法。

1．拾色器

单击工具箱中的前"背景工具"按钮，如图 2-14 所示。前景色即是当前绘图工具的前景色，背景色即为当前图像的底色。切换前/背景色即为前景与背景色之间的切换。默认值为前景色为黑色背景色为白色。

单击前景或者背景，出现如图 2-15 所示对话框，可以直接选取颜色或者通过数字方式进行设置。

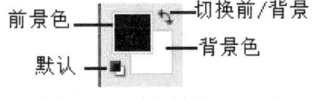

图 2-14　前/背景色工具

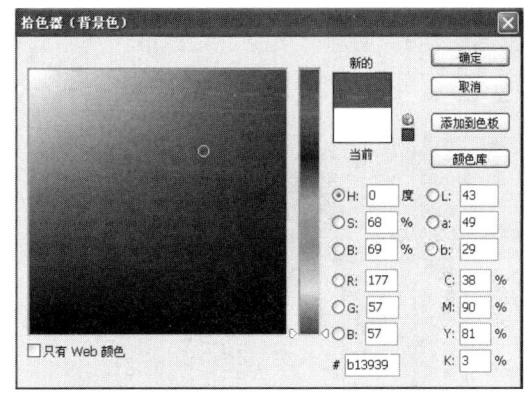

图 2-15　"拾色器"对话框

在非文字输入状态下，按 D 键快速恢复系统默认的前背景色。按 X 键快速切换当前前景色与背景色。

2．"颜色"调板

还可以使用"颜色"调板对颜色进行设置。首先选择"颜色"调板左上方的前景或者背景色，然后在右侧的文本框中输入数值或者用鼠标拖动颜色模式相应的滑块即可完成。

3. "色板"调板

在"色板"调板中，将鼠标移动到调板色样方块区域，鼠标变为吸管工具，单击想要的色样方块，即可完成前景色的设置。设置背景色时，先按下 Ctrl 键，再单击想要的颜色方块，即可完成背景色的设置。

4. 吸管

使用吸管工具可以选取屏幕图像中的颜色来设置前景色与背景色。在工具箱中选取吸管工具，鼠标指针变为吸管形状，在工具选项栏中设置取样大小。移动鼠标指针到想要取的颜色处，单击即可设置取样颜色为前景色。按下 Alt 键，再单击即可设置取样颜色为背景色。

取样点：系统默认的取样大小，表示颜色取样点精确为一个像素，3×3 表示按 3×3 个像素平均值取样颜色，其他类同。如图 2-16 所示。

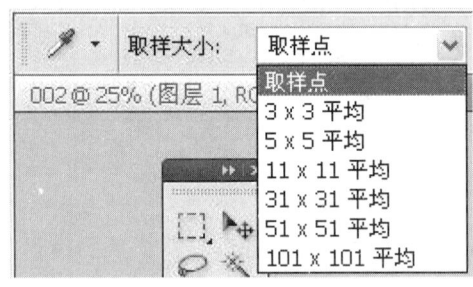

图 2-16 吸管参数

2.5.3 填充颜色

填充颜色是指在选取一定区域的前提下，填充用户指定的颜色。这种区域可以是各种形状，包括不规则的图形，例如用魔棒工具选取的区域。如图 2-17 所示，将更换边缘图像颜色。

打开图像，从工具箱中选取"魔棒工具"，在图像的边缘处单击，如图 2-18 所示，边缘部分已经被选中，然后根据前面的步骤设置前景色，设置完成后再单击"编辑"/"填充"命令，弹出如图 2-19 所示"填充"对话框，从中选取填充的内容、混合及不透明度，确定后会发现边缘选中部分已经被填充成刚才设置的前景色了，其效果如图 2-20 所示。

图 2-17 原图

图 2-18 用魔棒选取边缘区域

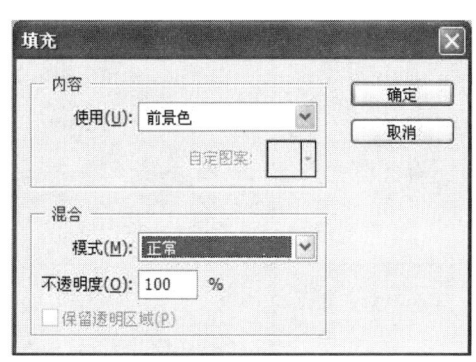

图 2-19 "填充"对话框　　　　图 2-20 填充后的效果图

对于填充颜色还可以使用 Alt + Delete 组合键填充前景色，用 Ctrl+Delete 组合键填充背景色。

2.6 图像的基本操作

2.6.1 图像的（自由）变换

图像的变换操作分自由变换和变换两种，先来看自由变换效果，对图 2-17 进行自由变换，先选取需要自由变换的区域，选择"选择"/"全部"命令，然后选择"编辑"/"自由变换"命令，弹出如图 2-21 所示的窗口。其中中央的  是图像的中心，进行拉伸和旋转等都要以此为中心，当然此中心位置可以用鼠标进行拖移。另外观察到鼠标放置的位置不同其形状就有所不同，一般有 ↕（垂直缩放图像）、↔（水平缩放图像）、↻（沿中心旋转）、▶（双击应用更改）。在图片的 4 边 8 个编辑点上同样可以实现相同的功能。

图 2-21　自由变换

"变换"命令是较为全面地对图像进行各种变换的命令集成，其二级菜单如图 2-22 所示。
再次：再次执行最近执行的本项动作。
缩放：水平或者垂直方向更改图像大小。
旋转：以中心为轴圆形旋转。

扭曲：拖拉边缘使图像由矩形变为任意平行四边形。
透视：拉动四个角就可以变换不同的透视角度。
变形：对图像进行各种形式的变形。
旋转 180 度：将图像顺时针（逆时针）旋转 1/2 圈。
旋转 90 度：将图像顺时针（逆时针）旋转 1/4 圈。
水平翻转：水平方向旋转 180°，相当于从背面看此图。
垂直翻转：垂直方向旋转 180°。

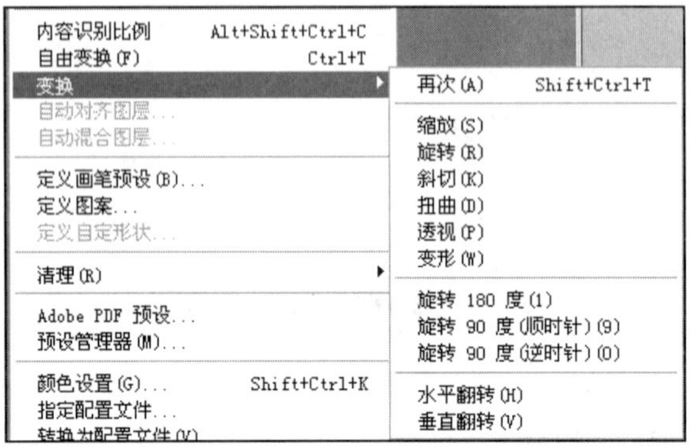

图 2-22 "变换"命令的二级菜单

使用"扭曲"命令后，得到的效果如图 2-23 所示。其他效果请读者自行操作观察效果。

图 2-23 扭曲效果

2.6.2 图像的裁剪和裁切

当大家将自己喜欢的图像扫描到计算机中时，经常会遇到图像中会多出一些自己不想要的部分，此时就需要对图像进行相应的裁切了。

使用"裁剪"命令可以将图像按照存在的选区进行矩形裁剪，在打开的文件中先创建一个选区，再执行菜单"图像"/"裁剪"命令，即可以对图像进行裁剪，如图 2-24 所示。

使用"裁切"命令同样可以对图像进行裁剪。裁切时，先要确定删除的像素区域如透明色或边缘像素颜色，然后将图像中与该像素处于水平或垂直的像素的颜色与之比较，再将其进行裁切删除，执行菜单"图像"/"裁切"命令，打开如图 2-25 所示的"裁切"对话框。

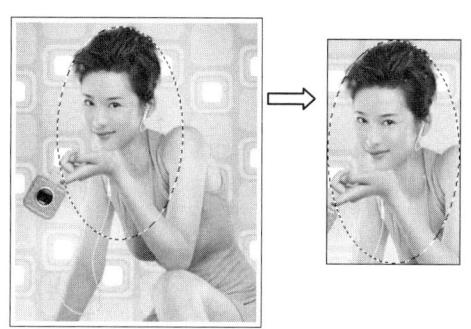

图 2-24 图像裁切效果

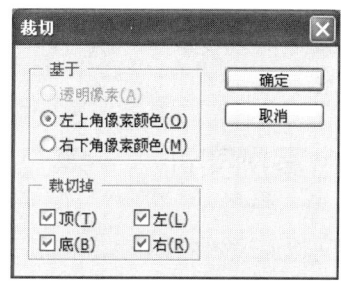

图 2-25 "裁切"对话框

图像中存在透明区域时,"透明像素"选项会被激活,单击"确定"按钮,会将透明区域切掉,如图 2-26 所示。

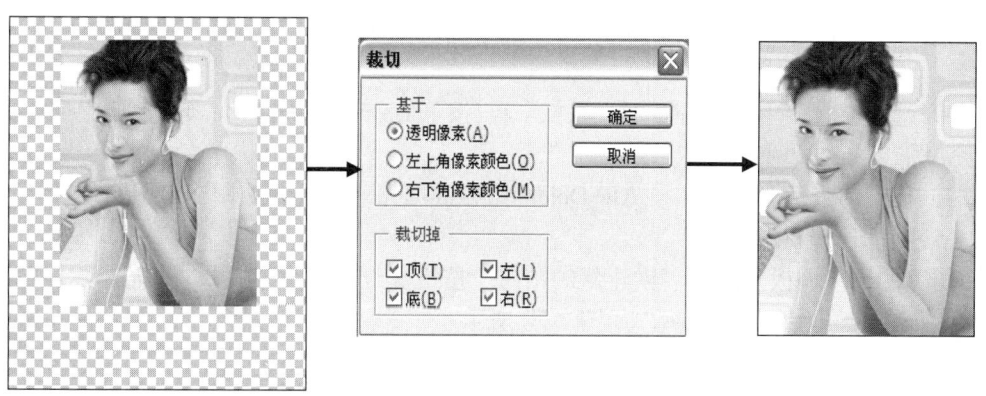

图 2-26 裁切效果图

2.7 基本编辑操作

对图像进行剪切、复制、粘贴、移动等是最基本的操作,其功能同其他软件使用基本上大同小异,大家可以利用计算机基础操作知识对此部分进行练习,这些操作执行的前提必须是选中某些区域后才能进行。

1. 剪切

选取"编辑"/"剪切"命令,或者按 Ctrl+X 组合键,可将选区的图像剪切掉,存入剪贴板中。

2. 复制

选取"编辑"/"复制"命令，或按 Ctrl+C 组合键，可将选区的图像存入剪贴板中。

3. 粘贴与贴入

选取"编辑"/"粘贴"命令，或按 Ctrl+V 组合键，可将剪贴板中的图像粘贴到当前图像窗口中心，并建立新图层。

4. 清除

选取"编辑"/"清除"命令，可对当前选中区域从图像中清除掉，而且不存入剪贴板。

5. 合并复制

建立选中区域中所有可见图层的合并副本。

6. 还原操作、后退一步及前进一步

还原最近的一步操作；撤消最近的一步操作；执行后退前的一步操作。其实这些操作利用历史记录面板同样可以达到要求。

2.8 综合案例实训——填充图案效果

以上是一些基本的操作，下面将通过"RGB 三基色混合效果"的实例提高实践能力。绘制如图 2-32 所示的效果图。本例中所涉及的知识点较多，在后续相关章节中都有详细讲解，其理论不要求学生全面掌握，只要能按操作步骤"照葫芦画瓢"完成上机任务就达到目的。

1. 新建图像文件，绘制红色的圆形

（1）选择"文件"/"新建"命令，设置一个 320×240 像素大小的画布窗口。背景设置为透明，颜色模式为 RGB 模式，24 位真彩色，确定后图层画板中显示出"图层 1"如图 2-27 所示。

（2）选取工具箱中的"椭圆形"按扭 ○，按下 Shift 键不放，在画布窗口中拖鼠标，得到一个正圆。

（3）设置前景色为红色，按 Alt+Delete 组合键填充前景色。如图 2-27 所示。

2. 绘制绿色的圆形

单击"图层"调板下边的"创建新的图层"按钮 ▫，新建一图层，在新图层上按照第一步建立一个前景色为绿色的正圆。如图 2-28 所示。

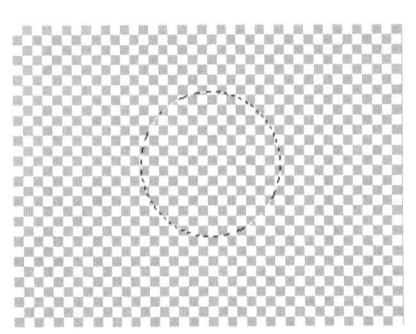

图 2-27 选区

图 2-28 图层 1

3. 绘制蓝色的圆形

用同样的办法再新建一图层，得到一个填充蓝色的正圆。按 Ctrl+D 组合键取消选区。完成三个圆的绘制,但此时只能看到最上层填充蓝色的正圆,因为三个大小与位置相同。如图 2-29 所示。

4. 制作三基色混合效果

(1)选取移动工具箱的"移动工具",分别选中图层 2 和图层 3。移动这两个图层到合适位置。如图 2-30 所示。

图 2-29　图层 2　　　　　　　　　　图 2-30　图层 3

(2)选取"图层 2",在"图层"调板中设置图层的混合模式为"差值",使图层 2 与图层 1 的图像颜色混合。如图 2-31 所示。

(3)同样的方法,选中"图层 3"在"图层"调板中设置图层的混合模式为"差值",使图层 3 与图层 3 的图像颜色混合。

此时出现 RGB 三色混合效果制作完毕,其效果如图 2-32 所示。

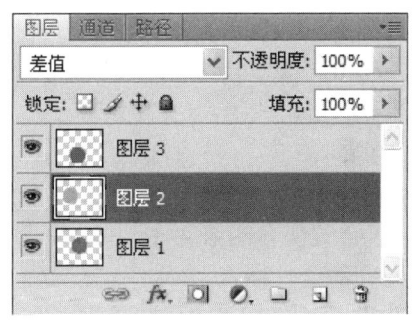 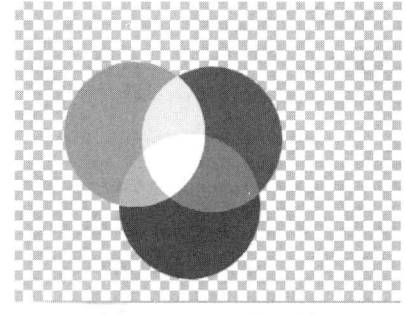

图 2-31　"图层"调板　　　　　　　图 2-32　RGB 效果图

5. 更改画布的大小并保存成 PSD 文件

选取"图像"/"图像大小"命令进行更改,单击"文件"/"保存"命令保存文件,然后关闭文件窗口,完成制作。

习题与实训

一、单项选择题

1.Photoshop 的当前状态为全屏显示,而且未显示工具箱及任何调板,在此情况下,按(　　)键,能够使其恢复为显示工具箱、调板及标题条的正常工作显示状态。

A.先按 F 键,再按 Tab 键

B．先按 Tab 键，再按 F 键，但顺序绝对不可以颠倒

C．先按两次 F 键，再按两次 Tab 键

D．先按 Ctrl+Shift+F 组合键，再按 Tab 键

2．在图像编辑过程中，如果出现误操作，可以通过（　　）操作恢复到上一步。

A．Ctrl+Z　　　　B．Ctrl+Y　　　　C．Ctrl +D　　　　D．Ctrl +Q

3．在 Photoshop 中允许一个图像的显示的最大比例范围是（　　）。

E．100%　　　　F．200%　　　　G．600%　　　　H．1600%

4．Photoshop 中要使所有工具的参数恢复为默认设置，可以执行（　　）操作。

A．右击工具选项栏上的工具图标，从下拉菜单中选择"复位所有工具"

B．执行"编辑"/"预置"/"常规"命令，在弹出的对话框中单击"复位所有工具"

C．双击工具选项栏左侧的标题栏

D．双击工具箱中的任何一个工具，在弹出的对话框中选择"复位所有工具"

5．Photoshop 的当前状态为全屏显示，而且未显示工具箱及任何调板，在此情况下，按（　　）键，能够使其恢复为显示工具箱、调板及标题条的正常工作显示状态。

A．先按 F 键，再按 Tab 键

B．先按 Tab 键，再按 F 键，但顺序绝对不可以颠倒

C．先按两次 F 键，再按两次 Tab 键

D．先按 Ctrl+Shift+F 组合键，再按 Tab 键

二、操作实训题

1．熟悉组合键。

（1）按 Ctrl+O 组合键打开 4 个图像窗口，然后按 Ctrl+Tab 组合键和 Ctrl+Shift+Tab 组合键切换窗口，最后，按 Ctrl+W 或 Ctrl+F4 组合键将打开的窗口关闭。

（2）显示标尺或网格后，按 Ctrl+H 组合键将其隐藏。

（3）按 Ctrl++组合键或 Ctrl+-组合键放大和缩小图像窗口。

（4）按 Ctrl+N 组合键新建图像文件，按 Ctrl+S 组合键保存图像文件。

2．打开某一案例中 mqw.jpg 文件，另存为某种不同的文件格式。

3．建立一个大小为 640×480Pix，72 Pix/inch，背景色为透明的 RGB 图像文件，然后从本章素材图案文件夹中置入一个*.AI 的文件，最后将其保存到"我的文档"中。

4．依照 2.5.3 节中填充颜色内容的魔棒使用过程，填充成任意一种过渡颜色（渐变颜色）。

5．打开素材美女原图，尝试对部分选区进行"斜切"变换操作，观察效果。

第 3 章　选择和移动图像

本章是学习 Photoshop CS4 平面图形处理的重要环节，属于基本内容。通过对本章的学习要求读者了解选区的基本概念，Photoshop 中的多种选取工具以及编辑选区、移动工具的处理方法。理解创建选区的意义，学会并掌握 Photoshop CS4 创建选区的基本方法，掌握常用选区工具对图像进行有目的性的选择或者创建自己特定的选区的方法与操作，为使用 Photoshop 编辑图像提供一个操作的选取及编辑基础。

1. 选框工具、套索工具、魔棒工具的使用。
2. 选区的编辑、选取的运算、选取的变形。
3. 选区的描边与填充。

3.1　选择工具

在使用 Photoshop 处理图像时，经常要对图像中的某区域进行单独的处理和操作，这时就需要使用选区创建工具或者命令把这个区域选择出来，也就是选框工具组、套索工具组和魔棒工具组，其中最简单最常用的就是选框工具组。

3.1.1　矩形选框工具和椭圆选框工具

1. 认识矩形选框工具

选择工具箱中的矩形选框工具，工具选项栏如图 3-1 所示。

图 3-1　短形选框工具选项栏

矩形选框工具选项栏介绍如下：

（1）"设置选区形式"按钮：它由 4 个功能按钮组成，它们的作用如下。

"新选区"按钮：系统默认单击此按钮，只能创建一个选区。如果已经有一个选区，再创建一个选区时，则原选区被取消。

"添加到选区"按钮：单击此按钮，或者按住 Shift 键，如果已经有一个选区，再创建一个选区时，则新建选区与原选区相加得到一个新选区。

"从选区减去"按钮：单击此按钮，或者按住 Alt 键，如果已经有一个选区，再创建一个选区时，则从原选区上减去与新建选区重合的部分得到一个新选区。

"与选区交叉"按钮：选取此按钮，或者按住 Shift+Alt 组合键，如果已经有一个选区，再创建一个选区时，则只保留新选区与原选区重合的部分得到一个新选区。

（2）羽化：在文本框中输入数值，来设置选区边界线的羽化程度。输入值为 0 时表示不进行羽化。创建羽化的选区时，应先设置羽化数值，再拖曳鼠标创建选区。

（3）样式：设置创建选区的样式，有以下 3 种选项。

正常：系统默认为"正常"方式，可以创建任意大小的选区。选区范围只由鼠标的起点与终点决定，与其他因素无关。

固定长宽比：选择此项，"样式"下拉列表框右边的"宽度"和"高度"文本框有效，可分别输入数值，以确定选区宽高比，使得以后所创建选区符合该宽高比。

固定大小：选择此项，"样式"下拉列表框右边的"宽度"和"高度"文本框有效，可分别输入数值，以确定选区的尺寸，使得以后所创建的选区符合该宽度和高度尺寸。

（4）调整边缘：建立好矩形选区后，单击"调整边缘"按钮后打开"调整边缘"对话框，可以对选框进行调整，可以调整"半径"、"对比度"、"平滑"、"羽化"和"收缩/扩展"参数，在对话框下方有参数调整效果实例。如图 3-2 所示。

2. 使用矩形选框工具

使用矩形选框工具可以创建任意矩形和正方行的选区，操作简便快捷。

选择工具箱中的"矩形选框工具"，鼠标指针变为十字形状，在画布窗口按住左键并拖动鼠标，创建一个矩形的虚线框，然后释放鼠标即可创建一个矩形的选区，如图 3-3 所示。

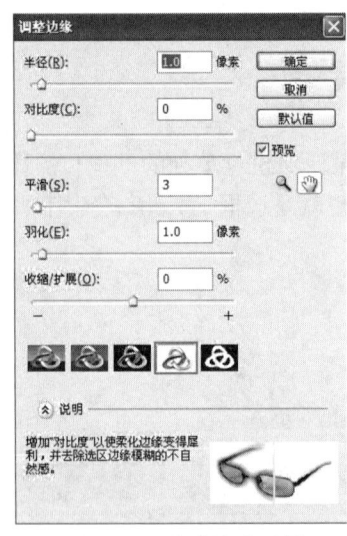 

图 3-2　调整边缘选项栏　　　　　　　图 3-3　选框工具

"椭圆选框工具"用于选择圆形的图像，只能选取圆或者椭圆。

"椭圆选框工具"与"矩形选框工具"的参数设置基本一致。这里主要介绍它们之间的不同之处。如图 3-4 所示。

图 3-4　椭圆工具选项栏

消除锯齿："消除锯齿"是指除了矩形选框工具和快速选框工具外，其余的选择工具（椭圆选择工具、单行和单列选择工具、套索工具和魔棒工具）的工具选项栏中共有的选项。创建圆形或者多边形等不规则选取时会出现锯齿，选择此选项后，可以平滑选取边缘。如图 3-5、图 3-6 分别为未使用"消除锯齿"设置和使用"消除锯齿"设置的效果图。

将选择的区域放大 800 倍后，可以看到边缘通过渐变柔化了。

 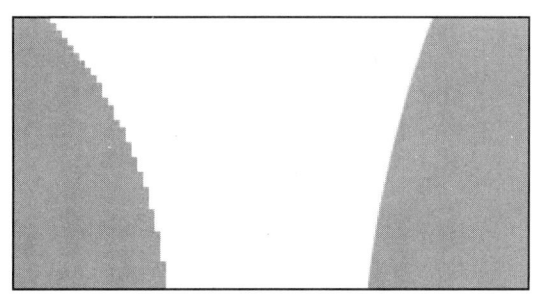

图 3-5　消除锯齿前　　　　　　　　　　图 3-6　消除锯齿后放大效果

3.1.2　套索工具

1. 认识套索工具

选择工具箱中的"套索工具"，工具选项栏如图 3-7 所示。工具选项栏中选项参数的含义与选框工具选项栏中选项参数的含义相同。

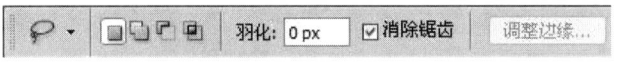

图 3-7　套索工具选项栏

2. 使用套索工具

使用套索工具可以创建以鼠标指针移动路线为基准的任意形状的选区。

选择"套索工具"，鼠标指针变为套索状 ，在画布窗口按住鼠标并拖动，可以创建一个任意形状的选区，释放鼠标时系统会自动连接鼠标指针的起点与终点，形成一个闭合的选取。

使用套索工具，在需要选择的图像边缘拖动，可以粗略地选取图像，如图 3-8 所示

图 3-8　套索工具使用

3.1.3　多边形套索工具练习

1. 认识多边形套索工具

选择工具箱中的多边形套索工具，工具选项栏如图 3-9 所示，与套索工具选项栏一样。

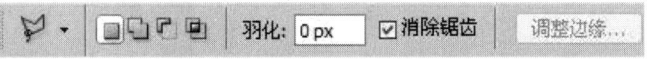

图 3-9　多边形套索工具选项栏

2. 使用多边形套索工具

使用多边形套索工具可以创建任意形状的多边形选区。

选择"多边形套索工具",鼠标指针变为多边形套索状 ,在画布窗口单击,确定多边形选区的起点,然后拖动鼠标,再依次在所需多边形选取的拐点处单击,最后拖动鼠标至起点处(此时出现一个小圆圈)单击,如果双击,系统将自动连接起点和终点,形成一个闭合的多边形选区,完成多边形选取的创建。

使用多边形套索工具,在需要选择的图像边缘拐点处,依次单击,可以选取多边形图像,如图 3-10 和图 3-11 所示。

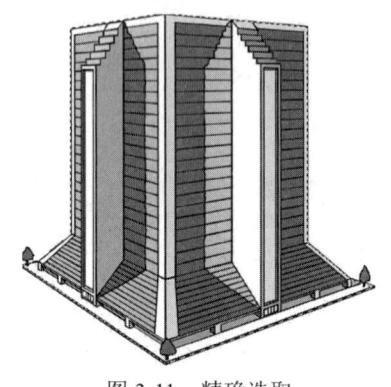

图 3-10　粗略选取　　　　　　　　图 3-11　精确选取

3.1.4　磁性套索工具

虽然使用套索工具和多边形套索工具可以创建任意形状的选区,但还是很难精确地定位选区边界。对于选择细节丰富的图像可以选用磁性套索工具,并且操作方便。

1. 认识磁性套索工具

选择工具箱中的"磁性套索工具",工具选项栏如图 3-12 所示。

图 3-12　磁性套索工具选项栏

与套索工具和多边形套索工具不同,磁性套索工具多了套索宽度和频率的设置,前者用于设置磁性套索工具沿鼠标经过的线路所查找的边缘的范围大小,后者是用来制定套索连接点的链接频率。

2. 使用磁性套索工具

设置选项栏中的参数,可以精确地创建选区,同时对边缘对比度比较大的图像进行选择。

选择磁性套索工具,鼠标指针变为磁性套索状 ,在所要选择的图像边缘单击,确定选区起点,然后沿所选图像的边缘移动鼠标指针,系统会自动在预先设定的像素宽度内分析图像,自动将选区边界吸附到交界上,当移动鼠标回到起点时,磁性套索工具的小图标的右下角会出现一个小圆圈,单击即可形成一个封闭的选区,选中所要的部分图像。

3.1.5　快速选择工具组

1. 快速选择工具

快速选择工具功能非常强大,它能为用户提供智能的创建选区方案,该工具为魔术棒的快捷版本，可以不用任何快捷键进行加选，只需在预选择选区上单击就可以自动调整涂画的选区大小，并寻找到边缘，使其与选区分离。工具栏如图 3-13 所示。

图 3-13　快速选择工具选项栏

快速选择工具选项栏的选项参数说明如下：

（1）运算模式：“快速选择工具"创建选区较为特殊，它提供有 3 种选取的运算模式，包括新选区、添加到选区和从选取中减去。选择"快速选择工具"时，默认为添加到选区模式，在创建选取的过程中，可以按 Alt 键快捷快速切换到从选区中减去模式。

（2）画笔：用于设置快速选择工具的笔头大小，单击下拉按钮，在弹出的下拉面板中可以设置画笔的硬度、大小等参数。

（3）对所有图层取样：选中该项时不再区分选择哪个图层，而是将所有可视图层都直接选中。

（4）自动增强：使绘制选取的过程中自动增加选取的边缘。

2．魔棒工具

魔棒工具名称的由来是因为它具有魔术般的奇妙作用，主要用于选取图像中颜色相近或大面积单色区域的图像。当用魔棒单击某个点时，与该点颜色相似和相近的区域将被选中，可以在某些情况下节省大量的精力来达到意想不到的结果。其选项栏如图 3-14 所示。

图 3-14　魔棒工具选项栏

（1）容差：用来控制颜色的误差范围。值越大，选择区域越广，数值范围在 0～255 之间，默认值为 32。

（2）消除锯齿：用于设置在选区图像时消除边缘的锯齿。

（3）连续：勾选此复选框，只选择与单击处相连的同色区域；不勾选此复选框，将选择与单击处颜色相近的所有区域。

（4）对所有图层取样：勾选此复选框，魔棒选择的时候不光是针对所要操作的那个图层，而是对所有可见图层都进行选择；不选择此复选框，只在当前图层选区中单击出颜色相近的区域。

3.2　选择命令

除使用以上区域选择工具之外，还可以根据命令行方式进行选取，常用的有色彩范围选择命令、扩大选区命令及选取相似命令。

3.2.1　利用色彩范围命令选择图像

打开一张如图 3-15 所示的原图，在"色彩范围"对话框设置各项参数，如图 3-16 所示，各项含义如下：

（1）选择：单击下拉按钮，将打开如图 3-17 所示的下拉列表框，在其中可以指定选取颜色或者色调范围。一旦指定了选区颜色，"颜色容差"选项将不能调整，如图 3-18 所示。选择列表框最下面的"溢色选项"。可以将 RGB 模式图像中无法印刷的颜色范围选中。

（2）选择范围：选择该单选按钮，可以在对话框中预览被选中的颜色范围。

（3）图像：选择该单选按钮，在预览框中将显示整幅图像。

（4）选取预览：单击下拉按钮，在打开的下拉列表框中可以选择在图像窗口现实的选区预览效果。

图 3-15　原始图像

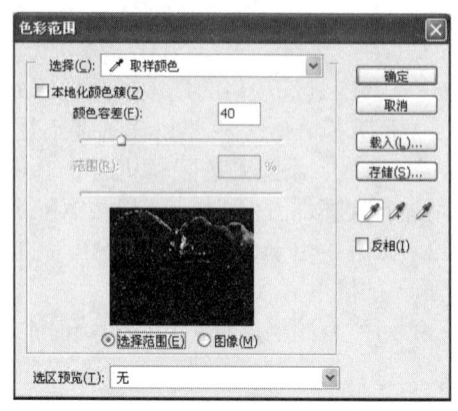

图 3-16　"色彩范围"对话框

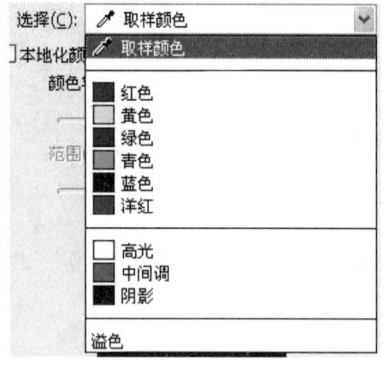

图 3-17　取样颜色下拉列表框

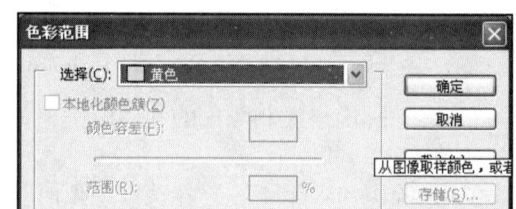

图 3-18　选中某一颜色后的容差选项

（5）吸管工具：在"色彩范围"对话框中设置了 3 种吸管工具，即选择颜色范围吸管、增加颜色范围吸管和删除颜色范围吸管。利用吸管工具可以很方便地在图像窗口或者预览框中设置选区颜色的范围。

（6）反相：选择该复选框可以选中设置颜色范围以外的区域。

（7）存储：用于保存对话框中设置的所有参数。

（8）载入：用于将保存的对话框参数载入重复使用。设置完毕后，单击"确定"按钮，即可看到所需的选区，如图 3-19 所示。

图 3-19　使用色彩范围命令后

3.2.2 使用"扩大选取"命令建立选区

在 Photoshop 中,如果初步绘制的选区太小,没有全部覆盖需要选取的区域,可以利用"扩大选取"菜单命令来扩大选取。

执行"选择"/"扩大选取"菜单命令可以将图像窗口中原有选取范围扩大。该命令是在原有选取的基础上使选区在图像上延伸,将连续的、色彩相近的图像一起扩充到选区内,如同将魔棒工具的容差扩大后又一次进行选择。使用"扩大选取"命令,可以更加灵活地控制选取范围,能够避免许多重复操作。

3.2.3 使用"选取相似"命令建立选区

"选区相似"命令可以将选择区域在图像上延伸,把画面上所有互不连续的色彩相近的图像全部选中。与"扩大选取"命令不同的是,该命令是将图像中所有与原选区颜色接近的区域扩大为新的选区。类似于在魔棒工具选项栏中取消选择"连续"复选框。

3.3 编辑选区

使用工具创建的选区,往往不能直接满足制作的要求,需要借助别的方法调整出所需的工作选区,如移动、放大、缩小、羽化选区等。

3.3.1 移动选区

1. 移动选区

移动选区可以将一创建的选区移动到目标位置,而且不影响图像内的任何内容。移动选区通常有两种方法,一是使用鼠标移动,另一种方法是使用键盘移动。

使用鼠标移动选区时需要注意,只有在选中任意一种选择工具时才可移动选区,并且保证选项栏中建立选区方式为"新选区",移动鼠标到选区内,此时鼠标呈 状态,拖动鼠标即可移动选区。

使用键盘移动选区比鼠标移动选区要精确得多,因为每按一个方向键,鼠标会向相应的方向移动 1 个像素的长度,按"Shift+方向键"组合键则会以 10 个像素的长度来移动选区如图 3-20、图 3-21 所示。

图 3-20 选取图像

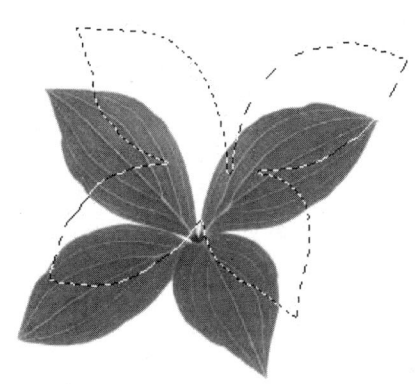

图 3-21 移动选区

2. 移动和复制选区的图像

要移动和复制选区内图像，首先要选取需要移动和复制的图像部分。

移动选区内图像：选择工具箱中的"移动工具"，或者按住 Ctrl 键切换选取工具，移动鼠标指针到选区图像中，指针变成移动剪切状 ▸ 时按住鼠标左键并拖曳即可移动选区内的图像。

选区内图像移动后，背景层镂空的空白区域将自动填充当前背景色，而普通图层则出现透明镂空状态如图 3-22、图 3-23 所示。

图 3-22 普通图层　　　　　　　　　　图 3-23 透明图层

3. 移动工具选项栏

如图 3-24 所示为移动工具选项栏。

图 3-24 移动工具选项栏

（1）自动选择：用来自动选择图层或者图层组。如果选择此选项下拉列表框中的"组"，然后再选择"自动选择"选项，则使用移动工具在画面上单击时，可自动选择光标所在位置的图层组；如果选择"图层"，然后再选择"自动选择"选项，则在画面上单击时，会自动选择光标下面的图层。

（2）显示变换控件：选择此选项时，被选择的对象周围会出现定界框，拖动定界框的控制点可以缩放或者旋转图像。

（3）对齐图层：当选择了两个或者两个以上的图层时，可以按下对齐按钮对齐图层。包括顶对齐、垂直居中对齐、底对齐、左对齐、水平居中和右对齐等。

（4）分布图层：当选择了 3 个或者 3 个以上的图层时，可以按下分布按钮分布图层。包括按顶分布、垂直居中分布、按底分布、按左分布、水平居中分布和按右分布。

4. 复制、剪切和粘贴选区内的图像

在图像内或者图像间拖动选区时，可以使用移动工具操作，也可以使用"复制"、"合并复制"、"剪切"和"粘贴"命令来复制和移动选区。用移动工具拖动时不会使用剪贴板，因此可以节省内存，而"复制"、"合并复制"、"剪切"和"粘贴"命令则会使用剪贴板。

（1）复制。选择"编辑"/"复制"命令，或者按 Ctrl+C 组合键，可以将当前选区内的图像复制到剪贴板，画面中的图像内容保持不变，复制后的内容可以多次进行粘贴。

（2）合并复制。"编辑"/"合并复制"是针对具有多个图层的文件的复制命令，执行此

命令时可以将所有可见的图层复制并合并到剪贴板中，画面中的图像内容保持不变。

（3）剪切。选择"编辑"/"剪切"命令，或者按 Ctrl+X 组合键，可以将当前选区内的图像从画面中剪切掉，并保留到剪贴板中。如果当前图层为普通图层，剪切后选区内会变为透明区域；如果当前图层为背景图层，则会在选区内填充背景色。

（4）粘贴。剪切或者复制图像后，选择"编辑"/"粘贴"命令，或者按 Ctrl+V 组合键，可以将选区内的图像粘贴到图像的不同选区内，或者将其作为一个新图层粘贴到另外一个地方。

（5）贴入。剪切或者复制选区内的图像后，选择"编辑"/"贴入"命令，可以将图像粘贴到同一图像或者不同图像的不同选区内。源选区粘贴到新图层，而且选区边框将转换为图层蒙版。

3.3.2 取消和隐藏选区

在编辑选区时，不管对选区进行什么处理，只能够标记选区内的部分。这部分才是画布上唯一被激活的内容。其次，建立选区后，就能够在上面进行所需要的操作，但是如果要转到其他区域，必须先取消该选区。

取消选区可以将当前的选区去除，此操作在设计制作时经常使用。

取消选区有以下 3 种方法：

（1）执行"选择"/"取消选择"菜单命令即可取消选区。

（2）在工具箱中选择选框工具，并且在选项栏中选择"新选区"选项，然后在任意位置单击鼠标即可取消选区。

（3）按 Ctrl+D 组合键即可快速取消选区。

3.3.3 修改选区

修改选区主要用于精确调整当前选区，通过修改选区，可以创建出一些特殊的选区，如圆角选区等。它包括"边界"、"平滑"、"扩展"、"收缩"和"羽化"5 个命令，其命令位于"选择"/"修改"子菜单中，命令含义如下：

边界：使用该命令，可以创建框住原选区的条形选区。在宽度框中输入像素值，则可在原选取的选取框线外建立以所输入的像素值为宽度的选取区域，使用该命令修改选区的效果如图 3-25 所示。

图 3-25　使用边界命令

平滑：通过改变取样半径来改变选区的平滑程度，使用该命令修改选区的效果如图 3-26 所示。参数值在 1~100 之间。

扩展：可以按照输入的像素值放大原选区，使用该命令修改选区的效果如图 3-27 所示。

收缩：可以按照输入的像素值缩小原选区，使用改命令修改选区的效果如图 3-28 所示。

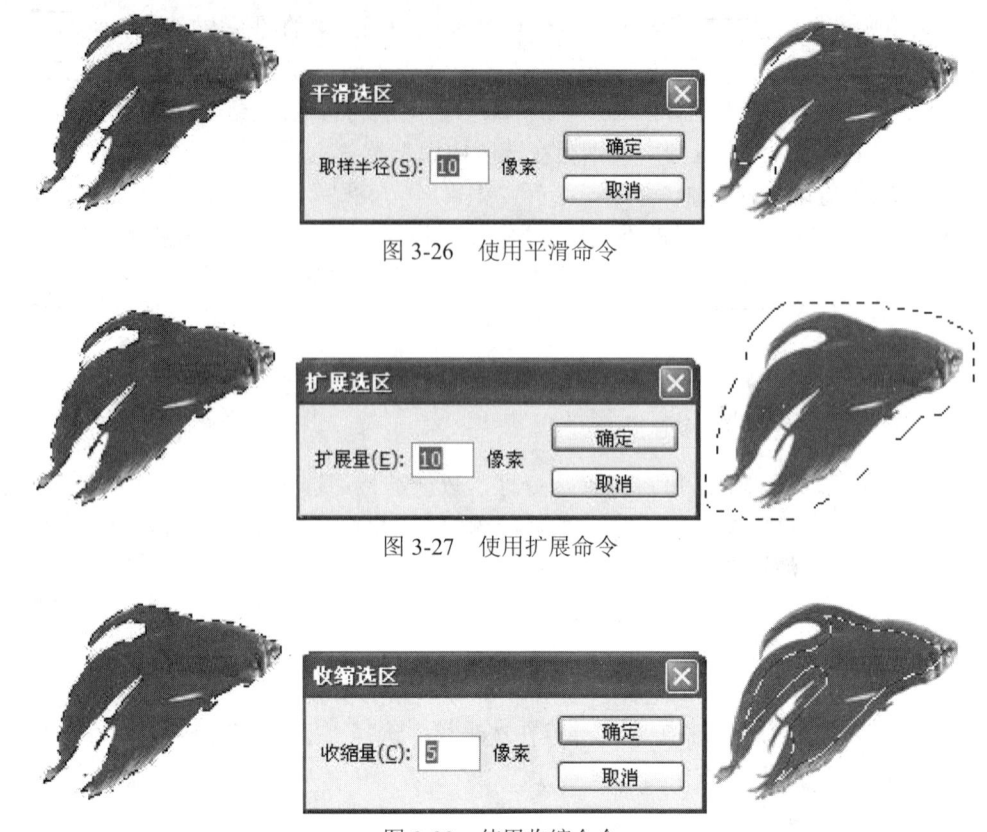

图 3-26 使用平滑命令

图 3-27 使用扩展命令

图 3-28 使用收缩命令

羽化：可以通过建立选区和选区周围像素之间的转换边界来模糊边缘，这种模糊将失去选区边缘的一些细节按照输入的像素值羽化原选区，使用该命令修改选区的效果如图 3-29 所示。

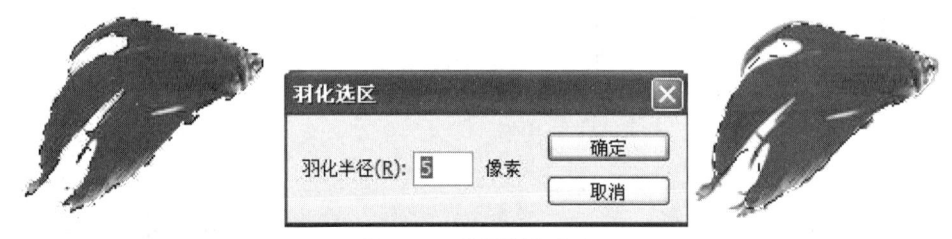

图 3-29 使用羽化命令

3.3.4 变换选区

选区产生后，选用"选择"/"变换选区"命令可以对选区进行缩放、旋转或者扭曲操作。这个命令会在图像周围放置一些手柄。拉动这些手柄和使用一些键盘命令就能够使其任意变形。

缩放：要缩放选区，拉动任意一个手柄。拉动角手柄将会同时改变选区的高度和宽度（按下 Shift 键可以保持原始选区的长宽比）。拉动边手柄将改变选区的宽度或者是它的高度，如图 3-30 所示。

旋转：要旋转图像，首先要把光标移到选区的四角之外，这时光标会变成两端带箭头的圆弧。移动选区中心的十字叉，就可以控制旋转的中心点位置，如图 3-31 所示。

(a)原选区　　　　　　　　　　　　　(b)缩放命令

图 3-30

(a)原选区　　　　　　　　　　　　　(b)旋转命令

图 3-31

扭曲：要改变选区形状，按住 Ctrl 键，然后拖动某个角点如图 3-32 所示。

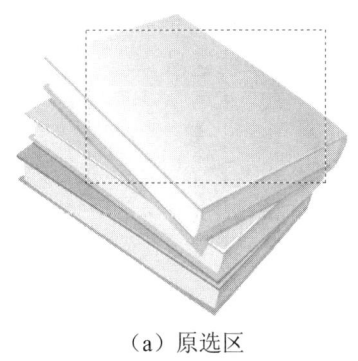 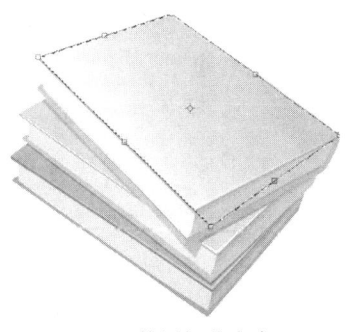

(a)原选区　　　　　　　　　　　　　(b)使用扭曲命令

图 3-32

想要同时移动两个对角，则可以再拖动某个角手柄时按住 Alt+Ctrl 组合键。按 Enter 键（或者在选区内单击）可结束扭曲操作，按 Esc 键则取消该操作。

3.3.5　存储和载入选区

选取"选择"/"存储选区"菜单命令，弹出"存储选区"对话框，如图 3-33 所示。设置选项参数，将当前的选区存放到一个 Alpha 通道中，以备以后使用。

选取"选择"/"载入选区"菜单命令，弹出"载入选区"对话框，如图 3-34 所示。设置选项参数，载入以前保存的选区。

如果要检索存储的选区，选择"选择"/"载入选区"命令，并从"通道"下拉列表框中选择选区名称。

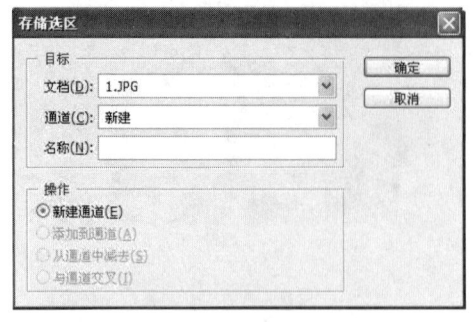

图 3-33 "存储选区"对话框

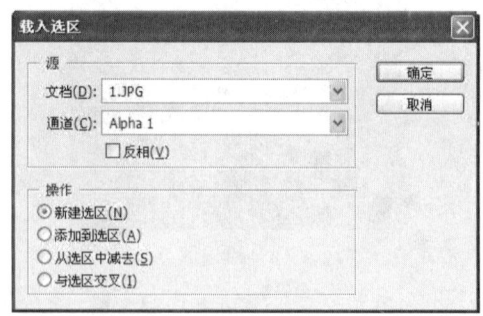

图 3-34 "载入选区"对话框

3.3.6 其他编辑选区命令

1. 扩大选取

执行"选择"/"扩大选取"命令，会根据像素的颜色近似程度来增加选择范围，与魔棒工具很相似，同样也是由魔棒工具选项栏中的"容差"值来控制选择范围。这个命令将会在每个方向上扩展选区，但只扩展到颜色近似的区域，也不会跳过与已选区域颜色不相似的区域。

2. 选取相似

选取相似命令与扩大选取命令的工作方法相同，不同的是这个命令将会在整个文档中寻找相似的颜色，而不一定与以前的选区相邻，当已经在一组颜色相同的对象中选择了一个对象时，这个命令就十分有用。

3. 快速蒙版模式

快速蒙版模式可以让你使用画笔工具制作选区，特别是创建基本选区。在快速蒙版模式下，被选择的区域看起来应该与正常区域那样，但所有未被选择的区域则会被一种透明色的颜色覆盖，如图 3-35、图 3-36 所示。

图 3-35 原始选区

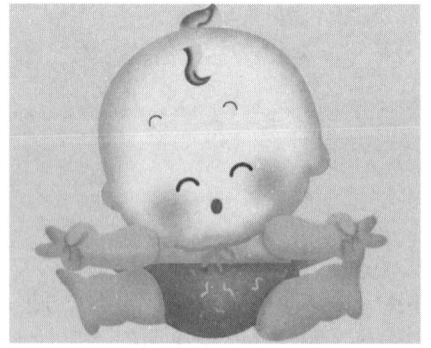

图 3-36 进入快速蒙版

3.4 案例实训

实例：轻盈羽毛的制作。

（1）新建宽度为 20 厘米，高度为 15 厘米，分辨率为 100 像素，颜色模式为 RGB 颜色，背景色为黑色的文件。

（2）利用工具箱中的"钢笔工具"，在画面中绘制并调整出如图 3-37 所示的羽毛的形状。

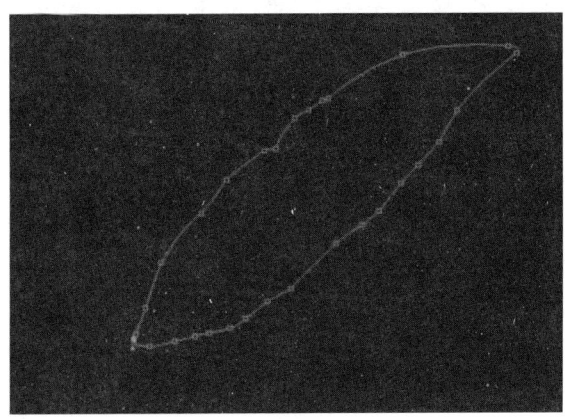

图 3-37　绘制羽毛形状

（3）新建图层 1，然后将羽毛路径转换为选区，并填充白色，效果如图 3-38 所示。

图 3-38　填充羽毛选区

（4）取消选区，然后利用工具箱中的"钢笔工具"，在画面中绘制并调整如图 3-39 所示的羽毛梗路径形状。

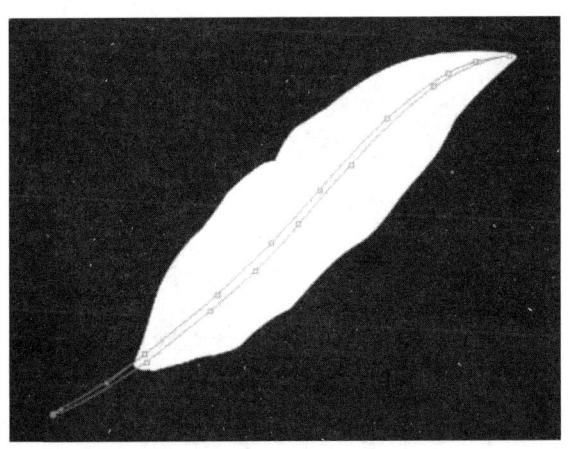

图 3-39　绘制并调整羽毛梗路径形状

（5）新建图层 2，然后将路径转换为选区，并填充浅黄色，效果如图 3-40 所示。

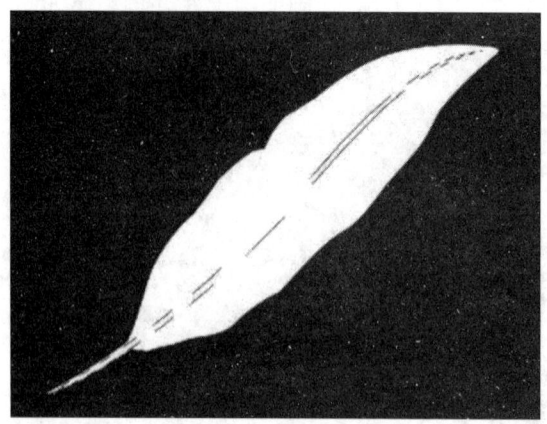

图 3-40　转换选区填充浅颜色

（6）取消选区，然后利用工具箱中的"钢笔工具"，在画面中绘制并调整出如图 3-41 所示的钢笔路径。

图 3-41　绘制钢笔路径

（7）将路径转换为选区，然后在图层面板中将"图层 1"设置为当前层。

（8）按 Delete 键，删除选择区域中的图形，删除图形后的效果如图 3-42 所示，取消选区。

图 3-42　删除选区

(9)新建一透明背景的图像文件。

(10)将工具箱中的前景色设置为黑色,单击工具箱中的"铅笔工具"按钮,在属性栏中设置大小为"1 像素"的笔头,然后在画面中绘制出如图 3-43 所示的黑点。

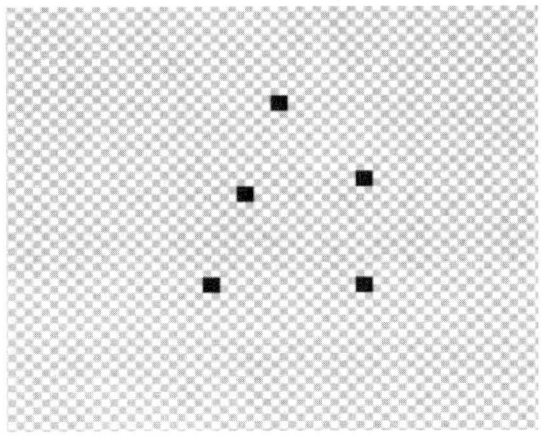

图 3-43　铅笔画黑点

(11)选取菜单栏中的"编辑"/"定义画笔预设"命令,弹出"画笔名称"对话框,将黑点定义为画笔。

(12)单击工具箱中的"涂抹工具",在单击属性栏中"切换画笔调板"按钮,弹出"画笔"调板,设置各选项参数如图 3-44 所示,然后将属性栏中"强度"选项的参数设置为 70%。

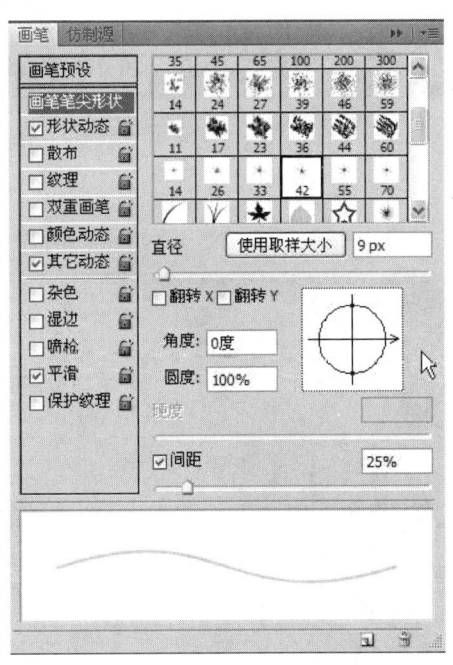

图 3-44　切换"画笔"调板各参数

(13)将图层 1 设置为当前层,然后将鼠标光标移动到图形的边缘处,按住左键分别向图形内部和外部拖曳鼠标,涂抹出如图 3-45 所示的锯齿状羽毛效果。

(14)在涂抹过程中可以向图形内部涂抹也可以向外部涂抹,注意不能只使用一种画笔大小参数进行涂抹,要调整笔的强度,涂抹完的效果如图 3-46 所示。

图 3-45　涂抹羽毛

图 3-46　调整涂抹强度

（15）将工具箱中的前景色设置为白色，然后利用工具箱中的"画笔工具"，在羽毛的根部喷绘出如图 3-47 所示的白色。

图 3-47　画笔喷绘

（16）利用工具箱中的"涂抹工具"，将喷绘的颜色涂抹成羽毛形状效果如图 3-48 所示。

图 3-48　继续涂抹

（17）在"图层"调板中将"图层 2"设置为当前层，然后选取菜单栏中的"图层"/"图层样式"/"斜面和浮雕"命令，弹出"图层样式"对话框，设置各项参数如图 3-49 所示，效果如图 3-50 所示。

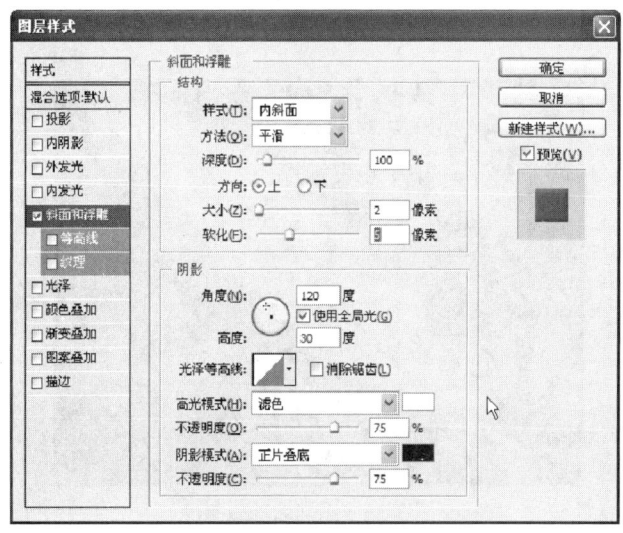

图 3-49　"图层样式"对话框

图 3-50　斜面和浮雕效果

（18）按 Ctrl+E 组合键，将"图层 2"向下合并到"图层 1"中，然后单击工具箱中的"减淡工具"按钮，在羽毛梗的根部位置按住左键拖曳鼠标，对其进行提亮处理，效果如图 3-51 所示。

图 3-51　减淡、提亮

（19）单击工具箱中的"减淡工具"按钮，将鼠标光标移动到羽毛上，涂抹出一些羽毛来遮掩住羽毛梗，使绘制的羽毛效果更加逼真，效果如图 3-52 所示。

图 3-52　涂抹增加效果

（20）在"图层"调板中将"背景层"设置为当前层，然后单击工具箱中的"渐变工具"按钮，填充如图 3-53 所示的渐变色。

图 3-53　渐变效果

（21）将"图层 1"复制为"图层 1 副本"，然后锁定"图层 1"的透明像素，并填充黑色，如图 3-54 所示。

图 3-54　新建副本

（22）选择菜单栏中的"编辑"/"变换"/"垂直翻转"命令，将黑色羽毛垂直翻转，为黑色羽毛添加自由变形框，调整到如图 3-55 所示的位置。

图 3-55　垂直翻转、自由变形框

（23）解除透明像素的锁定，选择菜单栏中的"滤镜"/"模糊"/"高斯模糊"命令，设置参数，单击"好"按钮，最终效果如图 3-56 所示。

图 3-56　最终效果

习题与实训

一、单项选择题

1. 下面（　　）命令用来选取整个图像中的相似区域。
   A．色彩范围　　B．扩大选取　　C．变换选区　　D．扩边

2. 下列关于椭圆形选框工具的不正确说法是（　　）。
   A．按 Shift 键可以拖出圆形选区
   B．按 Alt 键可以从中心拖出椭圆形选区
   C．按 Alt+Shift 组合键可以从中心拖出圆形选区
   D．按空格键可以重新拖出一新的选区

3. 下列用（　　）工具选择时，会受到所选物体边缘与背景对比度的影响。
   A．矩形选框工具　B．椭圆选框工具　C．直线套索工具　D．磁性套索工具

4. 在 Photoshop "路径"调板中单击"从选区建立工作路径"按钮，即创建一条与选区相同形状的路径，利用直接选择工具对路径进行编辑，路径区域中的图像的变化是（　　）。
   A．随着路径的编辑而发生相应的变化
   B．没有变化
   C．位置不变，形状改变
   D．形状不变，位置改变

5. 以下命令中不可以选择像素的是（　　）。
   A．套索工具　　B．魔棒工具　　C．色彩范围　　D．羽化

二、操作实训题

1. 打开素材文件夹中的"Girl.jpg"图像，使用魔棒工具练习进行抠图，把"小孩"抠出来。

2. 打开素材文件夹中的"Kui.jpg"文件，使用上图抠出的结果进行合成。达到如图 3-57 所示的效果。

图 3-57　葵花女孩

第 4 章　绘画和编辑图像

本章主要介绍绘制与修饰图像的各种工具及其使用方法。通过对本章的学习，了解绘画及着色的概念，掌握Photoshop一些技巧性操作，学会使用画笔、铅笔等绘制图像工具绘制出各种图像，并能够利用各种修饰工具、擦除工具、修补和修复工具等图像修饰工具对图像进行修饰处理。

1. 熟练使用画笔、铅笔等绘制工具绘制图像。
2. 熟练使用擦除工具、修复画笔工具、图章工具、模糊工具、加深减淡工具等图像修饰工具对图像进行修饰。

4.1　绘制图像

Photoshop 中绘制和编辑图像的基本工具有：画笔工具、铅笔工具、仿制图章工具、图案图章工具、历史画笔工具、艺术历史画笔工具、橡皮擦工具、模糊/锐化工具、涂抹工具和减淡、加深、海绵工具等。在后面的各小节中将会逐一介绍这些工具的使用方法。

4.1.1　使用绘画工具

在使用绘图工具时，在各自的工具选项栏中会出现一些共同的选项，包括不透明度、流量，如图 4-1 所示。

图 4-1　绘画工具选项栏

不透明度：可以用来定义画笔工具、铅笔工具、仿制图章工具、图案图章工具、历史画笔工具、艺术历史画笔工具、渐变工具和油漆桶工具绘制时笔墨覆盖的最大程度。如果降低画笔工具的不透明度设置，在图像上绘画时就不必担心绘画描边的重叠问题，只要不松开鼠标，无论在一个区域上画多少次也不会完全覆盖掉以前的内容。使用键盘上的数字键（1=10%，3=30%，85=85%，0=100%）可以快速改变这些设置。

流量：可以用来定义画笔工具、仿制图章工具、图案图章工具及历史画笔工具绘制时笔墨扩散的量，"流量"设置与"不透明度"设置，共同决定第一次绘图描边时最终得到的不透明。例如：如果流量设置是 20%，则每在一个区域上绘制一次，所得到的不透明度量将是选项栏中所指定的不透明度的 20%。但是只要不松开鼠标，无论在一个区域上画多少次，所得到的不透明度也不会超过选项栏中设定的不透明度。铅笔工具不能使用流量设置，因此它只需一次就能得到所设定的不透明度量。虽然上面这个设置项各自有不同的名称和用法，实际上它们控制的都是工具的操作力度。

1. 画笔工具

使用画笔工具 可以绘出边缘柔软的画笔效果，画笔的颜色为工具箱中的前景色。选择工具箱的"画笔工具"，弹出画笔工具选项栏如图 4-2 所示。

图 4-2 画笔工具选项栏

画笔工具选项栏中各选项参数的含义如下。

画笔：单击"画笔"下拉列表框右侧的小三角按钮，展开画笔选项面板，如图 4-3 所示。其中，"主直径"用来设置画笔的直径大小；"硬度"用来设置画笔的边缘效果，值越小，边缘越模糊、柔和，反之越清晰坚硬；画笔样式库，用来选择不同大小、形状和笔刷样式。Photoshop 提供了多种不同类型的画笔，使用它们可以绘制出不同的效果。

图 4-3 画笔选项面板

不透明度：设置绘图颜色的不透明度，取值范围为 0～100%。数值越大，不透明度越高，绘制的效果越明显；反之则越不清晰。

流量：用来设置画笔在绘制线条压力的大小，取值范围为 0～100%。值越小，颜色越淡；反之颜色越深。

喷枪：单击此按钮，可以将画笔工具设置为喷枪工具，绘制的图形具有喷枪效果，画笔的大小会随着按压鼠标的时间而变化，按压鼠标时间越长，边缘就越大，也就越模糊。在此状态下绘制的笔画边缘更加柔和。如果在图像中单击并按住鼠标不放,前景色将在此处淤积，直至释放鼠标。

模式：设置用于绘图的前景色与背景色之间的混合效果。其下拉列表框中有 25 种模式，不同的模式决定了画笔所使用的颜色对原图中像素不同的影响。不仅在使用画笔工具时会用到这些模式，而且使用铅笔工具、描边、擦除或填充时都可能用到。

2. 铅笔工具

使用铅笔工具 ✎ 画出的曲线是硬的、有棱角的，工作方式与画笔相同。

铅笔工具 ✎ 的属性栏包括：画笔、模式、不透明度及自动抹除等，如图 4-4 所示。

图 4-4　铅笔工具选项栏

画笔、模式、不透明度的含义和画笔工具相同，这里不再赘述。

自动抹除功能是铅笔的特殊功能。当选中该复选框后，如果在前景色上开始拖移，该区域则抹成背景色；如果从不包含前景色的区域开始拖移，则用前景色绘制该区域。图 4-5 所示分别为画点与前景色相同时的效果和起画点与前景色不同时的效果。

3. 颜色替换工具

颜色替换工具可用前景色来替换图像的当前颜色，也可简化图像中特定颜色的替换及校正颜色在目标颜色上绘画。颜色替换工具的选项栏如图 4-6 所示。

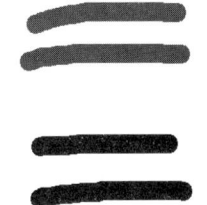

图 4-5　自动抹除效果

图 4-6　颜色替换工具选项栏

颜色替换工具的选项栏参数功能如下：

（1）模式：颜色替换工具有 4 种模式，分别是"色相"、"饱和度"、"颜色"和"亮度"。在此选择不同的色彩模式产生的效果将不一样。

（2）　：从左至右依次是"取样：连续（指在拖移时可对颜色连续取样）"、"取样：一次（指只替换第一次颜色所在区域中的目标颜色）"和"取样：背景色板（指只抹去包含当前背景色的区域）"。

（3）限制：限制包括三个选项，分别是"不连续"，"连续"和"查找边缘"。"不连续"用于替换出现在指针下任何位置的样本颜色；"连续"用于替换与紧挨在指针下的颜色邻近颜色；"查找边缘"用于替换包含样本颜色的相连区域，同时更好地保留形状边缘的锐化程度。

（4）容差：可在后面的文本框中输入一个百分比值（范围为 1~100）或者拖动下面的移滑块改变其容差值。选取较低的百分比可以替换与所点按像素非常相似的颜色，而增加该百分比则可替换范围更广的颜色。

（5）消除锯齿：可为要校正的区域定义平滑的边缘。在第 3 章已经讲过。

4.1.2　设置画笔

利用画笔不仅可以完成简单的图形绘制，还可以通过画笔预设调板设置画笔的各种属性，如改变画笔的形状、间隔、角度、松散度等，设置画笔的动态颜色、动态效果、直径、阴影、纹理等。接下来将介绍这些公共选项的功能及作用。

利用"画笔预设选取器"选项可以调节画笔工具的笔触大小和画出线条的柔和度。单击右侧的下拉按钮，将弹出如图 4-8 所示的"画笔预设"选取器。

该下拉面板各项设置功能如下：

主直径：用来设置当前画笔的笔头大小。在右侧的输入框中输入数值或拖动下面的滑块、均可设置笔头的大小，还可在"主直径"下方的中直接选择系统预置的笔头样式。

"新建画笔预设"按钮：单击此按钮，可将新设置的画笔保存在画笔预设窗口中。单击右侧的按钮，将弹出如图 4-7 所示的菜单，此菜单提供了设置画笔的详细命令。

笔触选择区：位于对话框的最下方，笔触选择区不但可以选择笔触的粗细，还可以选择画笔的样式。

1．"画笔"调板

大多数绘图和修饰工具选项栏的最右端都有一个"切换画笔调板"按钮，单击此按钮将切换到"画笔"调板，在此调板中可以更加灵活地设置笔触的大小，形状及各种效果，如图 4-8 所示。

2．画笔预设

此选项主要用于选择画笔的形状及大小，如图 4-8 所示，可在右边的笔触选择区中选择一种画笔的样式。

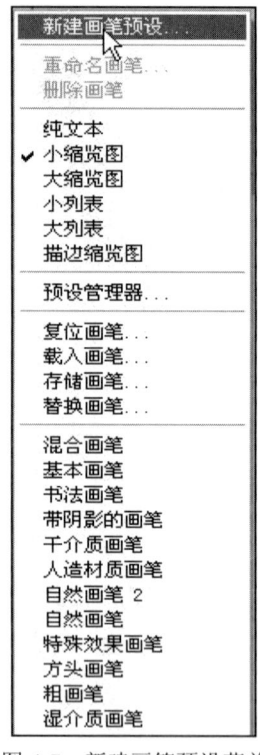
图 4-7　新建画笔预设菜单

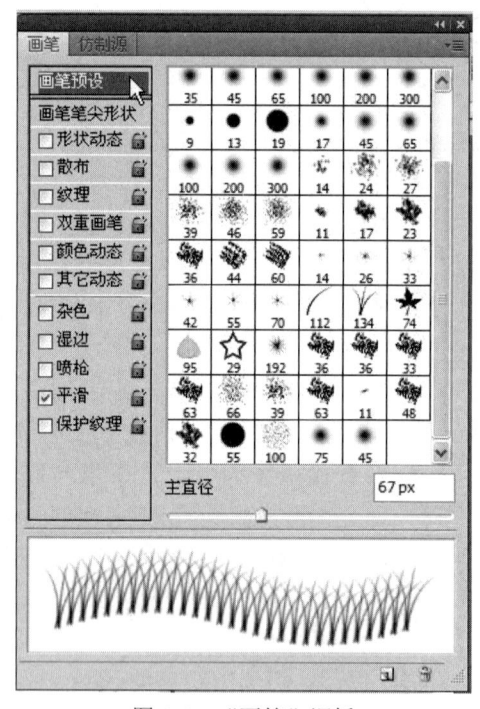
图 4-8　"画笔"调板

3．画笔笔尖形状

此选项主要用来设置笔画的笔头形状。选择该选项后，系统将打开如图 4-9 所示的笔尖设置面板，各项含义如下：

直径：通过修改后面文本框的数值或拖动其下滑块可设定画笔笔头的直径。

角度：其右侧的数值决定当前画笔笔头的倾斜角度。

圆度：决定画笔的变形程度，100%无变形，100%以下为向内侧压缩。

圆度右侧的图形：显示当前画笔的笔头变形状态，当改变"角度"和"圆度"值时，其形状将会随之而改变，也可用鼠标直接拖动图形来改变"角度"和"圆度"文本框中的值。

硬度：用来设置画笔边缘的虚化程度。通过修改后面的数值或拖曳下面的滑块可改变画笔边缘的虚化程度，"硬度"值越大，画笔边缘就越清晰。

间距：勾选此选项后，可设置画笔的间距。其右侧的数值决定了画笔相邻两点间的距离，数值越大，距离就越大。

4．形状动态

通过调节此选项中的设置可使画笔工具绘制出的线条产生一种自然的笔触流动效果。其"画笔"调板如图4-10所示，各项含义如下：

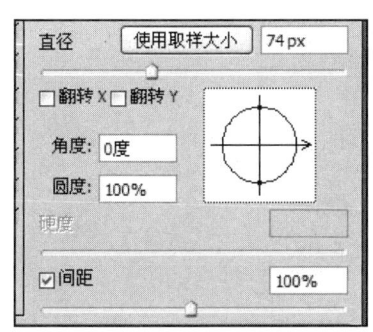

图4-9 画笔笔尖设置

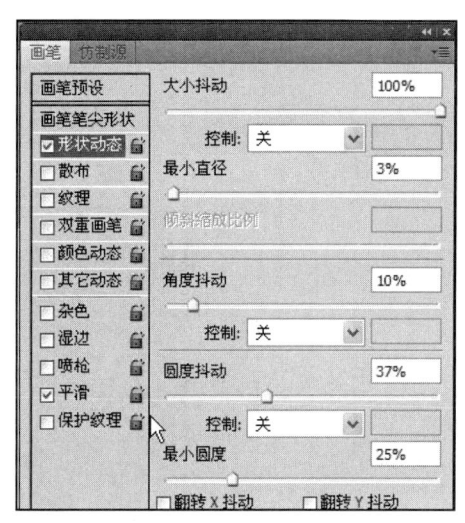

图4-10 "形状动态"设置

大小抖动：该选项用来控制画笔运行轨迹中笔头最大值和最小值的变形程度。

控制：用来设置画笔运动轨迹的控制方式，在其下拉列表框中包括关、渐隐、钢笔压力、钢笔斜度和光笔轮、旋转、初始方向、方向8个选项。

最小直径：当在"控制"选项中选择了"渐隐"选项后，拖动此滑块可设定画笔轨迹渐隐端笔迹的最小直径。

倾斜缩放比例：当在"控制"选项中选择了"钢笔斜度"选项后，拖动此滑块可调整画笔的倾斜角度。

角度抖动：用来设置画笔运动时笔尖旋转角度的变化范围。

圆度抖动：用来设置画笔的圆度变化范围。

最小圆度：当在"控制"选项中选择了"渐隐"选项后，拖动此滑块可调整画笔渐隐端最小圆度。

5．散布

此选项可以使画笔工具绘制出来的线条产生一种笔触散射的效果。其"画笔"调板如图4-11所示，各项含义如下：

两轴：选择此选项，画笔标记以辐射方向四周扩散；如不勾选此选项，画笔标记以辐射方向扩散。

数量：决定每个间隔处画笔笔迹的数目。

图 4-11 "散布"设置

数量抖动：设置画笔数量的变化范围。

控制：设置笔迹的控制方式。

6. 纹理

此选项可使画笔工具产生图案纹理效果。选中此选项后，"画笔"调板将变成如图 4-12 所示，各项含义如下：

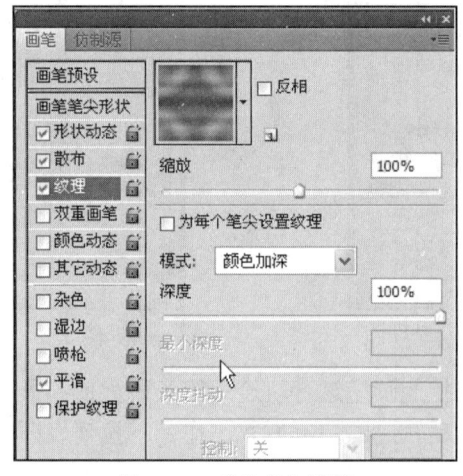

图 4-12 "纹理"设置

选择纹理：单击右侧窗口左上角的方形纹理图案将打开纹理样式面板，从中可选所需纹理。

反相：勾选此选项，在绘制时会将选择的纹理反相。

缩放：拖动此滑块可调整选择图案纹理的比例。

为每个笔尖设置纹理：勾选此选项，会对每个画笔笔尖应用选择的纹理；如不勾选此选项，将对画笔应用系统默认的纹理。

7. 双重画笔

用来设置含有两种不同笔尖开关的笔刷绘制纹理的效果。选择此选项后，"画笔"调板将变为如图 4-13 所示，各项含义如下：

模式：用来设置纹理和画笔的混合模式。

直径：设置两个笔尖的直径大小。

间距：设置两个笔尖的间隔大小。

散布：设置两个笔尖的分散程度。

数量：设置两个笔尖绘制图像时画笔标记的数目。

8. 颜色动态

此选项可将两种颜色以及图案进行不同程度的混合，还可以调整混合颜色的色调、饱和度、亮度等。选择此选项后，"画笔"调板如图4-14所示。各项含义如下：

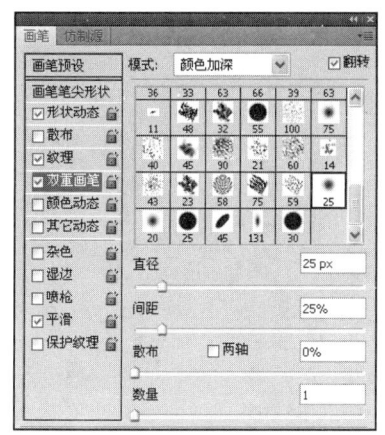

图4-13 "双重画笔"设置

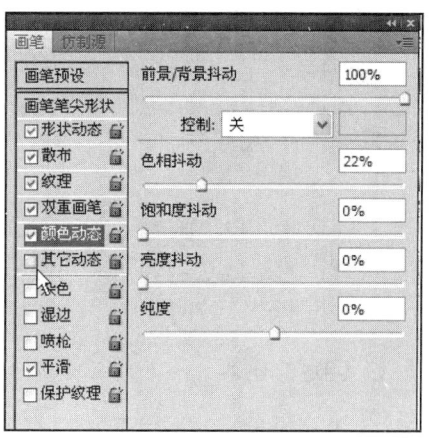

图4-14 "颜色动态"设置

前景/背景抖动：设置画笔绘制出的前景色和背景色之间的混合程度。

色相抖动：设置描边时色彩，色相可改变的百分比。较低的值在改变色相的同时保持接近前景色的色相，较高的值增大色相间的差异。

饱和度抖动：设置描边时色彩饱和度可改变的百分比。较低的值在改变饱和的同时保持接近前景色的饱和度。较高的值增大饱和度级别之间的差异。

亮度抖动：设置描边时色彩亮度可改变的百分比。较低的值在改变亮度的同时保持接近前景色的亮度，较高的值增大饱和度级别之间的差异。

纯度：增大或减小颜色的饱和度。如果该值为-100，则颜色将完全去色；如果该值为100，则颜色将完全饱和。

9. 其他动态

此选项用来设置画笔绘制出的图像颜色的不透明度和产生不同的流动效果。其"画笔"调板如图4-15所示，各项含义如下：

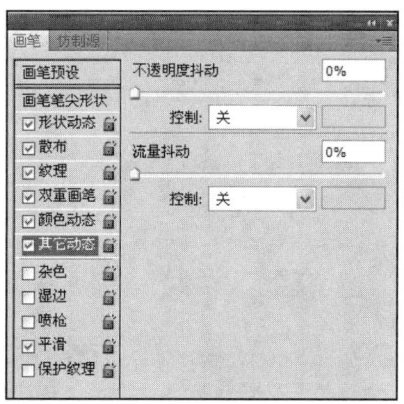

图4-15 "其他动态"设置

不透明度抖动：设置画笔描边时油彩不透明度如何变化，最高值是选项栏中指定的不透明度值。

流量抖动：设置画笔描边中色彩流量的变化方式，最高值是选项中指定的流量值。

10. 其他选项

其他选项包括如下内容：

杂色：勾选此选项，画笔绘制出的颜色出现杂色效果。

湿边：勾选此选项，画笔轨迹边缘颜色减淡，出现湿润效果。

图4-16　其他选项

喷枪：勾选此选项，画笔具有喷枪的性质，即在图像中指定位置处单击后，画笔颜色将加深。

平滑：勾选此选项，画笔绘制出的形状边缘较平滑。

保护纹理：勾选此选项，可对所有具有纹理的画笔预设应用相同的图案和比例。当使用多个画笔时，可模拟一致的画布纹理效果。

4.1.3　自定义画笔

在打开的"画笔"调板中，单击左侧的"画笔笔尖形状"选项，调板的中心部分就会显示出一些选项设置，这些设置决定了画笔笔尖的形状。单击"画笔笔尖形状"下方的不同选项，在右侧就会显示对应的调节项。通过调节各个不同的值，可以创建所需的理想绘画效果。

预览框中显示的效果是由当前画笔多次涂抹构成的，也就是说Photoshop用当前前景填充画笔形状，然后在画布上移动一段距离，再次填充该图形，然后继续移动、填充。画笔笔尖形状的设置决定涂抹在画布上的形状以及两次涂抹之间的距离。

对于已经预存在"画笔"调板中的各个画笔，可以重新进行各个选项的调整，将调整后的结果通过单击调板右上角的小三角按钮，在弹出的菜单中执行"新建画笔预设"命令将其存储为新的画笔。

下面就来讲述将如何自定义一个画笔。

（1）打开一幅图像文件，将需要定义为画笔的内容选择为一个选区，如图4-17所示，然后再单击工具箱中的"背景橡皮擦工具"按钮，并使用该工具将图像的背景图像删除，删除后的图像效果如图4-18所示。

图4-17　原图像效果

图 4-18　擦除背景图像效果

（2）单击工具箱中的"快速选择工具"按钮，并使用该工具在图中合适的位置上选取所需大小的花朵图形，如图 4-19 所示。然后执行"编辑"/"定义画笔预设"命令，弹出如图 4-20 所示的"画笔名称"对话框，在该对话框中的"名称"文本框中输入"花朵"，输入完成后单击"确定"按钮。

图 4-19　选取图像、定义画笔预设

图 4-20　"画笔名称"对话框

（3）单击"画笔"工具按钮，并切换到"画笔"控制面板，打开如图 4-21 所示的画笔选项，在该调板中选择上步所定义的画笔，前景色设置为粉红色，最后使用"画笔工具"在图中合适的位置上进行绘制，绘制的图像效果如图 4-22 所示。

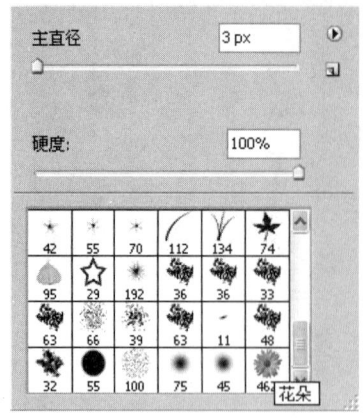
图 4-21 "画笔"控制面板

图 4-22 图像绘制效果图

4.1.4 替换图像颜色

执行"图像"/"调整"/"替换颜色"命令,弹出"替换颜色"对话框,如图 4-23 所示,在这个对话框中可以很方便对指定的颜色进行颜色转换,但需要注意的是,这个命令不能用于调整图层。下面将介绍其具体的使用方法。

(1) 打开一幅图像,如图 4-24 所示,最终目标是在不改变底色的情况下将玫瑰转换为其他颜色。

(2) 执行"图像"/"调整"/"替换颜色"命令,弹出"替换颜色"对话框,使用上部的三个吸管工具在图像上玫瑰的部位单击,并设置适当的容差值,使所有玫瑰的颜色范围都选中。

图 4-23 "替换颜色"对话框

图 4-24 原图像"黄玫瑰"

第 4 章　绘画和编辑图像

图 4-25　替换玫瑰花颜色

（3）单击对话框中右下角的"结果"按钮，并选择最终要转换的颜色，并通过三个滑杆调整颜色的色相、饱和度和明度值，单击"确定"按钮，如图 4-25 所示，可以看到黄玫瑰变成了红色玫瑰而底色保持不变，最终效果如图 4-26 所示。

图 4-26　红玫瑰最终效果

4.1.5　面部化彩妆

这一节介绍如何给黑白照片上色，这里介绍一种比较简单的上色方法，首先来看看对比的效果如图 4-27 所示。

对素材进行色彩分析，看是否有偏色的现象。如果有，首先要做的第一步，就是要消除偏色。这里采用的是没有偏色的人物特写素材，如图 4-28 所示。

偏色的判断方法：确定一个参照色彩。选取的方法这里介绍两种，一是选择高光，二是选择中间面。这两部分的色彩是比较单一的：高光部分，是由光源色组成；中间面则是由物体固有色为主。而其他的诸如明暗交界面、暗面、投影等都是由两种或者三种以上的色彩构成，比较复杂。而这两个面的色彩和已知的色彩越靠近，偏色就越小，反之就越严重。

75

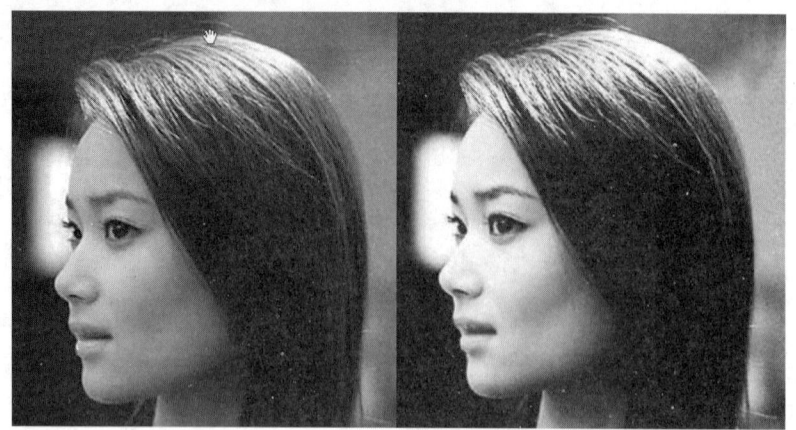

图 4-27　效果对比图像

选择的是高光部分（头顶比较白，比较亮的地方）已知光源色为白色作为参照色，用吸管工具测试如图 4-29 所示，RGB 值在 253,253,253 到 255,255,255 之间波动。也就是说，这部分基本上为白色，如图 4-30 所示。

图 4-28　无偏色图像

图 4-29　吸管工具测定颜色

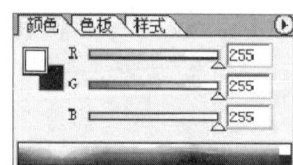

图 4-30　白色 RGB 值

由于这幅图的主要就在于给面部皮肤上色，所以重点就是估计面部皮肤的色彩。设置前景色为#FFEBEB，然后用套索工具选取面部皮肤，新建一层，命名为"皮肤"，并将前景色填充到这一层，将混合属性改为"颜色"，如图 4-31 所示。用同样的办法来给嘴唇和头发上色，嘴唇填充颜色为#FFB2E2，头发填充颜色为#AC000E，混合属性都为"颜色"，其中头发层的不透明度为 13%，如图 4-32 所示。并且用模糊工具对背景层的面部进行修饰，使面部皮肤更光滑，或者也可以用加蒙版的方法来做，效果图 4-33 所示。

对细节地方进行处理，再合并所有图层，再调整一下色彩平衡和曲线调整。彩色平衡、曲线平衡调整设置及效果如图 4-34～图 4-36 所示。

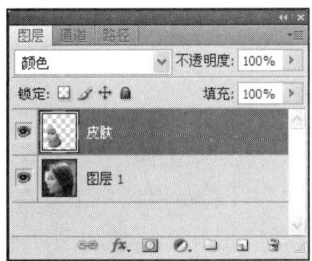
图 4-31　新建皮肤图层并填充颜色

图 4-32　嘴唇和头发上色

图 4-33　效果图

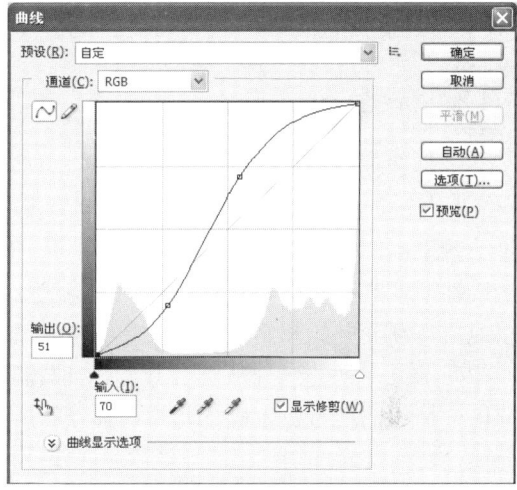
图 4-34　调整曲线平衡

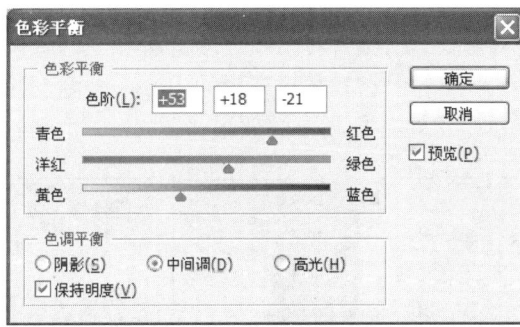
图 4-35　调整色彩平衡

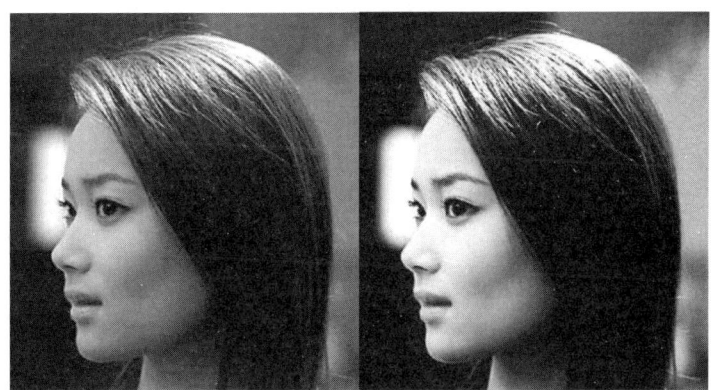
图 4-36　上色后的效果图及最终效果图

4.2 渐变颜色

渐变工具可以绘制出十分绚烂的图像效果。使用渐变工具会在图像中填充渐变色，如果不创建选区，渐变工具将作用于整张图像。要应用渐变效果，只需要用渐变工具在图像上单击并拖动，根据选项栏中设置的不同，会得到不同的效果。渐变工具选项栏如图 4-37 所示。

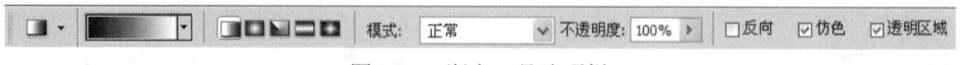

图 4-37　渐变工具选项栏

4.2.1　设置渐变样式

在工具选项栏中，单击 中的小图标，可以选择渐变工具的样式，从左至右依次为：线性渐变、径向渐变、角度渐变、对称渐变和菱形渐变。这些渐变工具的使用方法相同但产生的效果不同。

线性渐变：在所画直线范围内应用渐变。如果直线长度没有占据整幅图像，Photoshop 将会用纯色（渐变开始和结束所用颜色）来填充图像的其余部分。

径向渐变：创建一种从圆心开始，向外部边缘辐射的渐变。单击的第一点决定圆心位置，释放鼠标按钮的地方决定圆的边缘。圆外的所有区域都将用纯色（渐变结束时所用的颜色）来填充。

角度渐变：创建一种像雷达网一样扫过一个圆的效果。单击的第一点决定扫描的中心，之后的拖动决定起始角度。

对称渐变：创建的效果类似于两次背对背线性渐变所产生的效果。

菱形渐变：类似于径向渐变，但它是从正方形的中心向外渐变。

图 4-38 中各图依次展示了上述各种渐变的效果。

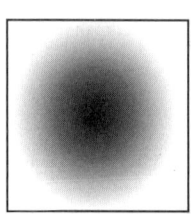

图 4-38　几种不同的渐变效果

4.2.2　设置渐变方式

随着不同的拖动范围和方向，应用在图像上的渐变效果也不尽相同。

选区的内容：在默认设置下，在要应用渐变颜色的图像上拖动，拖动开始点会显示 100% 的前景色，拖动结束点将显示 100% 的背景色，拖动中间部分会显示出前景色和背景色的混合效果。另外，拖动的位置不同，应用的范围也会有所不同。

（1）在选区的底边起始处单击确定渐变的开始点，然后搬运到矩形选区的上边释放鼠标，得到渐变填充效果如图 4-39 所示。

（2）当只在选区的上半部分拖动的时候，得到渐变填充效果如图 4-40 所示。

图 4-39　整个图像内拖动

图 4-40　部分渐变结果

（3）当只在选区的下半部分拖动的时候，得到渐变填充效果如图 4-41 所示。

拖动的方向："渐变工具"随着鼠标的拖动方向不同，产生的渐变效果也不同。当在一个选区中沿 45 度方向拖动鼠标会产生如图 4-42 所示的效果。

图 4-41　部分渐变

图 4-42　不同方向的渐变填充

如果需要在水平、垂直以及 45 度斜线的方向上使用渐变可以按住 Shift 键进行拖动，这样 Photoshop 会自动锁住方向产生渐变。

4.2.3　设置渐变选项

1. 渐变编辑器

渐变编辑器主要用于编辑渐变颜色。单击右侧的下拉按钮，将弹出"渐变编辑器"下拉列表框，在 Photoshop CS4 中有 15 种预置渐变颜色供选择，如图 4-43 所示，单击右侧的 ● 按钮，还可以从弹出的对话框中加载或删除渐变选项。单击渐变编辑器的颜色块，将弹出"渐变编辑器"对话框，在该对话框中可对渐变颜色进行更为详细的设置，如图 4-44 所示。

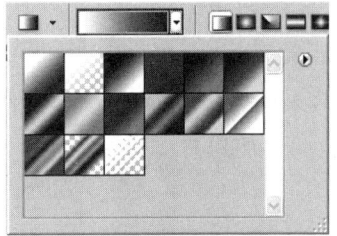

图 4-43　各种预置渐变颜色

图 4-44 "渐变编辑器"对话框

"渐变编辑器"对话框中各选项含义如下：

预设：在预设框中显示了"渐变拾色器"对话框中的 15 种渐变效果。用户可直接单击其中一种。

名称：用于显示当前选择中的渐变的名称。

渐变类型：渐变类型包括"实底"和"杂色"两个选项。选择不同的选项可产生不一样的渐变效果。

平滑度：用于设置渐变的光滑程度，设置的值越大，渐变就越光滑。若将上面渐变类型设置成"杂色"，这里的平滑度就会变成粗糙度，其设置与平滑度一样。使用"杂色"类型可制作出产品条码的效果。

渐变控制器：主要用于编辑渐变的颜色。在渐变控制器上方的 表示不透明色标，用来设置颜色的不透明度，单击 按钮可打开"拾色器"对话框，用户可通过"拾色器"对话框选择所需的颜色。

2. 反向

反向是指反转渐变填充中的颜色顺序。勾选此复选框，可以颠倒颜色渐变的顺序。

3. 仿色

仿色是指用较小的带宽创建较平滑的混合。勾选此复选框，可以使渐进颜色间的过渡更加柔和。

4. 透明区域

透明区域用来设定修整渐变色的透明度或填充使用透明区域蒙版。

4.2.4 编辑渐变颜色

使用"渐变工具"填充渐变效果的操作很简单，但是要得到较好的渐变效果，则与用户所选择的渐变颜色样式有直接的关系。所以自己定义一个渐变颜色是创建渐变效果的关键。

1. 自定义渐变颜色

其操作过程如下：

（1）选中"渐变工具"，然后在选项栏中单击"渐变"下拉列表框中的渐变预览条，打开"渐变编辑器"对话框。

（2）在"渐变编辑器"对话框中新建一个渐变颜色。方法是单击"新建"按钮；或者右击，在弹出的快捷菜单中选择"新渐变"命令。

此时在"预设"列表框中将多出一个渐变样式。选中它，并在此基础上进行编辑。

（3）在"名称"文本框中输入新建渐变的名称，再在"渐变类型"下拉列表框中选择"实底"选项。

（4）在渐变颜色条上单击起点颜色标志，此时"色标"选项组中的"颜色"下拉列表框将会置亮，接着单击"颜色"下拉列表框右侧的三角形按钮，在打开的下拉列表框中选择一种颜色。当选择"前景"或"背景"选项时，则可用前景色或背景色作为渐变颜色；当选择"用户颜色"选项时，则需要用户指定一种颜色，将鼠标移至渐变颜色条上或者是图像窗口中，在鼠标变成吸管形状时单击即可取色。另外，也可以双击渐变颜色条上的颜色标志，打开"拾色器"对话框选取颜色。

（5）选定起点颜色后，该颜色会立刻显示在渐变颜色条上，接着需要指定渐变的终点颜色，即选中终点颜色标志，按照步骤（4）中介绍的方法选择一种颜色。

（6）指定渐变颜色的起点颜色和终点颜色后，还可以指定渐变颜色在渐变颜色条上的位置，以及两种颜色之间的中点位置，这样整个渐变颜色编辑才算完成。

2. 设置渐变位置

其操作方法如下：

（1）选中渐变颜色标志，然后拖动鼠标，如图4-45所示。选中渐变颜色标志，然后在"位置"文本框中输入一个数值。如果要设置两种颜色之间的中点位置，则可在渐变颜色条上按下中点标志◇，并拖动鼠标即可。

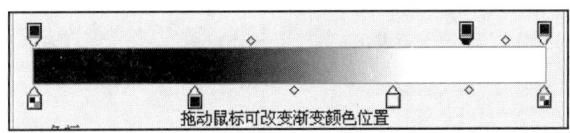

图4-45 改变渐变颜色位置

（2）设置渐变颜色后，如果想给渐变颜色设置一个透明蒙版，那么继续后面的步骤。在渐变颜色条上方选中起点透明标志或终点透明标志，然后在"色标"选项组中的"不透明度"和"位置"文本框中设置不透明度和位置（如起点为100，终点0），并且调整这两个透明标志之间的中点位置。

（3）设置好上述所有选项后，单击"确定"按钮即可完成渐变样式的编辑。

4.2.5 绘制苹果

（1）执行"文件"/"新建"菜单命令，弹出"新建"对话框，设置如图4-46所示。单击"图层"调板上的"创建新组"按钮，新建图层组并将其命名为"苹果本体"，单击"创建新图层"按钮，新建"图层1"图层，单击工具箱中的"椭圆工具"按钮，在画布上绘制椭圆路径，如图4-47所示。

（2）使用"添加锚点工具"与"转换点工具"，配合"直接选择工具"，对刚刚绘制的椭圆路径进行调整。按Ctrl+Enter组合键，将路径转换为选区，在工具箱中设置前景色为RGB（141、206、16），按Alt+Delete组合键，为选区填充前景色，按Ctrl+D组合键取消选区，图形效果如图4-48所示。

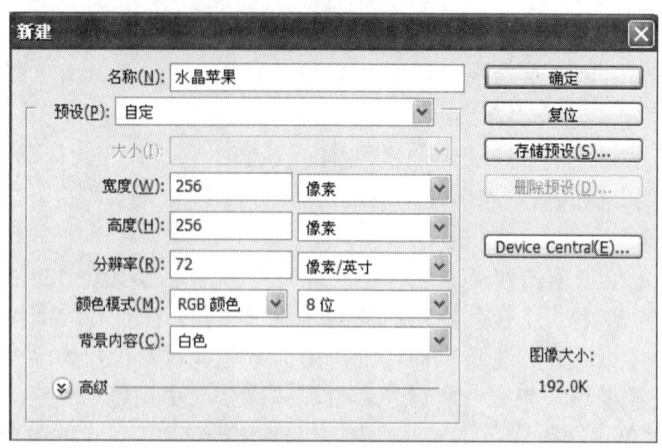

图 4-46 "新建"对话框

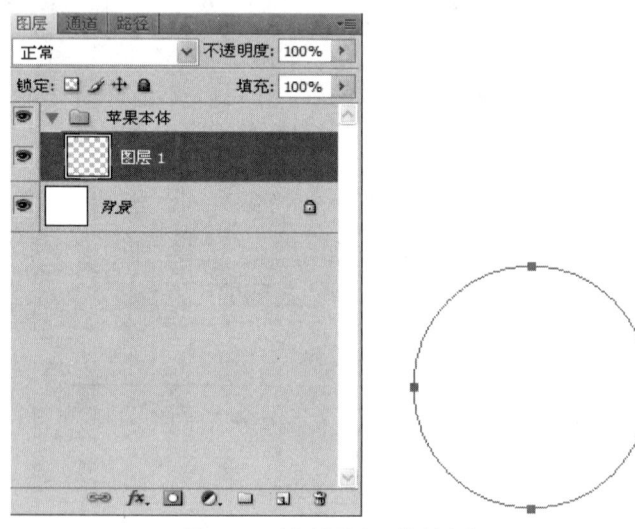

图 4-47 新建图层、绘制路径

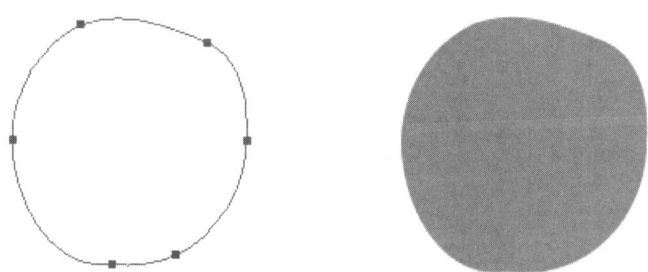

图 4-48 调整路径、填充选区

（3）执行"图层"/"图层样式"/"描边"命令，在弹出的"图层样式"对话框中设置"描边"样式的"大小"为 3，"位置"为"居中"，"混合模式"为"正常"，"不透明度"值为 100%，"填充"类型为"渐变"，从左至右分别设置渐变颜色的值为 RGB（119,176,14）和 RGB（255,255,255）、"不透明度"值为 100%、0%，其他设置如图 4-49 所示。单击"确定"按钮，完成"图层样式"对话框的设置，执行"图层"/"图层样式"/"创建图层"菜单命令，将图层样式分离到新图层中，图像效果及图层如图 4-50、图 4-51 所示。

第 4 章 绘画和编辑图像

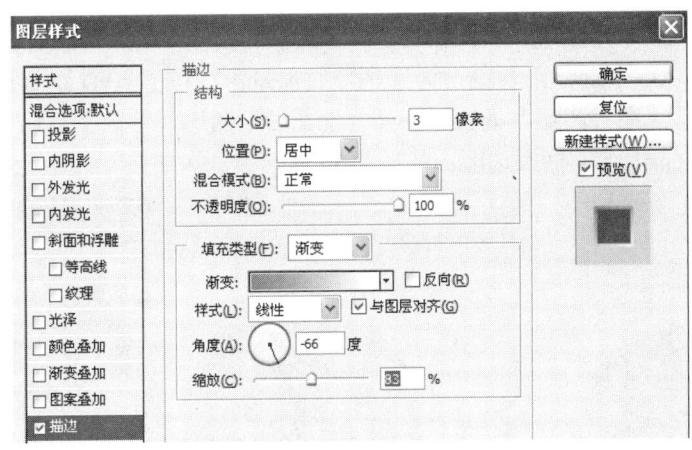

图 4-49　设置"描边"图层样式

图 4-50　图像效果

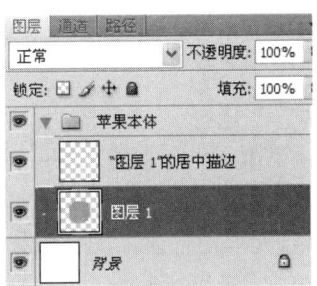

图 4-51　建好图层

（4）单击"图层"调板上的"创建新图层"按钮，新建"图层 2"图层，单击工具箱中的"椭圆选框工具"按钮，在画布上绘制椭圆选区，如图 4-52 所示。执行"选择"/"修改"/"羽化"菜单命令，在弹出的"羽化选区"对话框中，设置"羽化半径"值为 12，效果如图 4-53 所示。

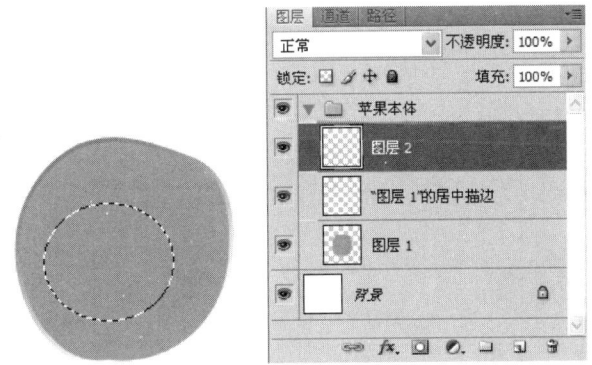

图 4-52　绘制选区

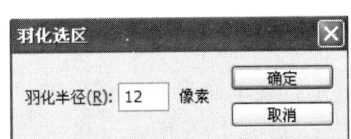

图 4-53　设置"羽化选区"对话框

（5）单击"确定"按钮，完成"羽化选区"对话框的设置，在工具箱中设置前景色为 RGB（161,231,30），按 Alt+Delete 组合键，为选区填充前景色，按 Ctrl+D 组合键取消选区，图像效果如图 4-54 所示。在"图层"调板中新建"图层 3"图层，单击工具箱中的"椭圆选框工具"按钮，在画布上绘制椭圆选区，如图 4-55 所示。

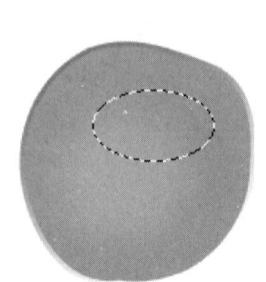

图 4-54　图像效果　　　　　　图 4-55　绘制选区

（6）执行"选择"/"修改"/"羽化"菜单命令，在弹出的"羽化选区"对话框中，设置"羽化半径"值为 6，如图 4-56 所示。单击"确定"按钮，完成"羽化选区"对话框的设置，在工具箱中设置前景色为 RGB（189,238,97），按 Alt+Delete 组合键，为选区填充前景色，按 Ctrl+D 组合键取消选区，图像效果如图 4-57 所示。

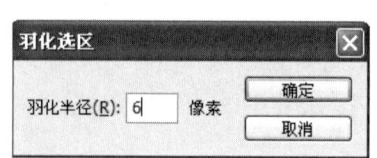

图 4-56　设置"羽化选区"对话框　　　　图 4-57　图像效果

（7）在"图层"调板中新建"图层 4"图层，单击工具箱中的"椭圆选框工具"按钮，中画布上绘制椭圆选区，并为选区添加 6 像素的羽化，在箱中设置前景色为 RGB（218,245,166），为选区填充前景色，按 Ctrl+D 组合键，取消选区，图像效果如图 4-58 所示。单击工具箱中的"椭圆选框工具"按钮，为选区填充前景色，如图 4-59 所示。

图 4-58　图像效果　　　　　　图 4-59　填充选区

（8）执行"编辑"/"渐隐填充"菜单命令，在弹出的"渐隐"对话框中，设置"不透明度"值为 10%，"模式"为"正常"，如图 4-60 所示，单击"确定"按钮，完成"渐隐"对话框的设置，按 Ctrl+D 组合键取消选区，图像效果如图 4-61 所示。

(9) 在"图层"调板上新建"图层 5"图层,单击工具箱中的"钢笔工具"按钮,在画布上绘制路径,如图 4-62 所示,按 Ctrl+Enter 组合键,将路经转换为选区,在工具箱中的设置前景色为 RGB(110,150,31),为选区填充前景色,图像效果如图 4-63 所示。

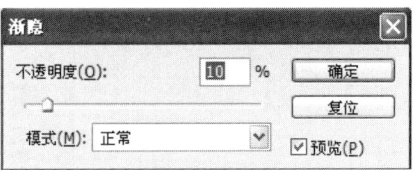

图 4-60　设置"渐隐"对话框

 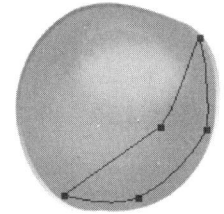 

图 4-61　图像效果　　　图 4-62　绘制路径　　　图 4-63　填充选区

(10) 执行"编辑"/"渐隐填充"菜单命令,在弹出的"渐隐"对话框中,设置"不透明度"值为 85%,如图 4-64 所示。单击"确定"按钮,完成"渐隐"对话框的设置,单击工具箱中的"橡皮擦工具"按钮,在选项栏上设置"不透明度"值为 50%,"流量"值为 100%,对图像进行调整,并在"图层"调板上设置该图层的"不透明度"值为 73%,图像效果如图 4-65 所示。

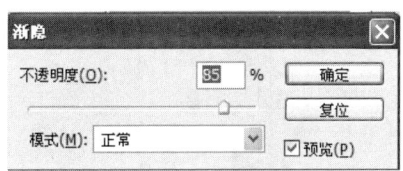

图 4-64　设置"渐隐"对话框

 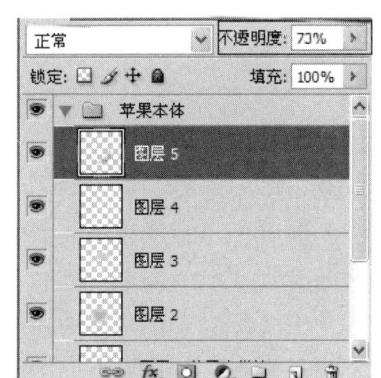

图 4-65　图像效果

(11) 在"图层"面板上新建"图层 6"图层,单击工具箱中的"钢笔工具"按钮,在画布上绘制路径,如图 4-66 所示。按 Ctrl+Enter 组合键,将路径转换为选区,单击工具箱中的"渐变工具"按钮 ，在选项栏上设置一个由白色到白色透明的线性渐变，按住鼠标左键由上至下拖动为选区填充渐变，按 Ctrl+D 组合键取消选区，图像效果如图 4-67 所示。

（12）在"图层"调板上新建"图层 7"图层，单击工具箱中的"钢笔工具"按钮 ，在画布上绘制路径，如图 4-68 所示。单击工具箱中的"画笔工具"按钮 ，按 F5 键，在弹出的"画笔"调板中进行相应的设置，如图 4-69 所示。

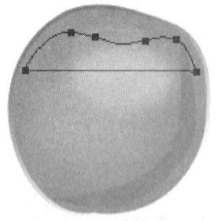

图 4-66 绘制路径

图 4-67 图像效果

图 4-68 绘制路径

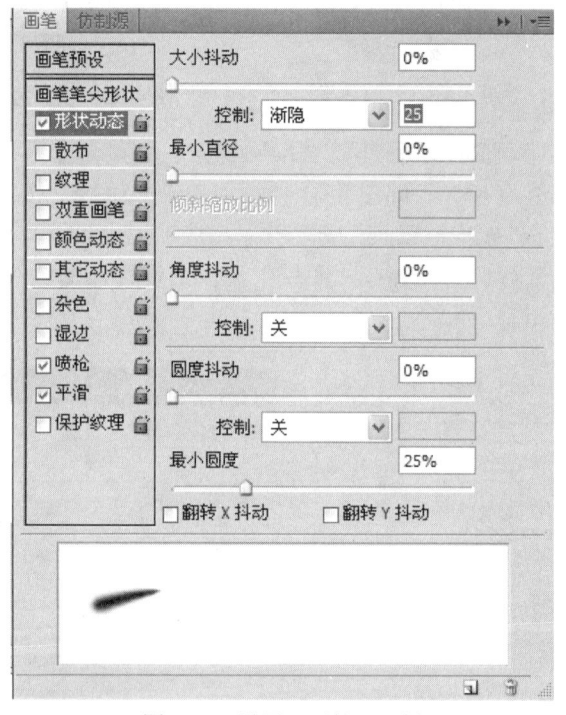

图 4-69 设置"画笔"调板

（13）在工具箱中的设置前景色为 RGB（217,245,164），在、执行"窗口"/"路径"菜单命令，在弹出的"路径"调板中，单击"用画笔描边路径"按钮 ，为路径描边，按 Delete 键，将路径删除，图像效果如图 4-70 所示。单击工具箱中的"橡皮擦工具"按钮 ，在选项栏上设置"不透明度"值为 50%，对刚刚描边路径的图像调整，在"图层"调板上设置该图层"不透明度"值为 81%，并调整图形位置，图像效果如图 4-71 所示。

（14）根据"图层 8"图层的绘制方法，在画布上绘制其他图形，如图 4-72～图 4-74 所示。

（15）执行"文件"/"存储为"菜单命令，将绘制完成的图像保存为"水晶苹果.psd"。

图 4-70　描边路径　　　　　　　图 4-71　图像效果

图 4-72　图像效果 1　　　图 4-73　图像效果 2　　　图 4-74　图像效果 3

4.3　擦除图像

橡皮擦工具组有 3 种擦除工具，即橡皮擦工具、背景橡皮擦工具和魔术橡皮擦工具，如图 4-75 所示。均可以用来擦除图像中的像素，只是效果不同。如果是正在背景中或在透明区域被锁定的图层中工作，像素将更改为背景色，否则像素将被抹成透明，还可以使用橡皮擦使受影响的区域返回到"历史记录"调板中选中的状态。

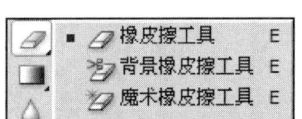

图 4-75　橡皮擦工具

4.3.1　橡皮擦工具

1．认识橡皮擦

橡皮擦工具用来擦除背景或图像中的像素。如果擦除的是背景层，则擦除过的区域将被背景色填充；如果擦除的图层不是背景层，则擦除过的区域变得透明。橡皮擦工具选项栏如图 4-76 所示。

图 4-76　橡皮擦工具选项栏

橡皮擦工具选项栏各选项的含义及作用如下：

画笔：设置画笔的样式、直径大小和硬度。

模式：设置橡皮擦在擦除像素时用哪一类笔刷，有 3 种模式。选中"画笔"选项时，橡皮擦用画笔的笔触和参数；选中"铅笔"选项时，橡皮擦用铅笔的笔触和参数；选中"块"选项时，橡皮擦用方块笔刷。

不透明度：设置橡皮擦工具的不透明程度。

流量：设置描边的流动速率。

抹到历史记录：设置自指定历史状态抹掉区域。

2．使用橡皮擦工具

通过以下操作，观察不同情况下的擦除效果。

打开一幅具有多个图层的 PSD 图像（至少两层），如图 4-77 所示。

选择工具箱的"橡皮擦工具"，选择"画笔"模式，设置背景色为白色。选择背景层，用橡皮擦工具进行擦除，效果如图 4-78、图 4-79 所示。

图 4-77　"树叶"原图　　　图 4-78　使用橡皮擦工具　　　图 4-79　擦除多余的图像

仍然选择背景层，将橡皮擦工具的"不透明度"设置为 40%，在背景层上进行擦除，效果如图 4-80 所示。

选择"图层 1"图层，将"不透明度"设置为 100%，背景色仍选择白色，用橡皮擦工具进行擦除，效果如图 4-81 所示。

图 4-80　"不透明度"40%擦除效果　　　图 4-81　擦除"图层 1"效果

4.3.2　背景橡皮擦工具

1．认识背景橡皮擦工具

背景橡皮擦工具用来擦除图像指定的颜色，擦除后将会变成透明效果，所不同的是，如果擦除的是背景层，那么被擦除后背景层将变成普通图层"图层 0"。背景橡皮擦工具选项栏如图 4-82 所示。

背景橡皮擦工具选项各选项的含义及作用如下。

画笔：设置画笔的样式、直径大小和硬度。

图 4-82　背景橡皮擦工具选项栏

取样按钮组：设置以何种模式擦除颜色。其中，（连续），背景橡皮擦擦除鼠标经过的颜色，背景色将随着擦除的颜色而改变；（一次），只擦除鼠标落点处指定的颜色，并将该颜色设置为背景色；（背景色）：只擦事先指定好的背景色。

限制：设置背景橡皮擦擦除的作用范围，有 3 种选择方式。选中"不连续"选项时，将擦除出现在画笔下任何位置的样本颜色；选中"连续"选项时，将擦除包含样本颜色并且相互连接的区域；选中"查找边缘"选项时，将擦除橡皮擦经过范围内的所有与指定颜色相近且相邻的像素，并保留边缘效果。

容差：设置背景橡皮擦擦除颜色的精度。

保护前景色：当选定此选项时，用背景橡皮擦擦除像素时，将保留前景色指定的颜色。

2. 使用背景橡皮擦工具

背景橡皮擦工具可用于在拖移时将图层上的像素抹成透明，从而可以在抹除背景的同时在前景中保留对象的边缘，通常可以用"背景橡皮擦工具"来进行抠图，而且很方便。具体就是先用吸管设置要保留图像的保护色，然后结合魔棒选取后再反选进行擦除，去掉背景，利用这种方法可以实现抠图效果，进一步可以进行背景的更换。使用"背景橡皮擦工具"将图像的背景擦除，只留下主体物如图 4-83～图 4-85 所示。

图 4-83　原图像效果

图 4-84　使用背景橡皮擦工具

图 4-85　擦除多余的图像

4.3.3　魔术橡皮擦工具

1. 认识魔术橡皮擦工具

魔术橡皮擦工具与背景橡皮擦工具类似，都是用来擦除背景的，魔术橡皮擦工具能擦除颜色相近的像素。使用魔术橡皮擦工具时，只需在要擦除的颜色上面单击即可。魔术橡皮擦工具选项栏如图 4-86 所示。

图 4-86　魔术橡皮擦工具选项栏

魔术橡皮擦工具选项栏各选项的含义及作用如下。

容差：设置魔术橡皮擦工具擦除颜色时像素的范围。

消除锯齿：选中此复选框可以消除图像边缘的锯齿，得到柔和的边缘效果。

连续：选中此复选框，只擦除与单击像素处颜色相近且相邻的像素，取消选择则擦除图像中的所有相似像素。

不透明度：设置橡皮擦工具的不透明度。

2．使用魔术橡皮擦工具

使用魔术橡皮擦工具，在图层中单击，该工具会自动更改所有相似的像素。如果在背景中操作，像素会被抹为透明；如果在其他图层中操作，该层的像素会被擦掉，从而显示出背景色，具体操作步骤如下。

打开一幅图像，如图 4-87 所示。

选择工具箱的魔术橡皮擦工具，在红色背景上单击，效果如图 4-88 所示。

图 4-87　"鹰"原图　　　　　　　　　图 4-88　使用"魔术橡皮擦工具"

4.4　历史记录

在第 1 章案例中提过"历史记录"调板，它记录着对图像处理的所有过程。另外还有一些相关的工具与历史调板配合使用，如历史记录画笔工具、历史艺术记录画笔工具，利用这些工具常常会达到一些特殊的效果。

4.4.1　历史记录画笔工具

1．历史记录画笔工具

"历史记录画笔工具"　与"历史记录"调板结合使用，可以将图像完全或部分地恢复到"历史记录"调板中记录的任何一个历史状态。历史记录画笔工具选项栏如 4-89 所示。

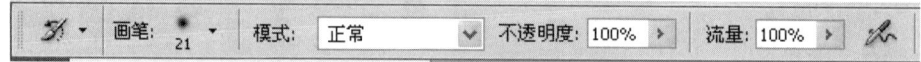

图 4-89　历史记录画笔工具选项栏

下面通过一个例子说明历史记录画笔工具的使用方法。

（1）打开一幅图像，如图 4-90 所示。

（2）选择菜单"图像"/"调整"/"自动对比度"命令。

（3）选择菜单"滤镜"/"模糊"/"高斯模糊"命令，在出现的对话框中，设置"半径"为 3 像素，单击"确定"按钮，关闭对话框，此时"历史记录"调板的状态如图 4-91 所示。

（4）从工具箱中选择"历史记录画笔工具"，设置画笔"主直径"为 50 px，在图像中的近景上拖动鼠标（部分树枝可调小画笔直径后再拖动鼠标），使之恢复到模糊前的状态，而瀑布仍为模糊状态，形成一种景深效果，如图 4-92 所示。

图 4-90　打开图像原图

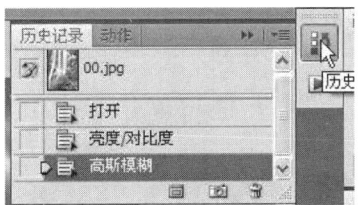

图 4-91　"历史记录"调板

图 4-92　近景（树木）恢复到模糊前的状态

4.4.2 历史记录艺术画笔工具

历史记录艺术画笔工具是一个比较有特点的工具，主要用来绘制不同风格的油画质感图像。选项栏如图 4-93 所示。

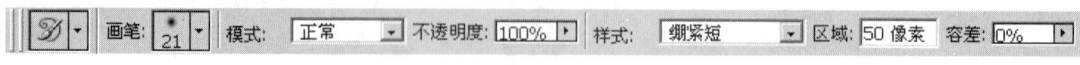

图 4-93 历史记录艺术画笔工具选项栏

在历史记录艺术画笔工具的选项栏中，"样式"用于设置画笔的风格样式，"模式"用于选择绘图模式，"区域"用于设置画笔的渲染范围，"容差"用于设置画笔的样式显示容差。

下面通过一个例子说明历史记录艺术画笔工具的使用方法。

（1）打开一幅图像，如图 4-94 所示，然后单击工具箱中的"历史记录艺术画笔工具"按钮，并使用该工具在图像中合适的位置上单击，得到图 4-95 所示的图像效果。

图 4-94 "花朵"原图

（2）单击工具箱中的"记录画笔工具"按钮，然后打开"历史记录"调板，在该调板中单击打开状态栏前的图标，如图 4-96 所示，最后使用画笔工具进行涂抹，就可以将图像恢复到编辑前的图像效果，如图 4-97 所示。

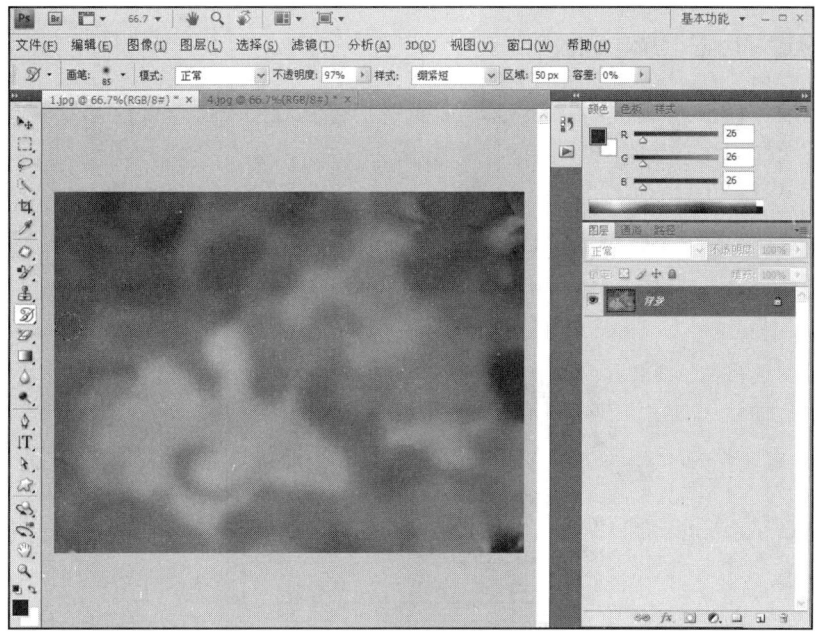

图 4-95　艺术画笔效果

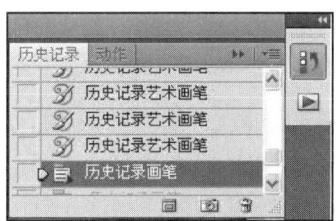

图 4-96　"历史记录"调板

图 4-97　部分操作恢复效果

4.4.3 设置"历史记录"调板

"历史记录"调板，如图 4-98 所示，主要用于存储对图像所做的操作步骤，通过对这些步骤的控制，同样也可以制作出不同的图像效果。

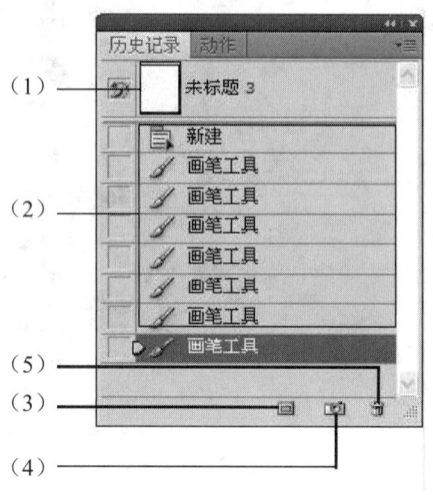

图 4-98 "历史记录"调板结构

图 4-98 的相关说明如下：

（1）原始状态：此处显示的是图像最原始的图像效果，单击此处即可返回到最初的效果。

（2）记录的状态：此处所记录的都是对当前所打开图像的操作。

（3）从当前状态创建新文档：单击此按钮即可将此时的图像效果复制存储到新建的图像效果中。

（4）创建新快照：单击此按钮即可将当前状态存储为新快照。

（5）删除当前状态：将前面对图像的操作拖动到此按钮，即可将其删除。

4.5 修复、修补图像

修复画笔工具对于修复图像非常重要，运用该工具组的工具可以对图像进行修复，如将多余的图像抹掉、修复人物眼睛的红眼、将图像中不需要的图像进行覆盖等。从中可以看出修复画笔工具的实用和快捷，仿制图章工具的工作特点就是从图像中取样，然后再将样本应用到其他图像或同一图像的其他部分，同时也还可以将一个图层的一部分仿制到另一个图层，该工具的每个描边在多个样本上绘画，对于要复制对象或移去图像中的缺陷，仿制图章工具十分有用。下面对该工具组的各种工具分别进行讲解。

4.5.1 污点修复画笔工具

使用污点修复画笔工具可以快速去除照片中的污点和其他不理想的部分，污点修复画笔的工作方式与修复画笔类似。它使用图像或图案中的样本像素进行绘画，并将样本像素的纹理、光照、透明度和阴影与所修复的像素相匹配。下面介绍如何使用污点修复画笔工具将图像中的字迹抹去。

（1）打开一幅图像，如图 4-99 所示。

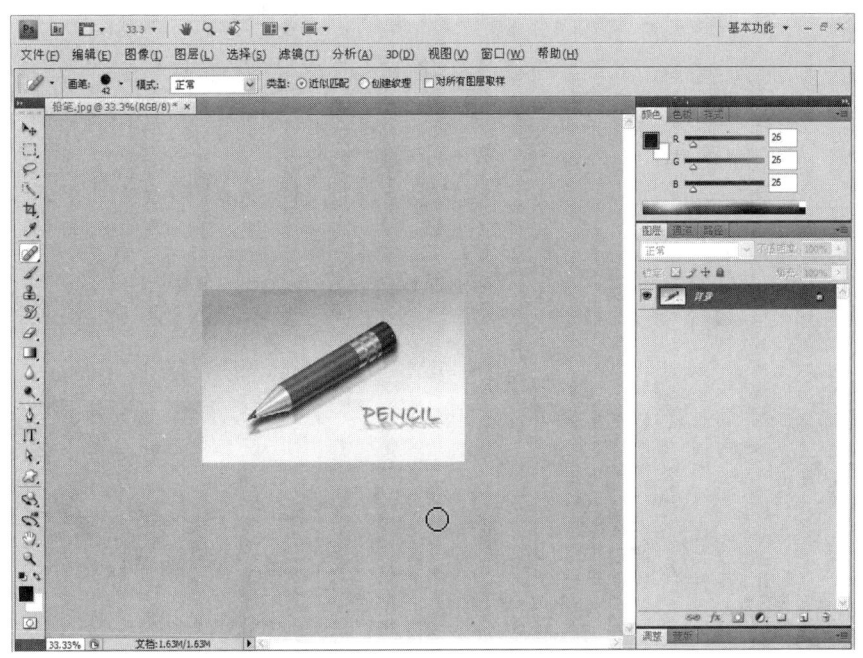

图 4-99　带污点铅笔原图

（2）单击工具箱中"污点修复画笔工具"按钮，设置画笔如图 4-100 所示，在图像上有污点的地方单击。松开鼠标按键后，此处污点就会被去除。如图 4-101、图 4-102 所示。

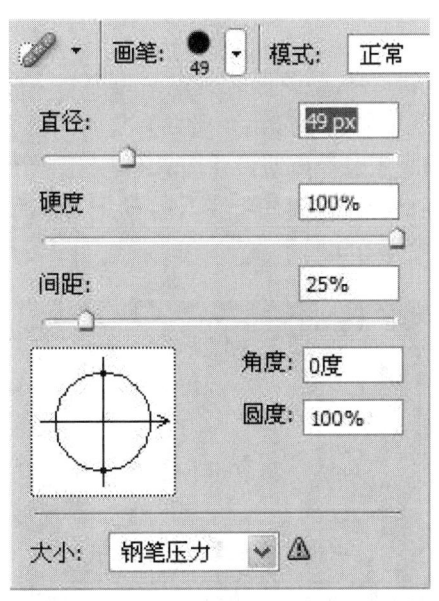

图 4-100　污点修复画笔工具选项设置

（3）在有污点的地方反复单击，直到去除污渍为止，最终效果如图 4-103 所示。

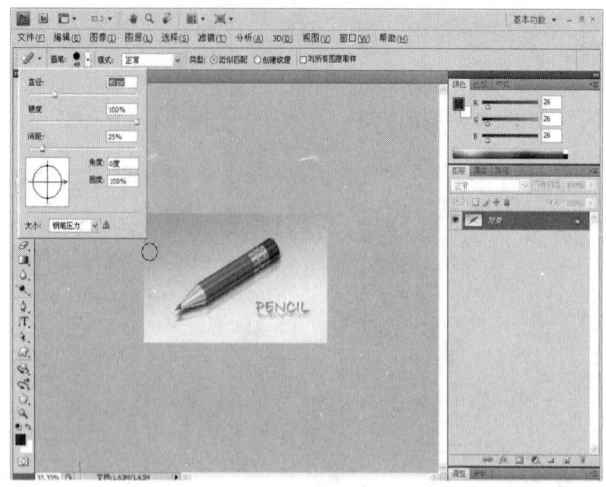

图 4-101　设置修复污点工具

图 4-102　在污点处单击（反复）

图 4-103　最终效果

4.5.2　修复画笔工具

修复画笔工具的工作原理是将某个图像区域定义为样本，然后使用该工具向要修复的图像区域拖动，即可将样本的像素和属性等应用到所要修复的图像区域，要使用该工具进行修复，首先单击工具箱中的"修复画笔工具"按钮，并按 Alt 键在图像中取样，最后将所选取的样本应用到其他地方，下面介绍如何使用修复画笔工具将狗头部分的红点去除。

（1）打开素材图像，如图 4-104 所示。

图 4-104　"狗"原图

（2）单击工具箱中的"修复画笔工具"按钮，设置画笔如图 4-105 所示，选中"取样"

单选按钮,在页面相应的位置,按住 Alt 键并单击选取样点。

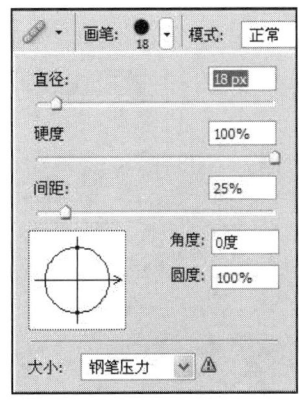

图 4-105　修复画笔工具选项

(3)取完点后松开 Alt 键,在图像中有红点的地方涂抹,效果如图 4-106 所示。反复选取取样点后,将整个红点去除,效果如图 4-107 所示。

图 4-106　涂抹一次

图 4-107　最终效果图

4.5.3 修补工具

通过使用修补工具，可以用其他区域或图案中的像素来修复选中的区域，还可以使用"修补工具"来仿制图像的隔离区域。其使用方法与修复画笔工具的使用方法相同，下面介绍如何使用修补工具去修补图像。

（1）打开一幅图像"酒壶"，如图 4-108 所示。

图 4-108　"酒壶"原图

（2）单击工具箱中的"修补工具"按钮，在选项栏选中"目标"单选按钮，如图 4-109 所示。

图 4-109　"修补工具"选项

（3）使用修补工具在图像下面的酒杯周围按住鼠标左键绘制选区，如图 4-110 所示。在整个酒杯上绘制一周，松开鼠标后，出现绘制的选区，如图 4-111 所示。

图 4-110　绘制选区

第 4 章 绘画和编辑图像

图 4-111 选取其中一个酒杯

（4）在选区内，按住鼠标左键将其拖曳到图像上方，实现复制功能。如图 4-112 所示。并使用修复画笔工具对复制后的图像进行修整，效果如图 4-113 所示。

图 4-112 复制酒杯

图 4-113 修复复制出来的酒杯

4.5.4 红眼工具

红眼工具最主要的用途就是可去除使用闪光灯拍摄的人物照片中的红眼或动物园照片中的白色、绿色的反光。如图4-114所示就是使用红眼工具将人物的红眼去除。

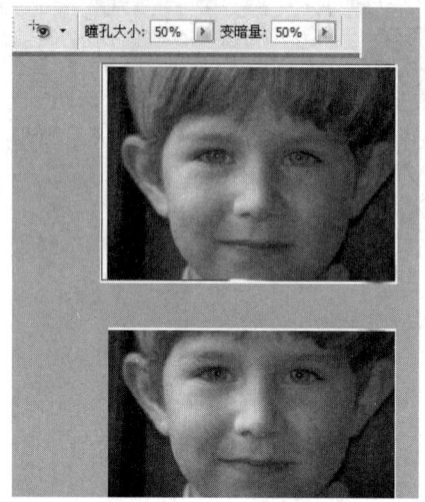

图4-114 红眼去除工具的选项及效果

4.5.5 仿制图章工具

使用仿制图章工具可准确复制图像的一部分或全部，它是修补图像时常用的工具，在第1章的示例中就是用此工具进行修复的。例如，若原有图像有折痕，可用此工具选择折痕附近颜色相近的像素点来进行修复。单击工具箱中的"仿制图章工具"，便出现其工具选项栏如图4-115，在画笔预览图的弹出调板中选择不同类型的画笔来定义仿制图章工具的大小、形状和边缘软硬程度。在"模式"下拉列表框中选择复制的图像以及与底图的混合模式，并可设定"不透明度"和"流量"，还可以选择喷枪效果。

图4-115 仿制图章工具选项栏

在有很多图层的情况下，选择"用于所有图层"选项后再用仿制图章工具，不管当前选择了哪个层，此选项对所有的可见层都起作用。

下面介绍仿制图章工具的具体使用方法。

（1）首先在仿制图章工具的选项栏中选择一个软边和大小适中的画笔，然后将仿制图章工具移到图像中，按住Alt键不放，鼠标变为⊕形状，单击鼠标确定取样部分的起点。

（2）将鼠标移到图像中另外的位置，当按下鼠标时，会有一个十字形符号标明取样位置和当前工具圆圈位置相对应，如图4-116所示，拖拉鼠标就会将取样位置的图像复制下来，如图4-117所示。

（3）仿制图章工具不仅可在一个图像上操作，而且还可从任何一张打开的图像上取样后复制到现用图像上，但却不改变现用图像和非现用图像的关系。通过仿制图章工具将咖啡豆从图4-118复制到另一个打开的图像上（图4-119）的效果（注意：两张图像的颜色模式必须一样才可以执行此项操作）。在复制图像的过程中可经常改变画笔的大小及其他设定项以达到精确修复的目的。

图 4-116 反复拖移

图 4-117 复制效果

图 4-118 原图

图 4-119 效果图

在仿制图章工具选项栏中有一个"对齐"复选框，这一选项在修复图像时非常有用。因为在复制过程中可能需要经常停下来，以更改仿制图章工具的大小和软硬程度，然后继续操作，因而复制会终止很多次，若选择"对齐的"选项，下一次的复制位置会和上次的完全相同，图像的复制不会因为终止而发生错位。

若不选择"对齐"复选框，一旦松开鼠标，表示这次的复制工作结束，当再次按下鼠标时，表示复制重新开始，每次复制都从取样点开始，操作起来很麻烦。所以应用此选项对得到多个复制非常有帮助。图 4-120 是原始图像，图 4-121 是不选择"对齐"复选框得到的复制结果。

图 4-120 原图

图 4-121 复制效果

前面所讲的两种情况限于只有一次取样点，若按住 Alt 键在不同的位置再一次取样，复制就会从新的取样点开始。

4.5.6 图案图章工具

使用图案图章工具（如图 4-122 所示）可以利用图案进行绘画，可以从图案库中选择图案或者创建图案，其使用方法和仿制图章工具类似，不同的是运用此工具是不需要取样的，只需要从系统自带的图案中选择所需的图案，再使用图案图章工具在要绘制图案的地方单击即可，如图 4-123～图 4-125 所示。

图 4-122　图案图章工具

图 4-123　原图像效果

图 4-124　选取所需图案

图 4-125 绘制所选取的图像效果

4.6 修饰图像工具

除去上一节讲述的图章修复工具外,还有一些工具如模糊、锐化、涂抹、加深、减淡、海绵等在修饰图像的过程中也起到很好的修饰作用。

4.6.1 模糊工具、锐化工具和涂抹工具

模糊、锐化和涂抹工具与前面所讲述的工具最大的区别就是运用这些工具将原有的图像进行编辑,通过编辑变换而对原图像有所影响,制作出另外一种不同的图像效果,下面分别对这3种工具进行讲述,包括工作原理及其使用该工具进行编辑后的图像效果有何差异。

1. 模糊工具

模糊工具可柔化硬边缘或减少图像中的细节,图 4-126、图 4-127 所示就是模糊前与模糊后的图像效果对比,从图中可以明显看出模糊后的图像更朦胧。

图 4-126 火车原图

图 4-127 模糊后的效果

模糊工具工具选项栏及选项功能,如图 4-128、图 4-129 所示。

图 4-128 模糊参数 1

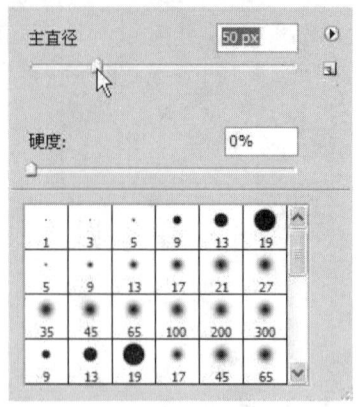

图 4-129　模糊参数 2

（1）强度：用来设置工具的强度，此值越高，涂抹的强度就越大，效果也就越明显。

（2）对所有图层取样：选择此选项，可使用所有可见图层中的数据进行处理；取消选择则只使用当前图层中的数据。

2．锐化工具

锐化工具的主要作用就是聚集软边缘，以提高清晰度或聚集程度，图 4-130 所示就是使用锐化工具对苹果图形进行编辑，调整后的苹果图形更突出，如图 4-131、图 4-132 所示。

　　　　　　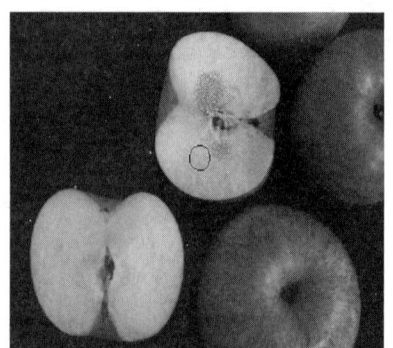

图 4-130　原图像效果　　　　　　　　图 4-131　锐化图像

图 4-132　锐化后图像效果

锐化工具和模糊工具的工具选项栏中的选项是相同的，如图 4-133 所示。

3．涂抹工具

使用涂抹工具涂抹图像，可以模拟将手指拖过湿油漆时所看到的效果。该工具可拾取描边开始位置的颜色,并沿拖动的方向展开这种颜色。图 4-134 所示就是使用涂抹工具对其进行涂抹,从图中可以看出涂抹后的图像纹理不清晰,如图 4-135。

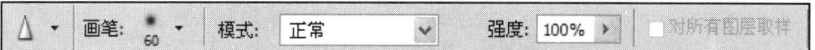

图 4-133　锐化工具选项栏

图 4-134　原图像效果

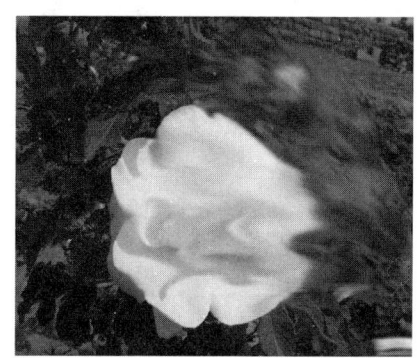

图 4-135　涂抹后的图像效果

涂抹工具工具选项栏如图 4-136 所示,选择"手指绘画"后,可以使用每个描边起点处的前景色进行涂抹;取消选择,则使用每个描边的起点处光标所在位置的颜色进行涂抹。其他选项与模糊和锐化工具的选项功能相同。

图 4-136　涂抹工具选项栏

4.6.2　减淡和加深工具

减淡工具和加深工具基于调节照片特定区域的曝光度的传统摄影技术的应用工具,可以改变图像曝光度,使图像变亮或变暗。选择这两个工具后,在画面涂抹即可进行减淡和加深的处理,在某个区域上方绘制的次数越多,该区域就会变得越亮或越暗。如图 4-137 所示为原图像,图 4-138 所示为减淡工具处理的结果,图 4-139 所示为加深工具的处理结果。

图 4-137　原图

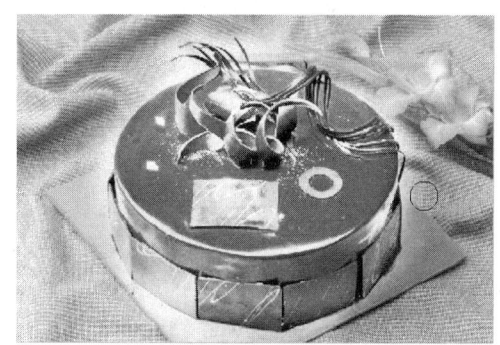

图 4-138　减淡效果

减淡工具和加深工具的工具选项栏中的选项是相同的,如图 4-140 所示。

(1) 范围:在此选项的下拉列表框中可以设置要修改的色调范围。选择"阴影",只修改图像暗部区域的像素；选择"中间调"，只修改图像中灰色的中间调区域的像素；选择"高光"，只修改图像亮部区域的像素。

图 4-139　加深效果

图 4-140　减淡和加深工具的工具选项栏

（2）曝光度：用来为工具指定曝光。此值越高，工具的作用效果越明显。

（3）喷枪按钮：单击此按钮，可以使画笔具有喷枪的功能。

4.6.3　海绵工具

海绵工具可以将图像的色彩减去或者使图像色彩更艳丽，其主要取决于海绵工具选项栏中选择更改颜色的方式，使用海绵工具对图 4-141 进行编辑，编辑后的图像颜色更艳丽或者减淡，如图 4-142 所示。

图 4-141　原图

图 4-142　海绵效果图

4.7　综合案例实训——绘制一条逼真的鱼

通过这个实例学习到画笔工具的一些使用方法。实例最终效果如图 4-143 所示。下面介绍一下这条鱼的制作过程。

图 4-143　实例最终效果

1．在 Photoshop 中按 Ctrl+N 组合键，或执行菜单栏上的"文件"/"新建"命令，打开"新建"对话框，设置如图 4-144 所示。

2．绘制"鱼身"

（1）新建图层，用钢笔工具（快捷键 P）绘制鳞片形状的封闭路径后转换为选区，用硬度较低的画笔工具（快捷键 B）在选区内涂抹上白色和 RGB 值分别为（9,8,4）的黑色，如图 4-145 所示。

图 4-144 "新建"对话框

（2）执行菜单栏上的"滤镜"/"扭曲"/"海洋波纹"命令，设置如图 4-146 所示。执行命令后的效果如图 4-147 所示。

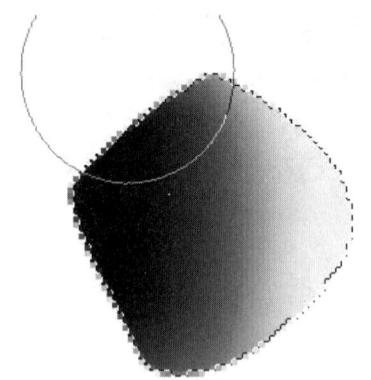

图 4-145 用"画笔工具"涂抹颜色

图 4-146 "海洋波纹"滤镜的设置

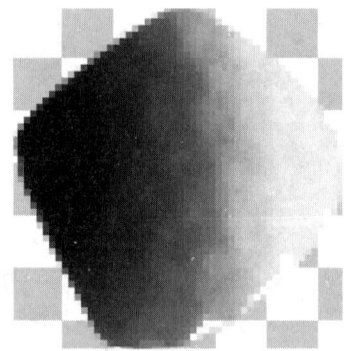

图 4-147 执行"海洋波纹"命令

（3）将该图层复制一层，按 Ctrl+T 组合键，自由变换该层，按"↑"键，向上移动一定距离，如图 4-148 所示。

（4）按 Shift+Alt+Ctrl 组合键同时按 T 键若干次，做出如图 4-149 所示效果。

（5）将复制的图层合并后，再复制一个合并后的图层，用鼠标左键拖曳到错开一个鳞片的位置，再按此方法复制若干次，最后将所有图层（不包括背景层）合并，做出鱼身效果，如图 4-150 所示效果。

第 4 章 绘画和编辑图像

图 4-148 将复制的图层移动一定距离　　　　图 4-149 移动并复制图层

（6）将该层命名为"鱼身"，用矩形选框工具（快捷键 M）将鳞片裁切成一个长方形，再用矩形选框工具选择中间的部位，按 Alt+Ctrl+D 组合键将选区羽化 60 个像素，执行菜单栏上的"图像/调整/去色"命令，如图 4-151 所示。

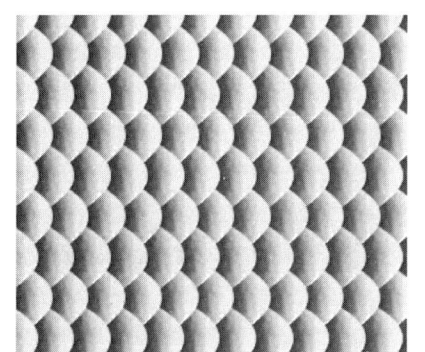 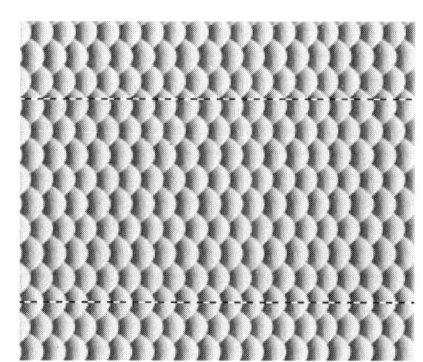

图 4-150 复制出的鳞片　　　　　　　　图 4-151 将鱼身中间部分去色

（7）执行菜单栏上的"滤镜"/"液化"命令，打开"液化"滤镜命令窗口，用该窗口中的向前变形工具（在该窗口中的快捷键为 W）修改图形，形成鱼身的形状，如图 4-152 所示。

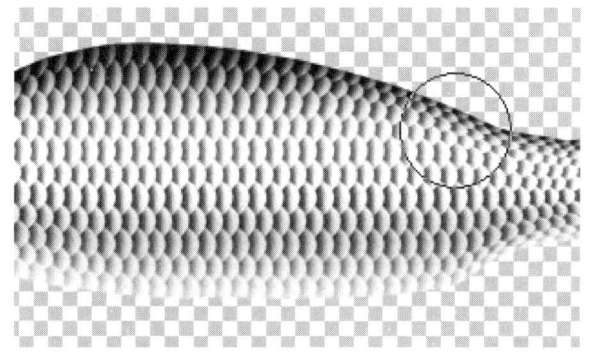

图 4-152 用"液化"滤镜中"向前变形工具"修改图形

（8）再用"液化"滤镜命令窗口中的膨胀工具（在该窗口中的快捷键为 B）将鱼身中间部位进行膨胀处理，如图 4-153 所示。

109

（9）单击"液化"滤镜命令窗口右上角的"确定"按钮确认更改，返回文档窗口。

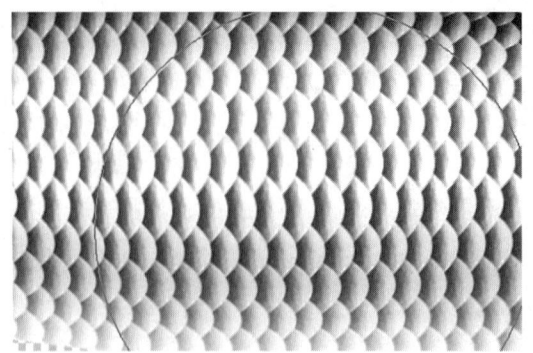

图 4-153　用膨胀工具处理鱼身中间部位

（10）用钢笔工具在鱼身侧线位置绘制一条路径，如图 4-154 所示。

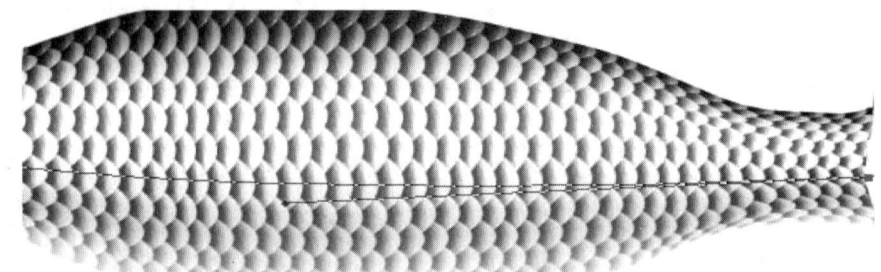

图 4-154　在鱼身侧线位置绘制的路径

（11）选择"画笔工具"，设置笔尖形状，如图 4-155 和图 4-156 所示，笔触的"间距"要根据实际调节。

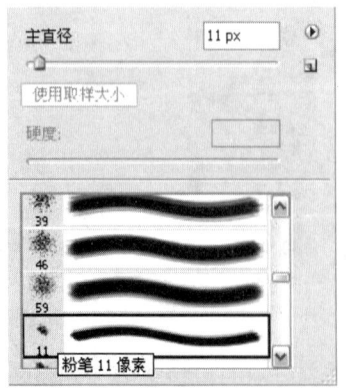 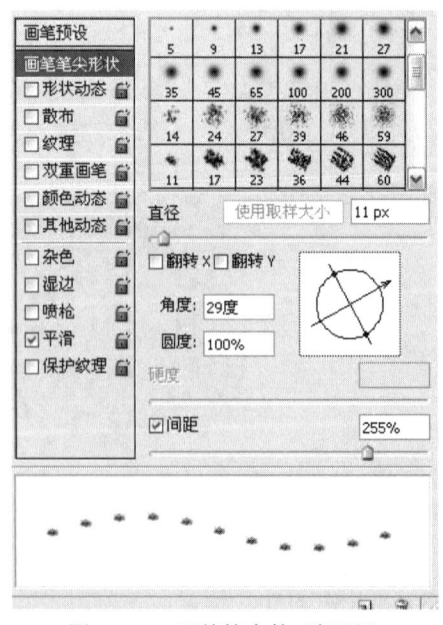

图 4-155　设置画笔为粉笔形状　　　　　　图 4-156　调整笔尖的"间距"

（12）选择任意路径工具，右击文档窗口，在快捷菜单中选择"描边路径"命令，"工具"选择"画笔"，描边的效果如图4-157所示。

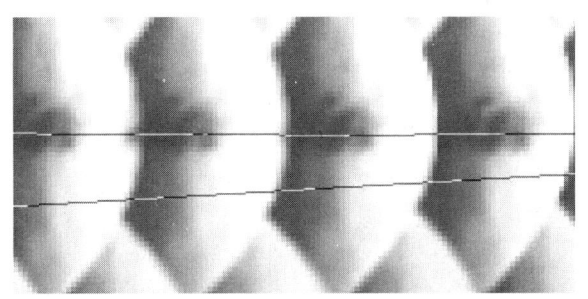

图4-157 为路径描边的效果

3. 绘制"背鳍和胸鳍"

（1）选择"画笔工具"，设置笔尖形状，如图4-158和图4-159所示，调节笔触方向和间距，同时取消选中"散布"、"颜色动态"和"其他动态"。

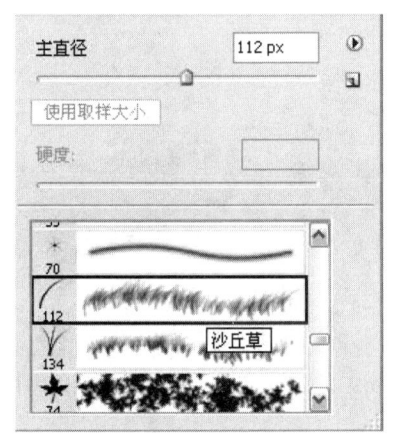

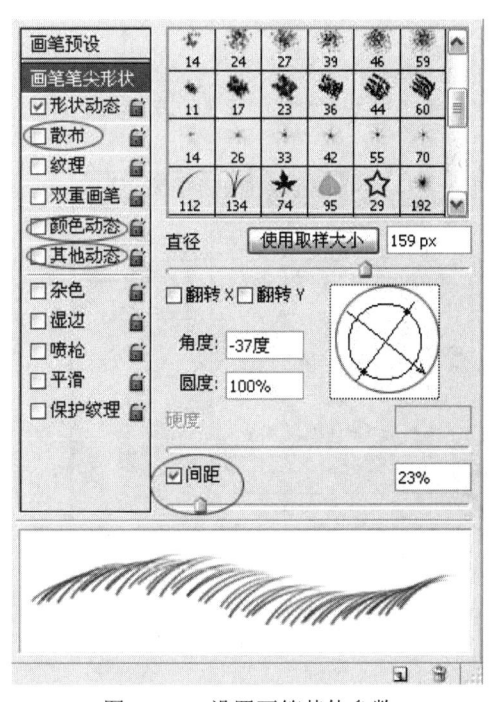

图4-158 选择"画笔工具"笔触为"沙丘草"　　图4-159 设置画笔其他参数

（2）调节"形状动态"中的选项，如图4-160所示。

（3）在"鱼身"图层下新建图层，命名为"背鳍"，用设置好的画笔沿着鱼背绘制一排背鳍骨，如图4-161所示。

（4）在"背鳍"层下复制该层，执行菜单栏上的"滤镜"/"模糊"/"高斯模糊"命令，将该层模糊处理，如图4-162所示。

（5）用钢笔工具绘制"背鳍"的形状，转换为选区后，按Ctrl+I组合键反选，分别删除两个图层的多余部分，如图4-163和图4-164所示。

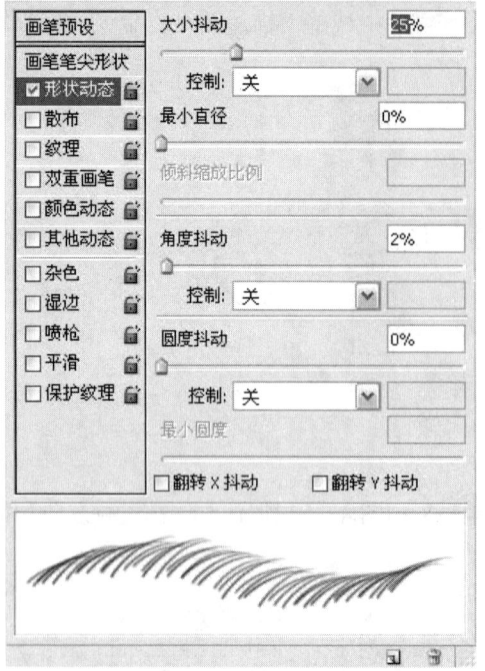

图 4-160 设置画笔"形状动态"中的参数

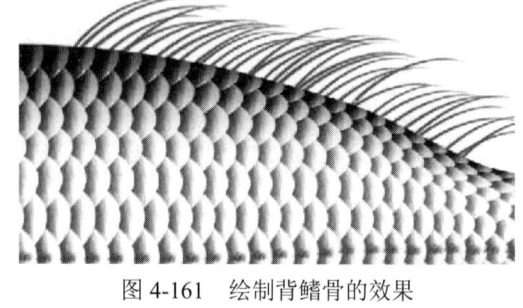

图 4-161 绘制背鳍骨的效果

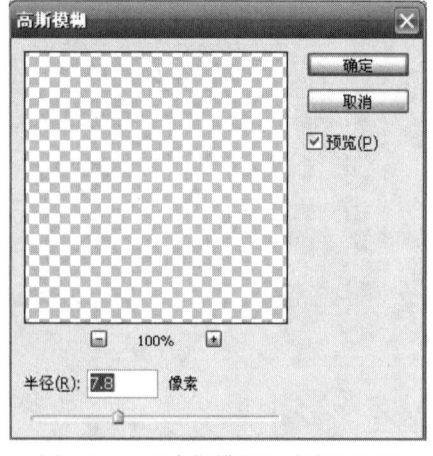

图 4-162 "高斯模糊"滤镜的设置

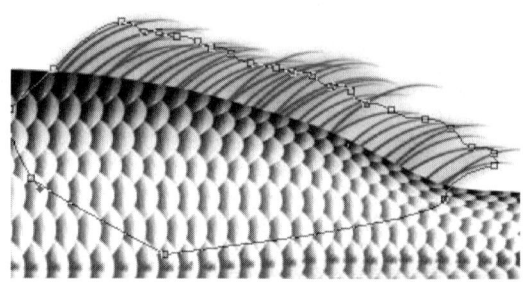

图 4-163 用钢笔工具绘制背鳍形状的路径

图 4-164 将路径转换为选区后删除多余部分的效果

(5)其他几个"鱼鳍"也用同样办法绘制,如图 4-165~图 4-170 所示。

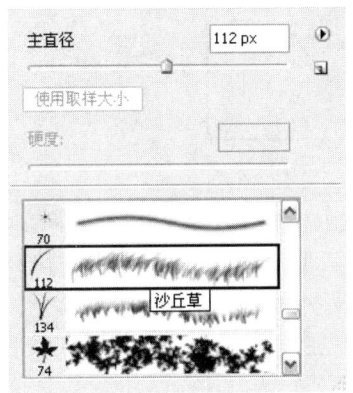

图 4-165 选择"沙丘草"形状的笔触

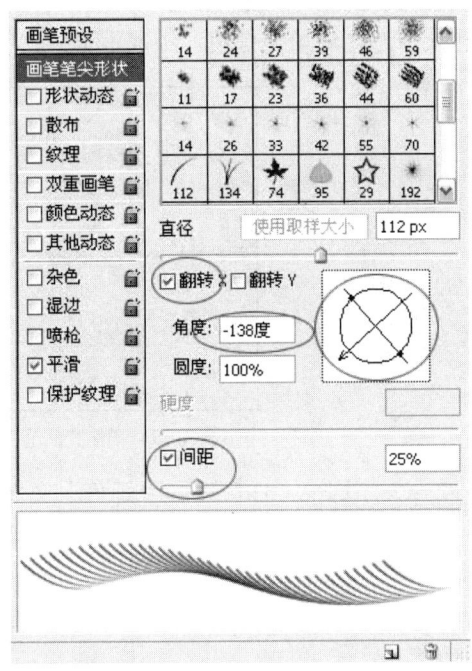

图 4-166 设置"画笔笔尖形状"

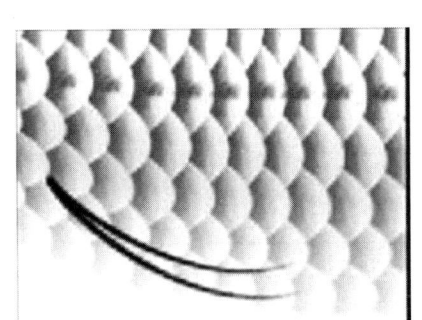

图 4-167 新建层绘制两根鱼鳍骨

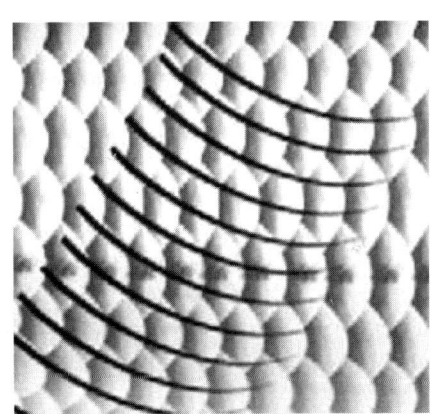

图 4-168 新建图层绘制另外一排鱼鳍骨

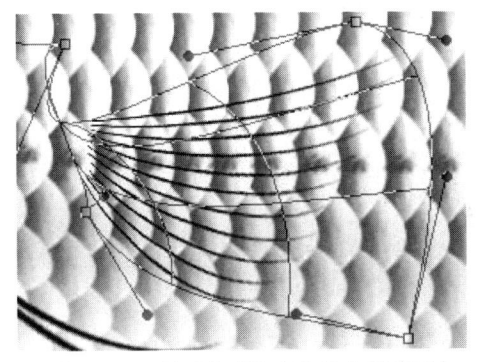

图 4-169 用"变形"命令为鱼鳍变形

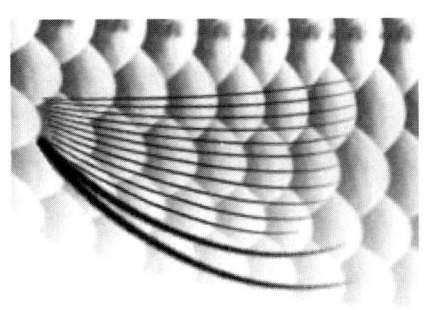

图 4-170 自由变换并移动到适当位置

4. 绘制鱼的"尾鳍"

（1）新建一个 2 厘米见方的文件，用钢笔工具绘制一根鳍骨形状的路径，如图 4-171 所示，转换为选区后填充黑色。不取消选区，执行菜单栏上的"编辑"/"定义画笔预设"命令。

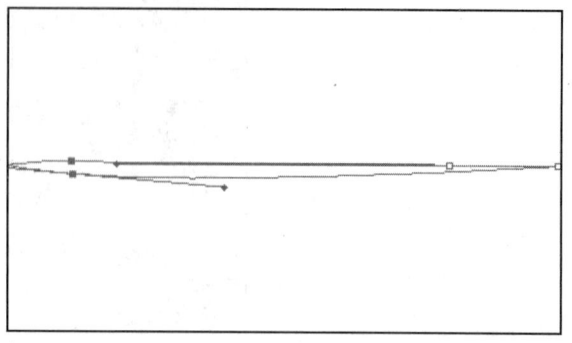

图 4-171 用"钢笔工具"绘制鳍骨形状的路径

（2）关闭这个文件，返回"鲤鱼"文件中，先将鱼尾用橡皮擦工具处理一下。在鱼身下新建图层，用刚刚定义的画笔调整合适的"间距"和"方向"后，自上而下绘制一排形状相同的图案，如图 4-172 所示。

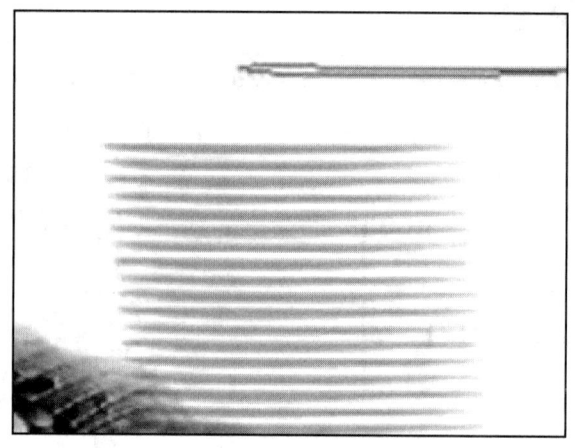

图 4-172 用"画笔工具"绘制的形状

（3）自由变换"尾鳍"的形状，再将形状变形，使其线条圆滑一些，如图 4-173 所示。

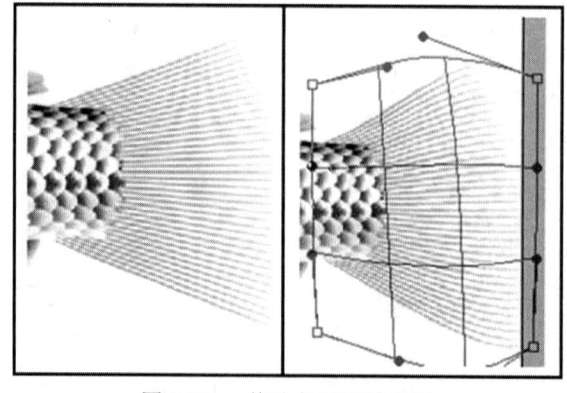

图 4-173 修改鱼尾鳍的形状

（4）同上面的方法一样，修改尾鳍的效果，用橡皮擦工具擦出尾鳍外形，用加深工具将尾鳍根部加深处理，如图 4-174 所示。

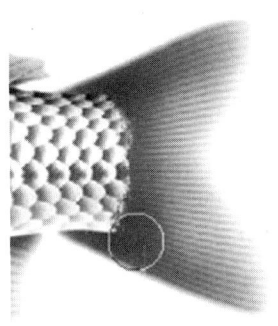

图 4-174 尾鳍完成的效果

5．绘制鱼头

（1）在"鱼身"层上新建图层，命名为"头"，用钢笔工具绘制鱼头形状的路径，如图 4-175 所示。

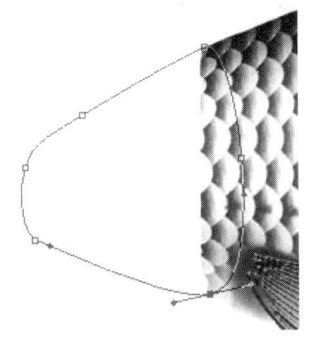 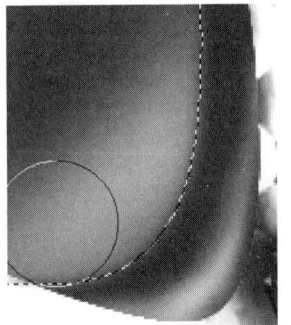

图 4-175 用"钢笔工具"绘制的路径　　　图 4-176 绘制鱼鳃形状

（2）将路径转换为选区后填充 RGB 值分别为 81、75、43 的颜色，再绘制鱼鳃形状的路径，转换为选区后，用减淡工具擦出鱼鳃的形状和明暗效果，如图 4-176 所示。

（3）继续刻画其他部分明暗效果，如图 4-177 所示。

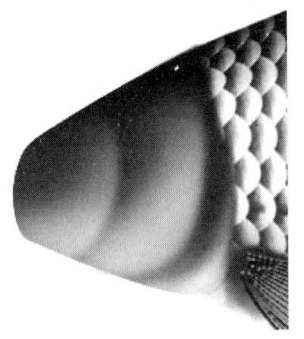

图 4-177 刻画鱼头其他部位的明暗

（4）按 D 键，恢复前景色为黑色，背景色为白色。在"头"层上新建图层，命名为"云彩"，执行菜单栏上的"滤镜"/"渲染"/"云彩"命令，得到图 4-178 所示效果。

(5)执行菜单栏上的"滤镜"/"风格化"/"查找边缘"命令,效果如图 4-179 所示。

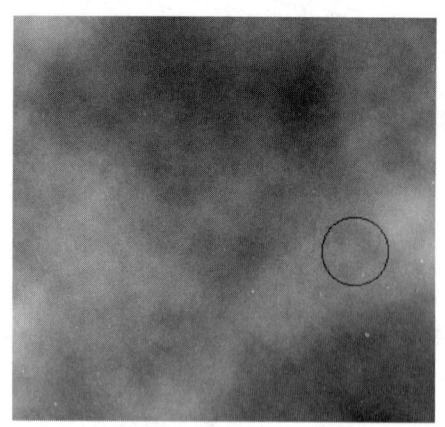

图 4-178 "云彩"的效果

图 4-179 执行"查找边缘"命令

(6)按 Ctrl+L 组合键,打开"色阶"对话框,按图 4-180 所示的方式设置,效果如图 4-181 所示。

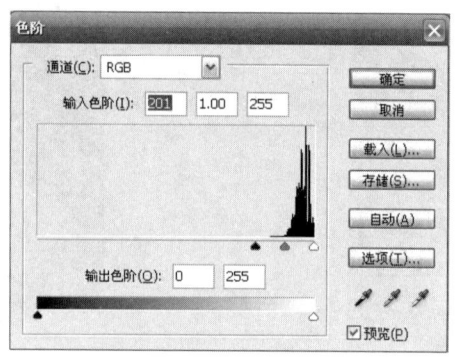

图 4-180 调整"云彩"图层的色阶

(7)在"图层"调板中设置该层与下层的混合模式为"柔光"(可以试验不同的涂层混合模式,达到最好的效果)。按 Ctrl 键不放,单击"头"层在"图层"调板的缩略图,将图形外缘作为选区载入,按 Ctr+Shift+I 组合键反选后,删除"云彩"层多余的部分,将该层与"头"层合并,如图 4-182 所示,绘制鱼嘴如图 4-183 所示。

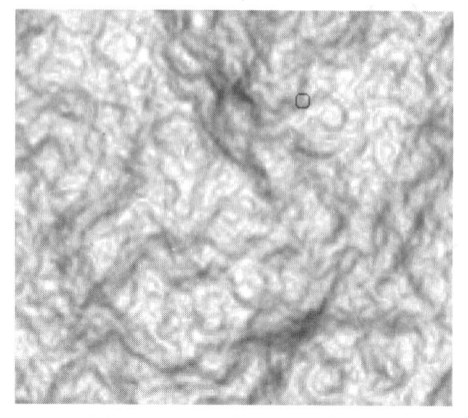

图 4-181 调整色阶后的效果

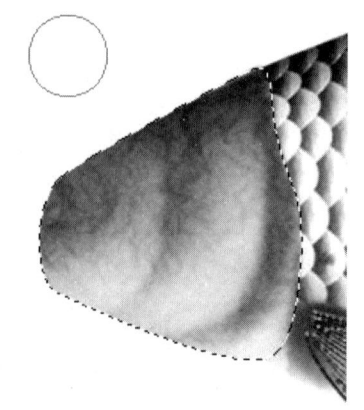

图 4-182 为鱼头加上纹理的效果

(8）在鱼眼部位用加深/减淡工具擦出眼睛的凸起效果，如图 4-184 所示。

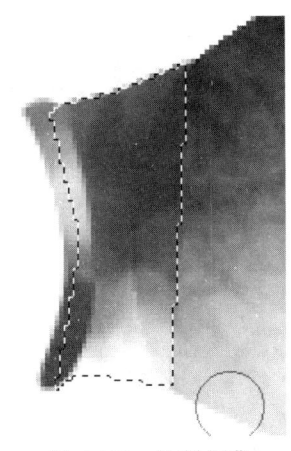

图 4-183　绘制鱼嘴

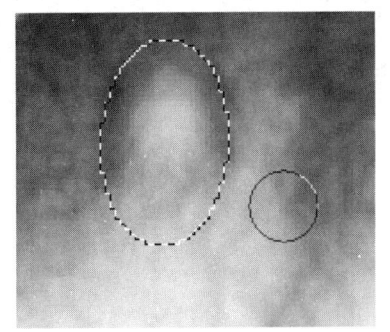

图 4-184　制作鱼眼凸起的效果

（9）新建图层，绘制鱼眼珠的效果，如图 4-185 所示。

（10）选择"鱼身"层，用多边形套索工具（快捷键 L）在鱼身上半部分建立一个选区，并羽化 10 个像素，如图 4-186 所示。

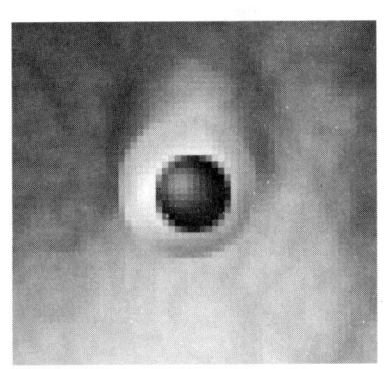

图 4-185　鱼眼珠的效果

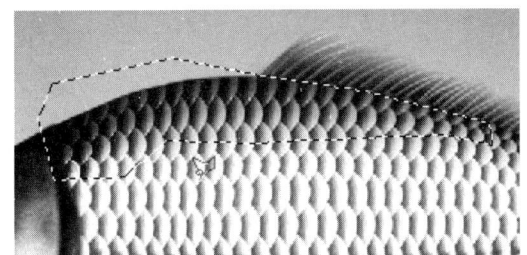

图 4-186　用多边形套索工具建立的选区

（11）执行菜单栏上的"滤镜"/"艺术效果"/"塑料包装"命令，设置参数如图 4-187 所示，效果如图 4-188 所示。

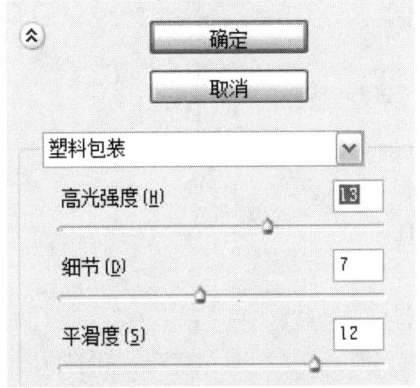

图 4-187　"塑料包装"滤镜的设置

（11）用同样办法为鱼头添加"塑料包装"滤镜效果，如图4-189所示。

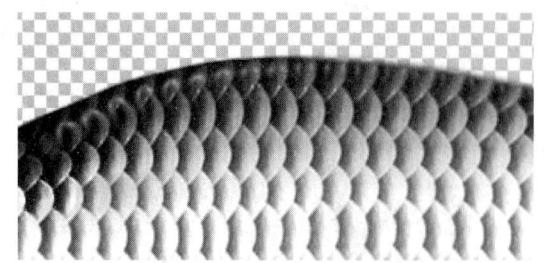
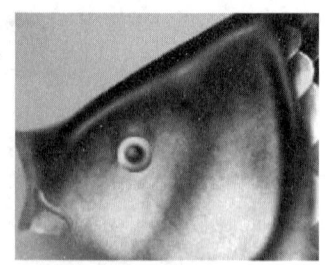

图4-188　执行"塑料包装"滤镜的效果　　　　图4-189　为鱼头添加"塑料包装"滤镜的效果

（12）最后将"鲤鱼"整体调整一下，加上投影和背景，鲤鱼的效果就完成了，如图4-190所示。

图4-190　鲤鱼最终效果

习题与实训

一、选择题

1. Photoshop默认的历史记录是（　　）。
   A．5步　　　　　B．10步　　　　　C．20步　　　　　D．100步
2. 使用（　　）可以将图案填充到选区内。
   A．画笔工具　　　　　　　　　B．图案图章工具
   C．仿制图章工具　　　　　　　D．喷枪工具
3. 橡皮擦工具选项栏中没有（　　）模式。
   A．画笔　　　　　　　　　　　B．铅笔
   C．直线　　　　　　　　　　　D．块
4. 使用图像修补修复图像时，（　　）工具需要在开始使用时按住Alt键，以定义复制的源点。
   A．污点修复画笔工具　　　　　B．修复画笔工具
   C．修补工具　　　　　　　　　D．红眼工具
5. 编辑图像时，使用减淡工具可以（　　）。
   A．使图像中某些区域变暗　　　B．删除图像中的某些像素
   C．使图像中某些区域变亮　　　D．使图像中某些区域的饱和度增加

二、操作题

利用适当的工具绘出如图 4-191 所示的效果,并将制作好的文件保存为 1.psd 和 1.jpg。要求制作尺寸为:13cm×8cm,分辨率为:300 像素。

图 4-191 绘制效果图

第 5 章 绘制路径与矢量图形

本章主要学习路径的基本概念,通过路径的操作来完成一些其他绘图工具不能完成的工作,创建与编辑路径的工具和形状工具等内容,掌握钢笔工具和形状工具的用法,掌握创建图形的技巧,并能熟练应用"路径"调板编辑路径,并能绘制出精美的矢量图。

1. 路径的创建与编辑。
2. 路径工具的使用。

5.1 绘制路径

绘制路径可以用钢笔工具、自由钢笔工具、矩形工具、圆角矩形工具、椭圆工具、直线工具、自定义形状工具等。前提是必须选择路径模式,要不就会变成形状图形。

5.1.1 路径的构成

路径一般是由点、直线或者曲线构成的矢量线条,缩小和放大不会影响它的分辨率和平滑度,路径本身不能被打印出来,但是对路径进行描点、填充等操作,可以构成一幅精美的矢量图形,如图 5-1 所示。

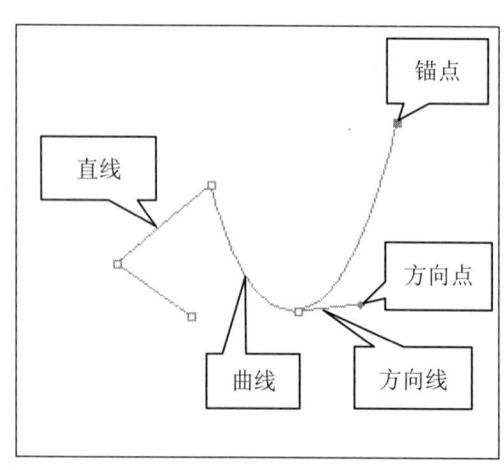

图 5-1 路径的构成

5.1.2 使用路径工具

Photoshop CS4 中路径工具主要有三类,分别是钢笔工具、形状路径工具、路径选择工具。如图 5-2 所示。

图 5-2　路径工具组

1. 钢笔工具

钢笔工具中包含了 5 个工具,它们分别是钢笔工具、自由钢笔工具、添加锚点工具、删除锚点工具、转换点工具。其功能如下所示:

钢笔工具:可以绘制由多个点连接而成的直线或贝塞尔曲线。

自由钢笔工具:可以自由手绘图形路径。

添加锚点工具:可以在原来的路径上添加锚点,以便精确编辑路径。

删除锚点工具:可以在原来的路径上删除多余的锚点。

转换点工具:可以在角点路径之间转换属性。

2．形状路径工具

形状路径工具中包含了 6 个工具,它们分别是矩形工具、圆角矩形工具、椭圆工具、多边形工具、直线工具、自定义形状工具。

矩形工具:绘制矩形路径。

圆角矩形工具:绘制圆角的矩形路径。

椭圆工具:绘制椭圆的路径。

多边形工具:绘制多边形的路径。

直线工具:绘制直线或带箭头的路径。

自定义形状工具:在 Photoshop CS4 中可用自定义形状工具绘制路径。

3．路径选择工具

路径选择工具中包含了两个工具,分别是路径选择工具和直接选择工具。其功能如下所述:

(1)路径选择工具:用于整条和多条路径同时选择和移动工作。

(2)直接选择工具:用于路径的移动工作,也可以选择其中的一个或某几个锚点来进行移动,还可以移动控制柄,还可以完成单条或多条路径的选中工作。

5.1.3 设置路径的属性

不管使用哪种工具绘制路径,都会有自己的相关属性设置,选择工具的不同,显示的选项栏参数也就不同。

1．绘制形状

使用钢笔工具绘制路径时,单击"绘制形状"按钮,可以绘制一个形状图层,并且将直接被前景色填充或所选样式填充,可以通过路径选择工具调整。其工具选项栏如图 5-3 所示。

图 5-3　形状图层

单击"样式填充"右边的下拉按钮，在下拉列表框中可以选择需要的样式进行填充。在"颜色填充"栏内显示的是前景色，可以单击"颜色框"，弹出颜色拾色器，设置并替换当前颜色。

在工具选项栏中还有一组图形运算模式按钮通过图形运算可以使图形更加丰富，各运算模式按钮功能如下：

（1）创建新的形状图层：新建形状，生成一个新的图层与先创建的无关。
（2）添加到形状区域：新建的对象与原来对象的合集。
（3）从形状中减去：新建的对象在原有对象中删除。
（4）交叉形状区域：新建的对象与原来对象的交集。
（5）重叠形状区域除外：新建的对象与原来对象相交部分删除。

2．绘制路径

使用钢笔工具绘制路径时，选择"路径模式"按钮，其属性栏如图 5-4 所示。

图 5-4　路径模式

3．填充像素

选择路径工具时，"像素填充"按钮才可用，将直接填充为前景色，可用设置填充像素的混合模式和不透明度。路径工具选项栏如图 5-5 所示。

图 5-5　路径工具选项栏

5.1.4　"路径"调板

路径作为平面图像处理的一个要素，和通道或图层一样有自己的一个调板，也就是"路径"调板，执行"窗口"菜单下"路径"命令出现"路径"调板。如图 5-6 所示。

"路径"调板由路径调板菜单、标签、路径列表区、路径工具按钮组成。其功能如下：

标签：标签位于"路径"调板的最上方，用来显示当前控制窗口的类型。

路径列表：路径列表在标签的下方，用来显示各路径层的列表及名称。

路径调板菜单：路径调板菜单位于"路径"调板的右上角，它主要用来完成路径控制的全部功能。

路径工具按钮：路径工具按钮位于"路径"调板的最下方，它用来快速完成路径的操作。包括用前景色填充路径、用画笔描边路径、将路径作为选区载入、从选区生成工作路径、创建新路径、删除当前路径等。

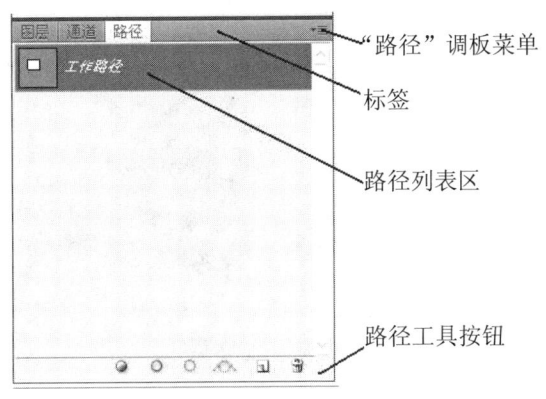

图 5-6 "路径"调板

1. 用前景色填充路径

（1）单击"用前景色填充路径"按钮可以对路径进行填充。如图 5-7 所示。

图 5-7 用前景色填充路径效果

（2）单击"路径调板菜单"按钮，选择"填充路径"或按下 Alt 键的同时单击路径工具"用前景色填充路径"按钮，可以弹出"填充路径"对话框，可以在其中具体设置。如图 5-8 所示。

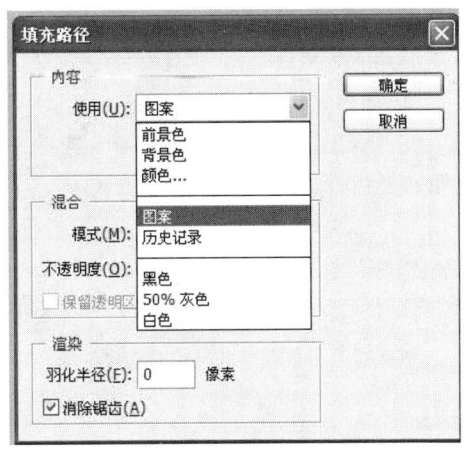

图 5-8 "填充路径"对话框

2. 用画笔描边路径

（1）单击"用画笔描边路径"按钮可以对路径进行描边。如图 5-9 所示。

图 5-9　画笔描边路径效果

（2）单击"路径调板菜单"按钮，选择"描边路径"或按下 Alt 键的同时单击"用画笔描边路径"按钮，弹出"描边路径"对话框，可以对画笔进行详细的设置，描边的效果与画笔设置有关系。如图 5-10 所示。

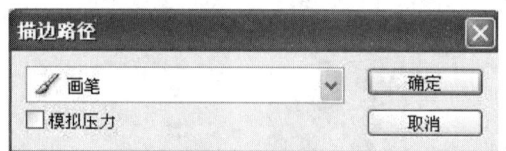

图 5-10　"描边路径"对话框

3．将路径作为选区载入

（1）单击"将路径作为选区载入"按钮可以将路径转换为选区。

（2）单击"路径调板菜单"按钮，选择"建立选区"或按 Alt 键的同时单击"将路径作为选区载入"按钮，弹出"建立选区"对话框。

4．从选区生成工作路径

（1）单击"从选区生成工作路径"按钮，可以将选区转为路径。

（2）单击"路径调板菜单"按钮，选择"建立工作路径"或按下 Alt 键的同时单击"从选区生成工作路径"按钮，弹出"建立工作路径"对话框。

5．创建新路径

（1）单击"创建新路径"按钮，新建一个路径列表。

（2）单击"路径调板菜单"按钮，选择"新建路径"或按下 Alt 键的同时单击"创建新路径"按钮，弹出"建路径"对话框。

6．删除当前路径

（1）单击"删除当前路径"按钮，弹出对话框，单击"是"按钮，可以删除当前路径。

（2）单击"路径调板菜单"按钮，选择"删除路径"或选中路径列表，按住鼠标不放拖到路径删除按钮，即可删除，或选中路径列表按 Delete 键。

5.1.5　选择人物图像

综合前面几章的内容，勾勒物体轮廓可以用多种方法，如魔棒工具、磁性套索工具、路径工具。不同的工具抠出的物体也就不一样，每个工具都有自己适用的地方。在这里作个对比。

1. 用魔棒工具选择图像

魔棒工具是最简单的抠图工具,它主要用于勾勒色彩及轮廓比较简单而且与底色有一定反差的图像,如图 5-11 所示。

图 5-11　魔棒工具抠图效果

2. 用磁性套索工具选择图像

磁性套索工具适合物体边缘与背景有色差的情况,反差越大,磁性套索工具抠图就越精确。与魔棒工具不同的是它只对物体边缘的色差有要求,如图 5-12 所示。

图 5-12　磁性套索工具抠图效果

3. 路径工具选择图像

当一些图形用魔棒和磁性套索不能完成时,应当想到路径工具,路径工具包括钢笔工具和自由钢笔工具,它适合勾勒轮廓和背景比较复杂的图像,如图 5-13 所示。

图 5-13　钢笔工具抠图效果

5.2 形状工具

Photoshop 不仅提供了路径工具，还可以绘制几何图形，可以利用它直接创建路径。另外还有形状工具，形状是利用路径来记录的，所以路径是形状的基础，但是路径和形状都是矢量图形。

5.2.1 图形的类型

1．矩形工具

使用矩形可以绘制出矩形、正方形等形状，并且可以设置矩形区域的大小，矩形工具选项栏如图 5-14 所示。

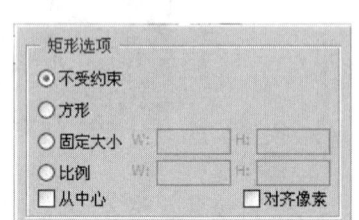

图 5-14　矩形工具选项栏

（1）不受约束：绘制图形的大小比例不受约束。

（2）方形：选中单选按钮绘制出的图形全是正方形。

（3）固定大小：规定绘制图形的大小。

（4）比例：约束图形的宽高比例。

（5）从中心：选中复选框，绘制图形时以单击的位置为中心向四周扩张，不是从左上角扩张。

（6）对齐像素：选中复选框，可将图形的边缘与像素边界自动对齐。

2．圆角矩形

圆角矩形与矩形工具的使用方法基本相同，不同在于圆角矩形多了一个"半径"编辑栏，用于设置圆角的程度，半径越大，圆角程度就越大，相反半径越小，圆角程度就越小。

3．椭圆工具

使用椭圆工具可以绘制出圆形、椭圆形和矩形工具的用法是一样的，只不过它绘制出来的是圆形。

4．多边形工具

多边形工具主要绘制多边形的图形或路径。多边形工具选项栏中的参数功能如下：

边：用来设置图形的边值。

半径：设置多边形的半径，用来固定大小。

平滑拐角：选中此复选框可以让图形的角变得圆滑一些。

星形：选中此复选框可以画出星形。

平滑缩进：此选项可以让图形的尖角变得更为平滑，看起来比较柔和。

5．直线工具

直线工具可以绘制直线线段形状。直线工具的参数功能如下：

粗细：用来设置线段的粗细。

起点：选中此复选框，可以在起点的位置画出箭头。

终点：选中此复选框，可以在结束的位置画出箭头。

宽度：用来设置箭头的宽度。

长度：用来设置箭头长度。

凹度：用来设置箭头的内凹程度。

5.2.2 利用形状工具绘制图形

利用形状工具可以绘制很多图形，这里通过例子进行说明，如做一个中国银行的标志。

（1）单击"文件"菜单下"新建"命令，建一个宽、高都是 500px，背景色为白色的空白的图像文件。

（2）按 Ctrl+R 组合键显示标尺，建立两条相交的参考线，如图 5-15 所示。

（3）单击工具箱中的"椭圆工具"按钮，在工具选项栏中选择"路径"按钮，在椭圆工具选项栏中选择"以中心和圆"以参考线交叉点为中心画正圆路径，如图 5-16 所示。

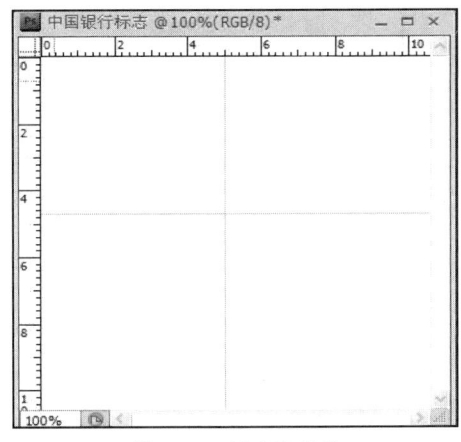
图 5-15　创建参考线

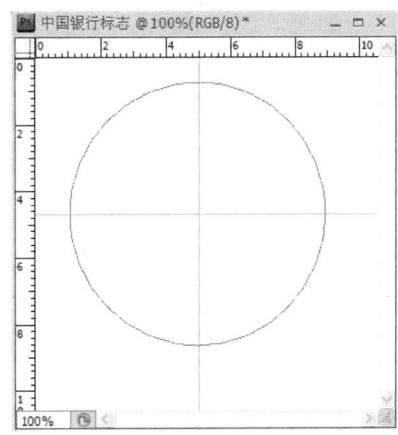
图 5-16　绘制圆形路径

（4）单击"路径选择工具"按钮，选中圆形的路径，在原位置复制一个圆路径。

（5）按 Ctrl+T 组合键出现变换框，按 Alt+Shift 组合键不放，缩小圆路径。按 Enter 键应用变换路径操作，如图 5-17 所示。

（6）单击工具箱中的"路径选择工具"按钮，选中这两个圆，选工具选项栏中的"重叠形状区域除外"，单击"组合"按钮合并成一个形状路径，如图 5-18 所示。

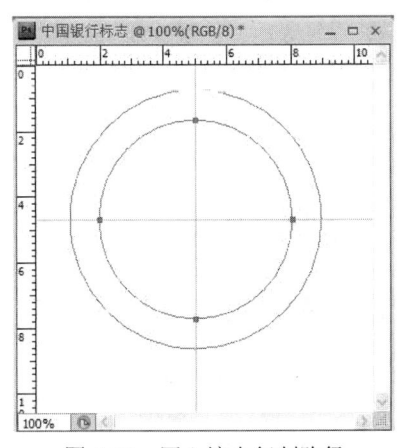
图 5-17　同心缩小复制路径

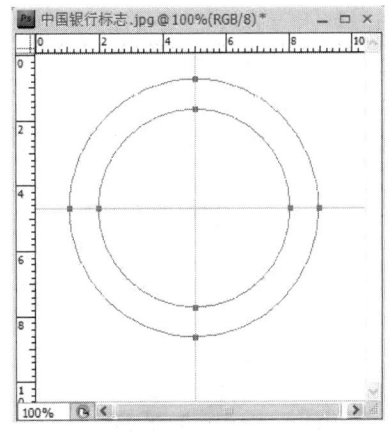
图 5-18　组合路径

（7）单击工具箱中的"圆角矩形工具"按钮，操作与画圆路径一样，如图 5-19 所示。

（8）单击工具箱中的"矩形工具"按钮，操作与画圆路径一样，如图 5-20 所示

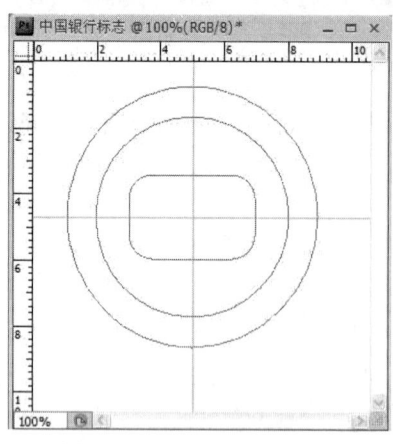
图 5-19 绘制圆角矩形路径

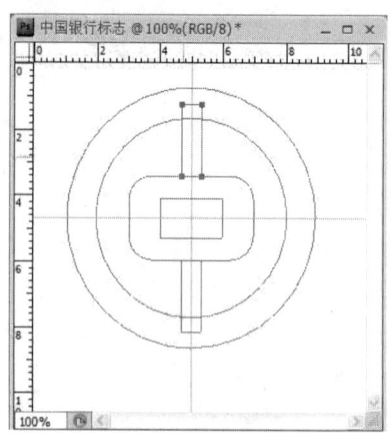
图 5-20 绘制矩形路径

（9）单击工具箱中的"路径选择工具"按钮，全部选中，单击工具选项栏中的"添加到形状区域"，单击"组合"按钮合并成一个形状路径，如图 5-21 所示。

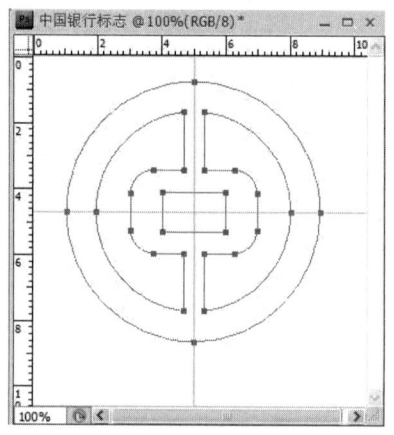
图 5-21 组合所有路径

（10）单击"路径"调板上的"将路径作为选区载入"按钮，将选区填充成红色，取消选区按 Ctrl+D 组合键，最后清除参考线完成，如图 5-22 所示。

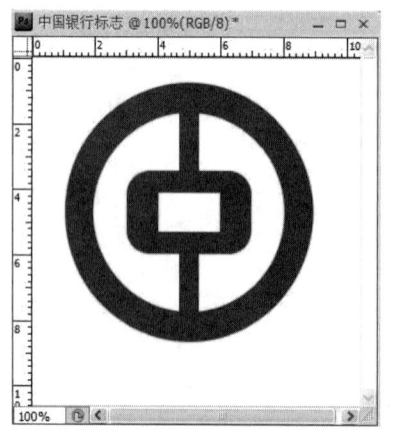

图 5-22 填充后的效果

5.2.3 定义形状图形

使用自定义形状工具可以绘制出各种预设的形状，还可以将绘制的形状定义为自定义形状，以便以后使用，节省时间。

（1）选择"文件"菜单下的"新建"命令，创建一个"宽度"和"高度"都为200像素的文件，其他设置如图5-23所示。

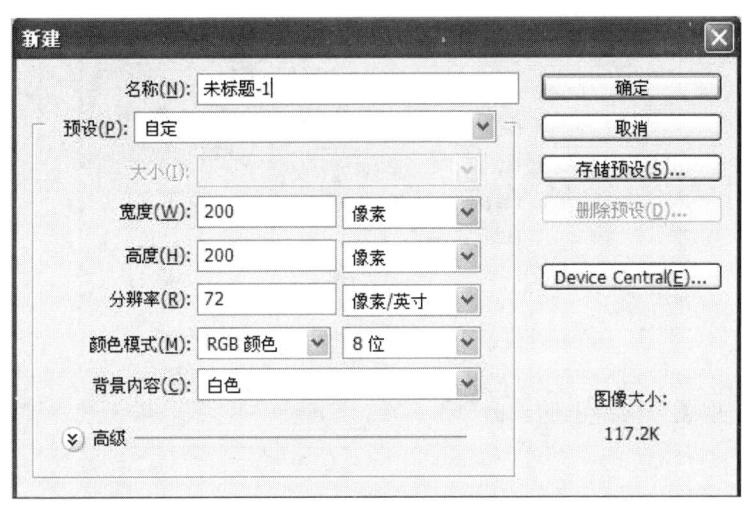

图 5-23 "新建"对话框

（2）选择"编辑"菜单下的"定义自定形状"命令，打开"形状名称"对话框。单击"确定"按钮，如图5-24所示。

图 5-24 "形状名称"对话框

（3）选择"自定义形状工具"命令，然后在选项栏中找到自定义的形状，直接应用，如图5-25所示。

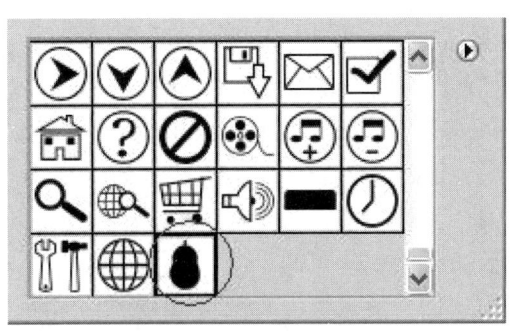

图 5-25 选择自定义形状

5.2.4 绘制闪闪的红星

（1）单击"文件"菜单下"新建"命令，新建一个宽、高都为 500px 的文件，背景色为白色，其他设置如图 5-26 所示。

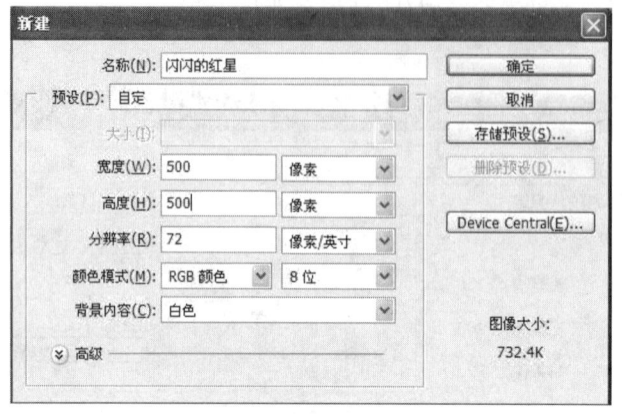

图 5-26　"新建"对话框

（2）单击"视图"菜单下的"标尺"命令，创建新参考线。参考线在背景的中心，如图 5-27 所示。

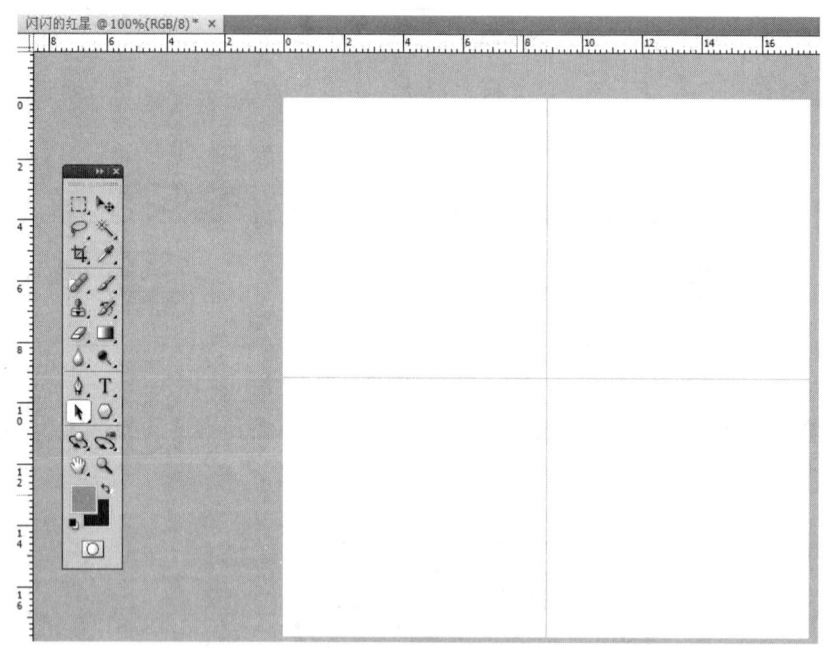

图 5-27　创建参考线

（3）选择"多边形工具"按钮，以参考线的交点为中心画出一个五角星，注意前景色不要设为白色，如图 5-28 所示。

（4）双击"路径"调板中的"形状矢量蒙版"，出现"存储路径"对话框，单击"确定"按钮，建立个新路径，如图 5-29 所示。

（5）选择"钢笔工具"按钮，绘制一个角的半径。其他设置如图 5-30 所示。

图 5-28 绘制星形

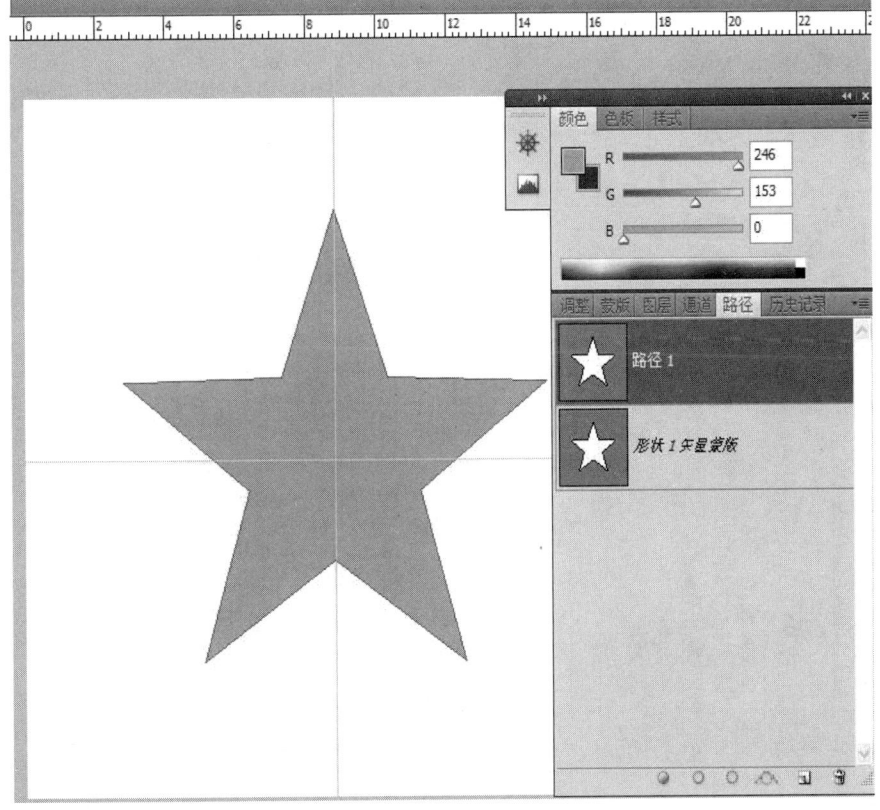

图 5-29 存储路径

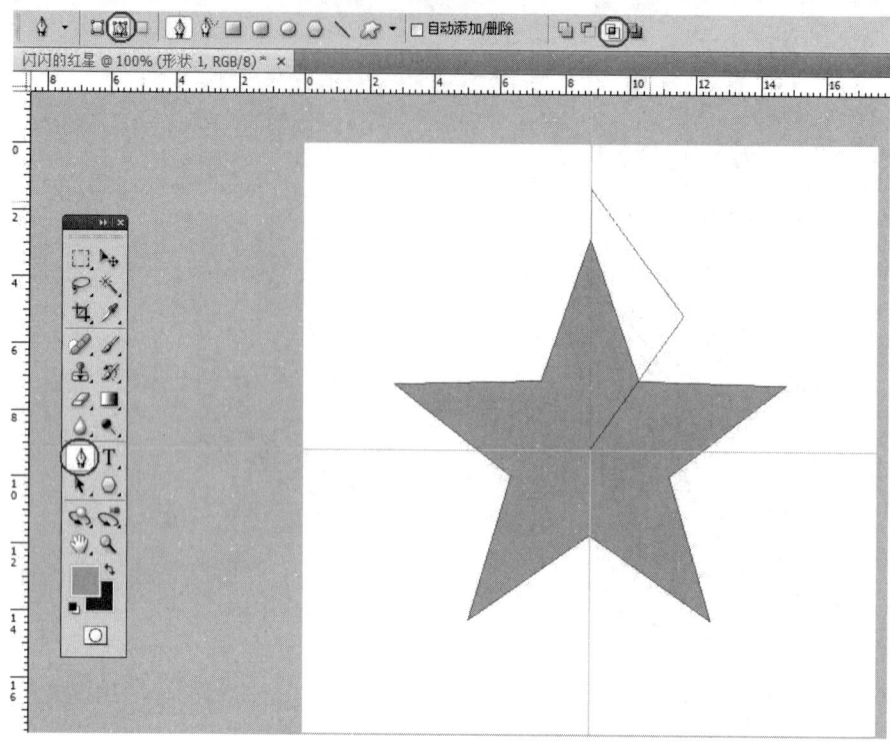

图 5-30 绘制角的半径

（6）单击"选择路径工具"按钮将图形选中，单击"组合"按钮，如图 5-31 所示。

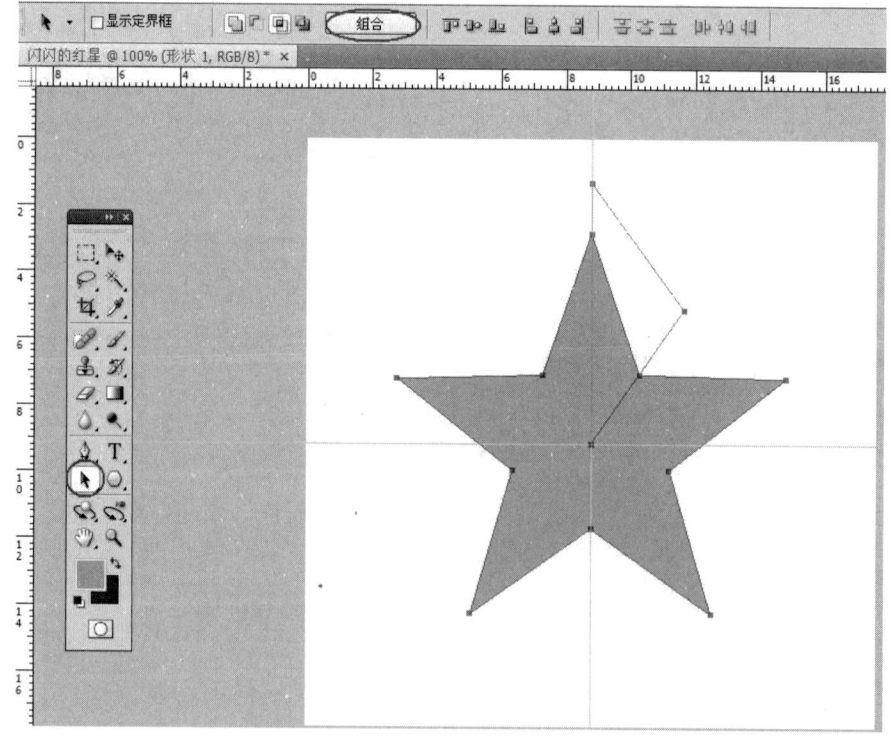

图 5-31 组合所有路径

（7）按 Ctrl+T 组合键进行自由变换，用移动工具将自由变换的中心旋转点移动到五角星的中心，设置旋转角度为 72，按 Enter 键取消自由变换，连续 4 次按 Shift+Ctrl+Alt+T 组合键，使其复制出 4 个角的半径，如图 5-32 所示。

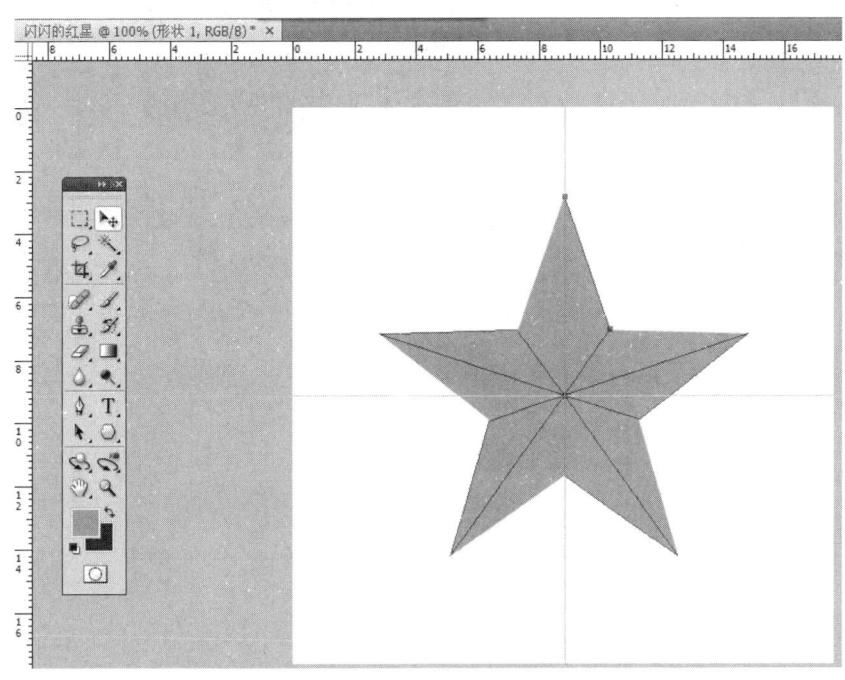

图 5-32　执行应用再制

（8）双击图层缩略图，弹出"颜色"对话框，选红色并单击"确定"按钮，如图 5-33 所示。

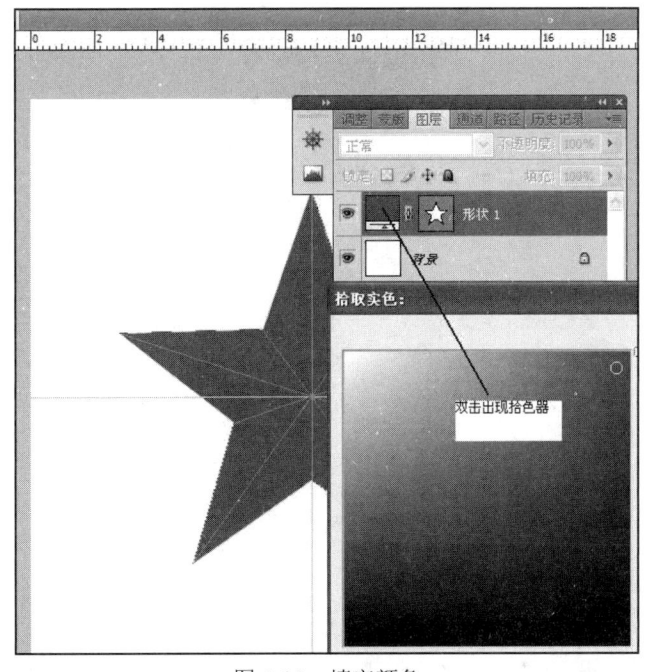

图 5-33　填充颜色

（9）双击颜色填充图层，弹出"颜色"对话框，选取金黄色并单击"确定"按钮，取消参考线，保存，如图 5-34 所示。

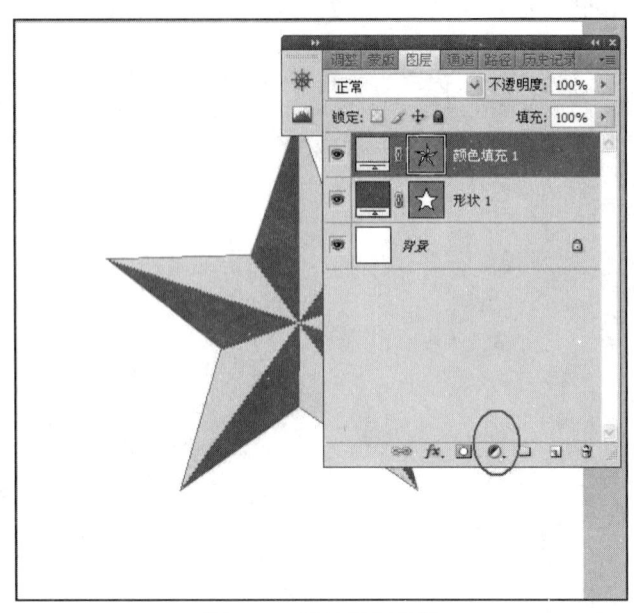

图 5-34　调整图层色调

（10）最后效果如图 5-35 所示。

图 5-35　最终效果

5.3　综合案例实训

1．绘制邮票

（1）新建一个宽、高都为 220px，背景色填充为任意颜色的图像文件。

（2）单击"文件"菜单下的"打开"命令，打开一个图像文件，将图片拖到刚新建的图像文件中并生成图层 1，如图 5-36 所示。

（3）在"图层"面板中，按住 Ctrl 键不放单击图层 1 将图层选中。然后单击"选择"菜单下"修改"中的"扩展"命令。设置扩展量为 15px，如图 5-37 所示。

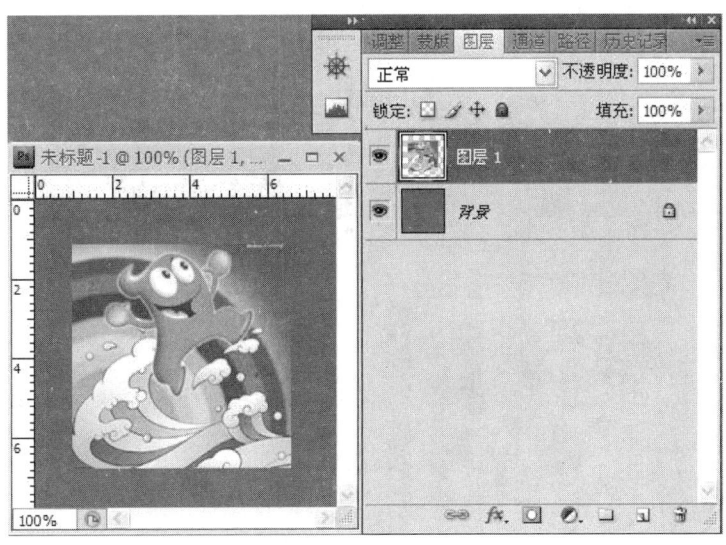

图 5-36 放置图片

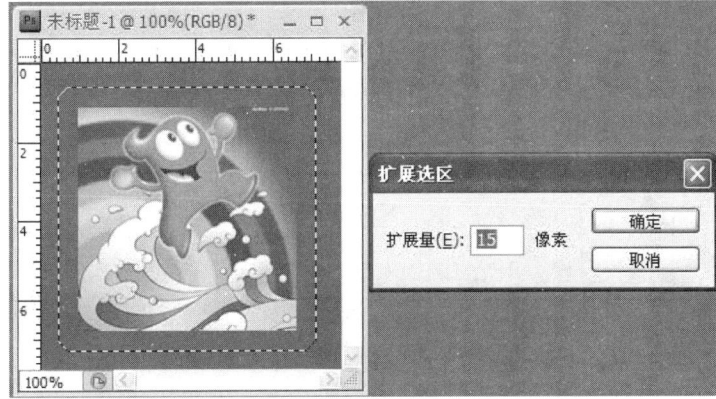

图 5-37 扩展图像选区

（4）选中图层 1，复制一个新图层并填充为白色，最后将两个图层合并，如图 5-38 所示。

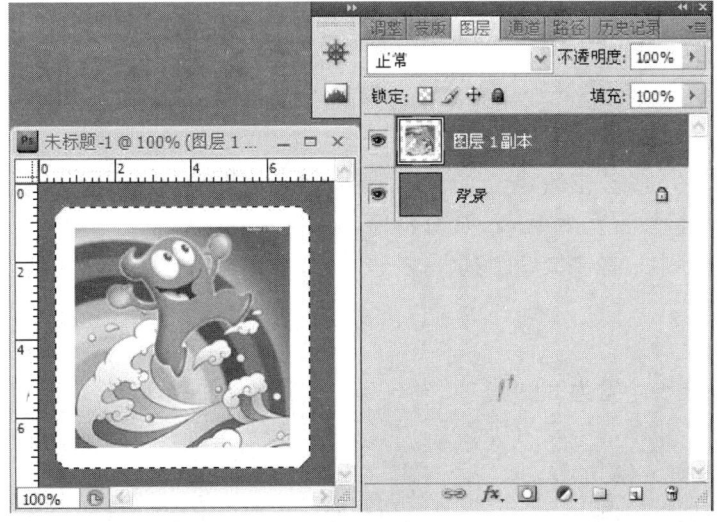

图 5-38 填充合并

（5）选择"路径"调板，单击"将选区转为路径"按钮，如图 5-39 所示。

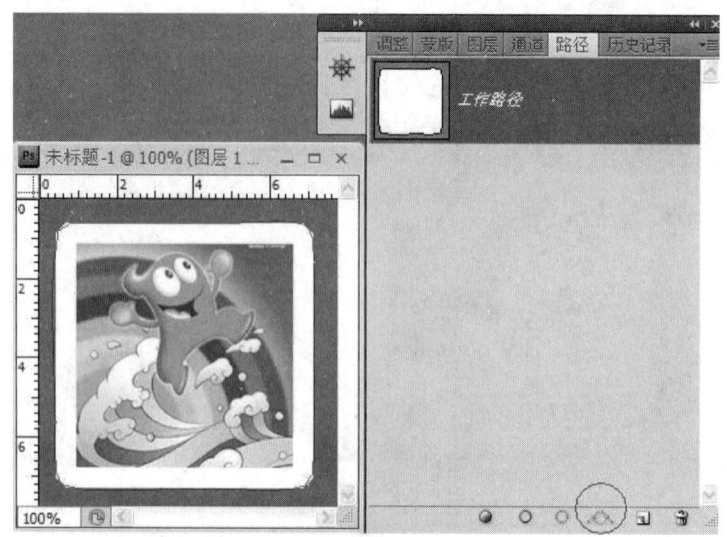

图 5-39　选区转为路径

（6）选择橡皮擦工具选项栏中的"背景橡皮擦工具"，属性设置如图 5-40 所示。

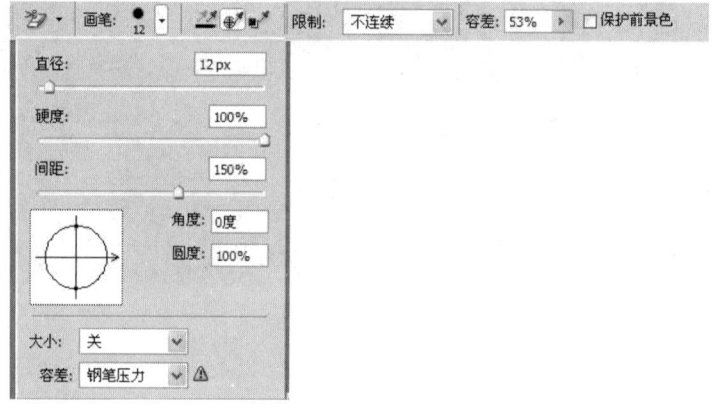

图 5-40　设置橡皮擦大小

（7）单击"路径"调板中"用画笔描边路径"按钮，完成邮票边的制作，按下 Shift 键不放，单击工作路径隐藏路径，如图 5-41 所示。

（8）在"图层"调板中新建一个图层，选择矩形选框将图片选中，然后选择"编辑"菜单下"描边"命令，设置宽为 1px，如图 5-42 所示。

（9）在工具箱中选择"文字工具"按钮，在邮票上输入相关文字，邮票制作完成，最后效果如图 5-43 所示。

2．绘制梅花卷轴图

（1）首先新建一个宽为 800px，高为 600px，背景为白色的文件，新建一个图层。

（2）绘制一个矩形，填充为淡蓝色，再复制一个等比缩小的矩形，进行描边，颜色为白色，宽为 6px，如图 5-44 所示。

（3）新建图层，绘制一个矩形，填充为渐变（黑白黑），作为画轴的轴。

第 5 章　绘制路径与矢量图形

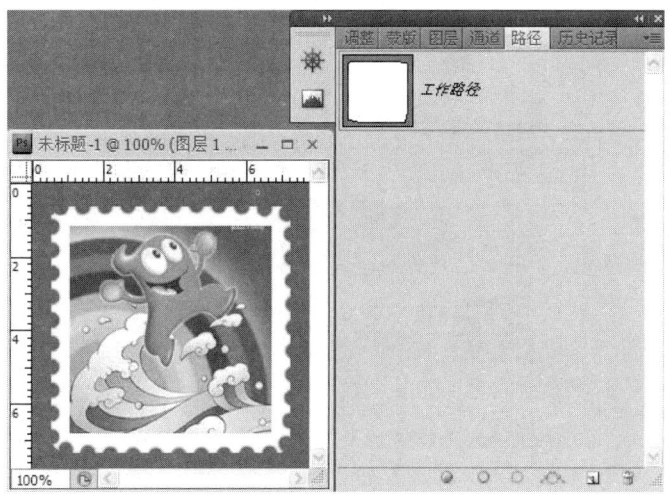

图 5-41　画笔描边路径

图 5-42　选中图像描边

图 5-43　最终效果

（4）新建图层，再绘制一个矩形，填充为渐变（蓝白蓝），作为画轴卷起部分，如图 5-45 所示。

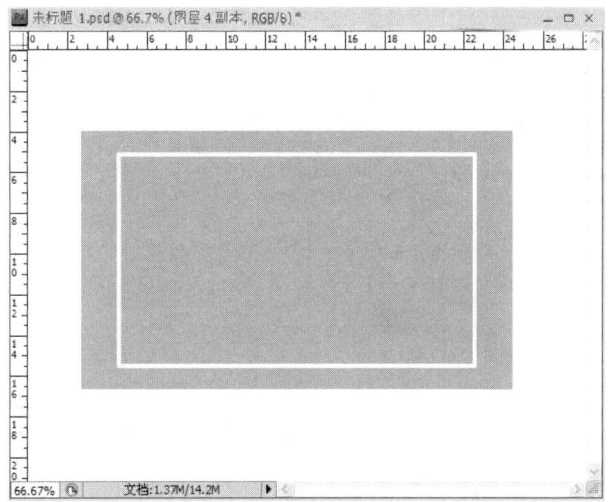

图 5-44　描边后效果

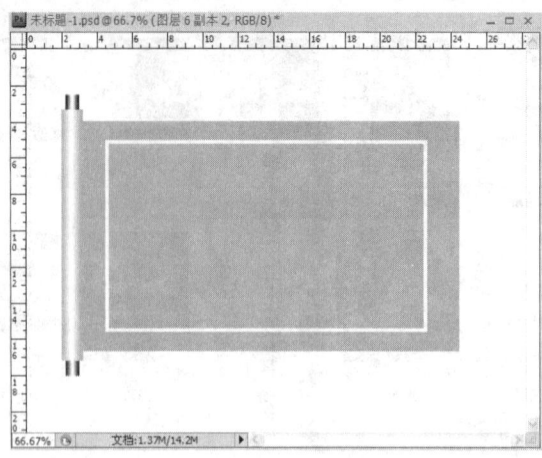

图 5-45 绘制画轴

(5) 合并第(3)、(4)步，再复制一个，向右移到合适位置，如图 5-46 所示。

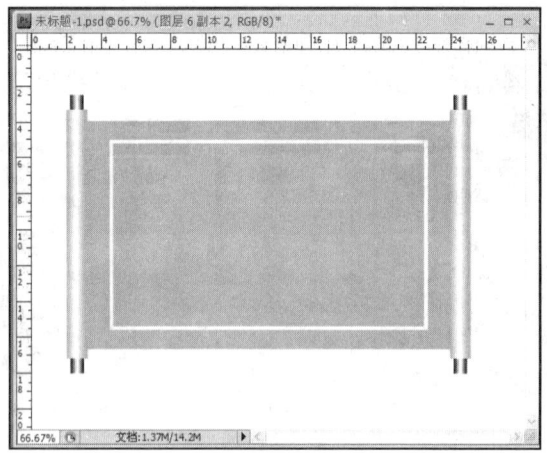

图 5-46 移动后效果

(6) 新建图层，用画笔绘制树干，画笔颜色为黑色，如图 5-47 所示。

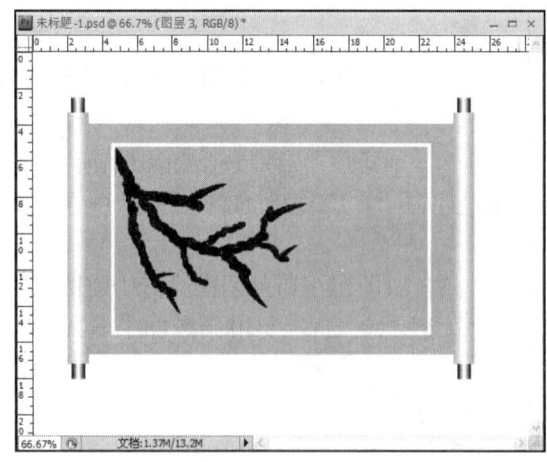

图 5-47 绘制树干

(7) 新建图层，绘制一个正五边形路径，在每条边的中心位置各添加一个锚点，用直接选择工具对其进行变形，使其成梅花样式。

（8）将其转为选区，填充为渐变，复制多个并调整大小放到合适位置，如图 5-48 所示。

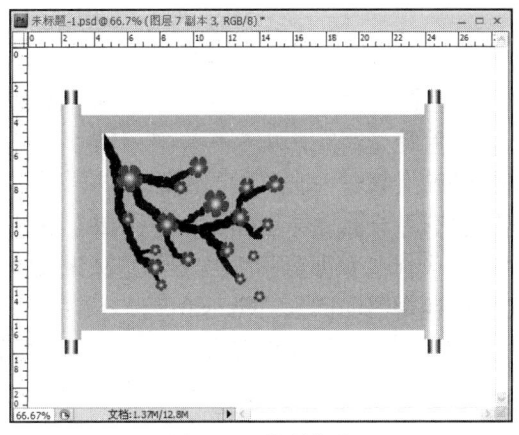

图 5-48　绘制梅花

（9）新建图层，绘制一个合适的矩形，填充为白色，选择"窗口"菜单下"动作"命令，新建一动作（自定义动作效果），命令为"暴风雪"，打开"动作"调板，选择"暴风雪"效果，单击"播放"按钮，自动出现新图层，如图 5-49 所示。

（10）删除上一步手动创建的图层，如图 5-50 所示。

 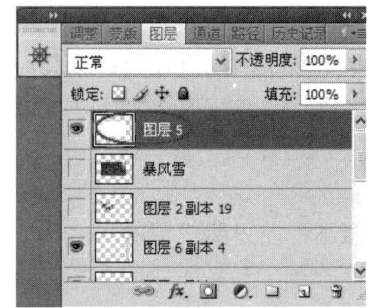

图 5-49　执行暴风雪　　　　　　　　图 5-50　删除选中图层

（11）添加文字，制作完成，如图 5-51 所示。

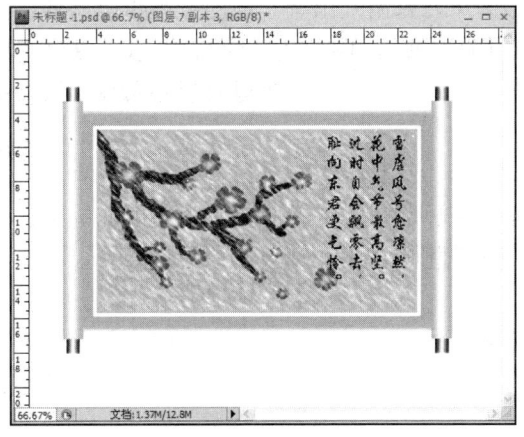

图 5-51　最终效果

习题与实训

一、单项选择题

1．"路径"调板的路径名称（　　）用斜体字表示。
   A．当路径是"工作路径"的时候　　B．当路径被存储以后
   C．当路径断开，未连接的情况下　　D．当路径是剪贴路径的时候
2．能够将"路径"调板中的工作路径转换为选区的快捷键是（　　）。
   A．Ctrl+Enter　　B．Ctrl+E　　C．Ctrl+T　　D．Ctrl+V
3．将图像中的浮动选区转换为路径时，"建立工作路径"对话框中的（　　）参数值越大，生成的路径变形程度也越大。
   A．平滑度　　B．容差　　C．半径　　D．压力
4．Photoshop 中要暂时隐藏路径在图像中的形状，执行（　　）。
   A．在"路径"调板中单击当前路径栏左侧的眼睛图标
   B．在"路径"调板中按 Ctrl 键单击当前路径栏
   C．在"路径"调板中按 Alt 键单击当前路径栏
   D．单击"路径"调板中的空白区域
5．Photoshop 中在"路径"调板中单击"从选区建立工作路径"按钮，即创建一条与选区相同形状的路径，利用直接选择工具对路径进行编辑，路径区域中的图像的变化是（　　）。
   A．随着路径的编辑而发生相应的变化　　B．没有变化
   C．位置不变，形状改变　　D．形状不变，位置改变

二、操作实训题

利用适当的工具做出如图 5-52 所示的效果。
操作提示：

1．打开 panda.jpg，并调整其分辨率为 400×609，将其命名为图层 0。
2．用滤镜中的木刻效果处理图片。
3．新建一个宽 4cm、高 5.6cm 的图层 1，置于图层 0 下，将其填充为白色，然后将两层合并。利用选框工具制作锯齿，并给此层添加阴影效果。
4．新建一个宽 6cm、高 8cm 的图层作为背景，并填充 b0b0b0 的灰色。
5．添加"80 分"和"中国邮政"的字样。

图 5-52　熊猫邮票效果

第 6 章　图层、蒙版与通道的应用

图层、通道和蒙版是 Photoshop 处理图像的三个高级编辑功能，也是 Photoshop 生成众多特殊效果的基础。图层是影像合成的最基础功能，通道以单色信息形式显示该颜色在图像中的分布状况，蒙版是一种来自摄影领域的技术。在 Photoshop 中，蒙版是一种高级选择功能，它能够方便地选择图像中一部分进行描绘和编辑操作，而使图像的其他部分不受影响。

通过学习本章内容，可以使用户了解图层、通道和蒙版的基本概念、基本特性及基本操作，对图层、通道与蒙版的概念有一个清晰的认识，轻松掌握图层、通道与蒙版的操作方法与技巧，完美地展现艺术才华，使创意设计的平面作品跨越更高的境界。

1. 图层、通道与蒙版的基本概念。
2. 图层、通道与蒙版的基本操作方法。
3. Photoshop CS4 利用图层、通道与蒙版技术实现的特殊效果。

6.1　图层概述

图层是 Photoshop 的核心功能之一，在处理图像的过程中，几乎每一幅图像都要用到图层。每一个学习 Photoshop 的读者在正式开始学习使用 Photoshop CS4 绘制和处理图像之前，都应该首先学会并掌握图层的使用方法。

深刻理解图层，对于利用 Photoshop 制作和处理图像是非常关键的。

6.1.1　图层概念与基本特性

Photoshop 的图层就如同堆叠在一起的透明纸，图像不同部分被分别放在不同的图层上，通过图层的透明区域可以看到下面的图层内容。如图 6-1 所示。

在合并图层之前，图像中每个图层都是相互独立的，在对其中某一个图层中的元素进行绘制、编辑、粘贴和重新定位等操作时，不会影响其他图层。各个图层还可以通过一定的模式混合在一起，从而得到千变万化的效果。

但是，由于图层是以层叠方式堆放的，所以当在图层中填入颜色或绘制图形后，上层的图像就会遮盖住它下面层中的图像，如果用橡皮擦工具将该图层图像擦除，则又会显露出下面图层的内容。如图 6-2 所示。

图 6-1　图层　　　　　　　　　　　　　　图 6-2　擦除一个图层

Photoshop 中的图层具有以下几个基本特性。

1. 编辑特性

使用绘画工具如画笔工具、涂抹工具、加深和减淡等工具时，只能编辑当前选定的一个图层，而滤镜也只能用在当前图层上。在进行移动、缩放和旋转等变换操作时，则可以同时对所选定的图层进行处理。

2. 透明度与混合特性

图层是堆叠在一起的，透过上面图层的透明部分可以看到下面图层的内容。通过调整"图层"调板中"不透明度"输入框中的数值可以控制当前图层的不透明度，数值越小则当前图层越透明。

3. 共同属性

同一图像中的所有图层都具有相同分辨率、相同的通道数量和同一图像模式（RGB、CMYK 或其他模式）。

6.1.2　图层与选区的关系

图层与选取的关系是一致的，选区只选中当前图层中的内容。如图 6-3 所示，当前选中的图层是图层 2，当移动选区时，并非移动图层 3 中的字体，而是图层 2 的一部分。如想移动字体，就要选中图层 3，再移动选区。

图 6-3　图层与选区的关系

6.1.3 "图层"调板

要使用图层,首先要了解"图层"调板和菜单。

如果"图层"调板在 Photoshop CS4 中没有显示,可以选择"窗口"/"图层"命令来显示"图层"调板。"图层"调板如图 6-4 所示。

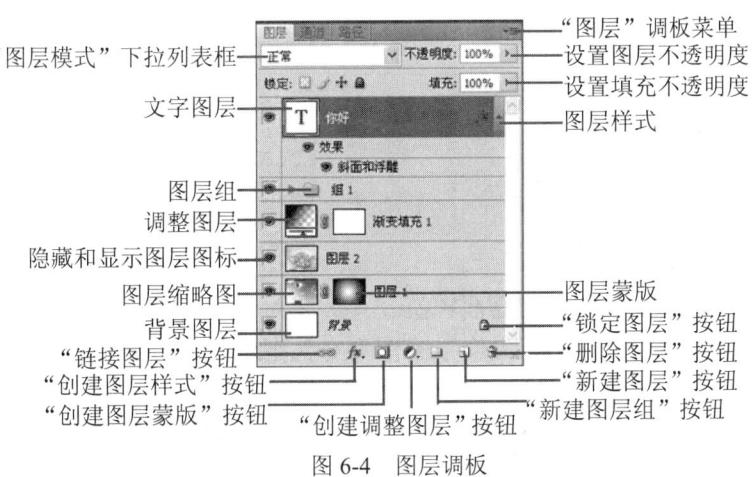

图 6-4 图层调板

1. "图层"调板的组成

（1）"图层模式"下拉列表框：在此下拉列表框中可以选择不同的混合模式,来决定这一图层的图像与其他图层混合在一起的效果。

（2）"不透明度"设置框：用于设置图层总体的不透明度。当切换作用图层时,不透明度显示也会随之切换为当前作用图层的设置值。

（3）"填充不透明度"设置框：用于设置的图层内部的不透明度。

（4）"图层缩略图"：显示当前图层中图像的缩略图,通过它可以迅速辨识每一个图层。

（5）"隐藏和显示图层图标"：用于显示或隐藏图层。单击此图标可以切换图层显示或隐藏状态。

（6）"锁定图层"按钮：按下 按钮,可以锁定图层中的透明像素；按下 按钮可以锁定图层中的图像像素；按下 按钮可以锁定图层的位置；按下 按钮可以锁定前面的所有内容。锁定图层后,在图层的后面会显示一个锁状的锁定图标。

（7）"新建图层"按钮：单击此按钮可以建立一个新图层。

（8）"新建图层组"按钮：单击此按钮可以创建一个新图层组。

（9）"删除图层"按钮：单击此按钮可以将当前所选图层删除,或者拖动图层到该按钮上也可以删除图层。

（10）"链接图层"按钮：单击此按钮可以链接两个或多个图层,链接后所有作用图层可以同时进行移动、旋转和变换等操作。

（11）"创建图层蒙版"按钮：单击此按钮可以为当前所选图层创建一个图层蒙版。

（12）"创建图层样式"按钮：单击此按钮可以打开一个下拉列表框,从中选择一种图层样式以应用于当前所选图层。

（13）"创建调整图层"按钮：单击此按钮可以打开一个下拉列表框,从中创建一个调整图层。

2. 图层菜单

对图层操作时，一些常用的控制命令，如新建、复制和删除图层等可以通过"图层"调板菜单中的命令来完成，这样可以大大提高工作效率，"图层"调板菜单如图 6-5 所示。

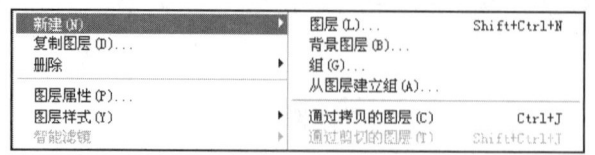

图 6-5 "图层"菜单

6.1.4 图层类型

普通图层：普通图层是最基本的图层类型，它相当于一张透明的图纸。

背景图层：背景图层始终在"图层"调板的最底层。背景图层无法与其他层交换堆叠次序，但背景图层可以与普通图层相互转换。

文字图层：使用文字工具在图像中创建文字后，Photoshop 将自动新建一个文字图层。用于输入和编辑文本。

调整图层：调整图层可以调节其下所有图层中图像的色调、亮度和饱和度等。

形状图层：使用形状图层绘制矢量图形时自动生成的图层。

蒙版图层：单击按钮创建的图层，可以对当前图层添加蒙版，用来编辑图像。

样式图层：单击 fx 按钮创建的图层，可以单独对其下方的图层执行图像调整命令。

6.2 图层操作

现实生活中的图像是全部处于一个层面上，不能对其一部分单独操作，图层概念的引入改变了这种状况，可以就其一部分单独进行操作，下面介绍图层的新建。

6.2.1 新建图层

在 Photoshop 中图层的类型有很多，新建的图层一般都是普通图层，普通图层都是透明的，可以在上面绘制图形和处理图像，并设置不同的混合模式或不透明度，制作不同效果的作品。新建普通图层的方法有以下 3 种：

方法一：单击菜单栏"图层"/"新建"/"图层"命令，如图 6-5 所示。单击后弹出如图 6-6 所示的"新建图层"对话框，在上面设置好所需要的参数后，单击"确定"按钮即可创建一个新的图层。

方法二：在"图层"调板中单击"图层菜单"按钮，选择"新建图层"命令，如图 6-7 所示。单击后弹出如图 6-6 所示的"新建图层"对话框，设置好参数，单击"确定"按钮，即可创建一个新图层。

方法三：在"图层"调板中单击"新建图层"按钮将直接在当前图层的上方创建一个新图层。这是新建图层最简单、最常用的方法（按住 Alt 键单击按钮，将弹出如图 6-6 所示的"新建图层"对话框,可设置其参数)。

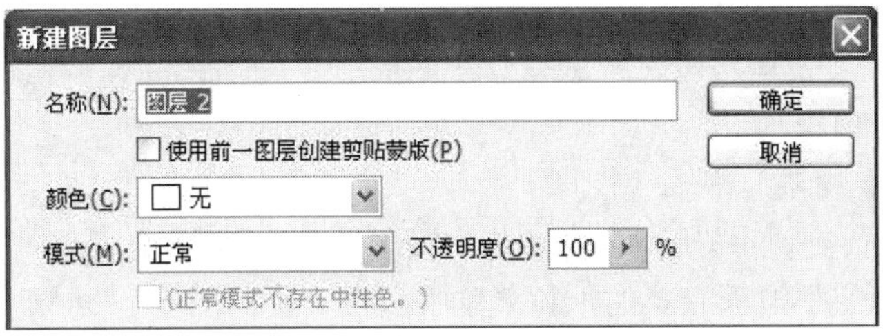

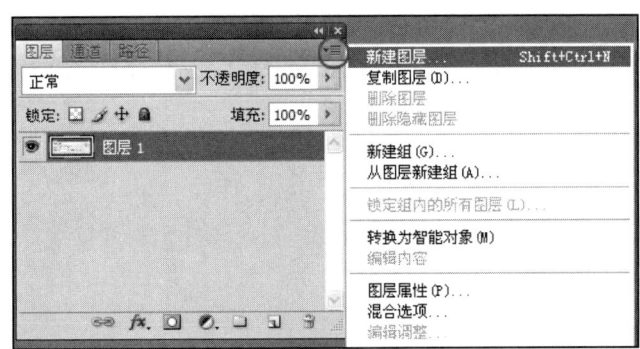

图 6-6 "新建图层"对话框

当然,也可以新建一些其他类型的图层。

在菜单栏"图层"的下拉菜单中

- 选择"新建"/"背景图层"命令,建立一个背景图层。
- 选择"新建"/"通过复制的图层"命令,新建一个通过复制的图层。
- 选择"新建填充图层"命令,建立一个填充图层。
- 选择"新建调整图层"命令,建立一个调整图层。

创建不同类型的新图层的方法有很多,在此就不一一列举。更多的是需要大家注意观察,多摸索,才能找到更好更适合自己的方法。

图 6-7 图层菜单

6.2.2 删除图层

同新建普通图层一样,删除图层的方法有很多。可以在菜单栏"图层"的下拉菜单中选择"删除"/"图层"命令;在"图层"调板菜单的下拉菜单中选择"删除图层"命令;还可以在当前图层上右击,选择"删除图层"命令。以上三种方法都会弹出如图 6-8 所示的对话框,单击"是"按钮即可。还有一种是直接在"图层"调板上,鼠标单击要删除的图层不放,把它拖到"图层"调板右下角的删除图层按钮 上,即可直接删除选中的图层(此时也会弹出图 6-8 所示的对话框)。

图 6-8 确认删除对话框

6.2.3 复制图层

有时为了方便或因为某些需要，需要复制图层。复制图层分在图像内复制图层和两个文件之间复制图层两种情况。

1. 在图像内复制图层

方法一：单击需要复制的图层，在菜单栏"图层"的下拉菜单中选择"复制图层"命令。

方法二：在"图层"调板菜单的下拉菜单中选择"复制图层"命令。

方法三：右击需要复制的图层，选择"复制图层"命令。

以上三种单击"复制图层…"命令后，弹出如图6-9所示的对话框，设置好参数，单击"确定"按钮即可创建一个图层副本。

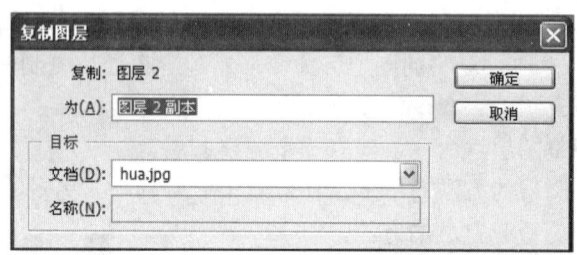

图 6-9　复制图层对话框

方法四：单击需要复制的图层后不放，拖到"新建图层"按钮 上，即可创建一个图层副本。

2. 文件之间复制图层

鼠标单击文件一需要复制的图层后不放，拖到文件二上即可。需要提醒的是复制的图层将被复制到文件二中当前图层上。为了使用方便，要在文件中新建一个新的图层，并选为当前图层，再复制图层。

6.2.4 合并图层

合并图层，可以减少图像文件中图层的数目，减少文件所占用的磁盘空间，提高操作速度。选择"图层"菜单或"图层"调板中的"向下合并"或"合并可见图层"或"拼合图像"命令，如图6-10（a），即可合并相应的图层。各命令的功能及含义如下：

向下合并：将当前图层合并到其下的图层中，其他图层保持不变。使用此命令合并图层时，需将当前图层的下一图层设为可见状态。如果在"图层"调板中选择多个图层时，"向下合并"菜单命令将变为"合并图层"命令，如图6-10（b）所示，此时可将所选图层合并为一个图层。如果当前图层的下一图层为文本图层或填充调整图层，不能使用"合并图层"命令，如图6-10（c）所示。

向下合并	合并图层	合并图层
合并可见图层	合并可见图层	合并可见图层
拼合图像	拼合图像	拼合图像
(a) 选择一个图层	(b) 选择多个图层	(c) 选择背景图层

图 6-10　合并图层命令

合并可见图层：将图像中所有显示的图层合并，而隐藏的图层则保持不变。

拼合图像：将图像中所有显示的图层拼合到背景图层中，如果图像中没有背景图层，则将自动把拼合后的图层作为背景图层。如果图像中含有隐藏的图层，将在拼合的过程中丢弃隐藏的图层。在丢弃隐藏的图层时，Photoshop CS4 会弹出如图 6-11 所示的提示对话框，提示用户是否确实要丢弃隐藏的图层。

图 6-11　确认扔掉隐藏图层对话框

6.2.5　重命名图层

当图像中的图层过多时，为了便于记忆和管理，可以对图层进行重命名。更改图层名称可以在"图层"调板中选择要重命名的图层，双击默认名称直接更改为新的名称，也可以右击该图层，在弹出的快捷菜单中执行"图层属性"命令，在弹出的如图 6-12 所示的对话框中，"名称"一栏中输入新的图层名称。

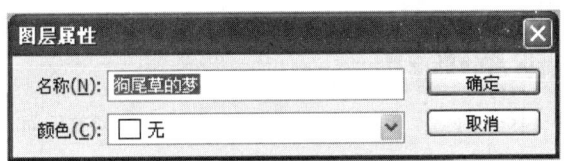

图 6-12　"图层属性"对话框

6.2.6　锁定/解锁图层

1．锁定图层

锁定图层是为了防止失误操作，出现编辑错误。Photoshop 提供了 4 种锁定图层的方式。通过"图层"调板中的 锁定： 4 个按钮来实现。具体如下：

锁定透明像素按钮 ：单击该按钮，保证编辑过程中像素的面积不变。

锁定图像像素按钮 ：单击该按钮，可以锁定图像像素，使图像像素不被修改。

锁定图层位置按钮 ：单击该按钮，锁定图层的位置，该图层就无法移动了。

全部锁定按钮 ：单击该按钮，这个图层将无法复制，也无法移动，全部被锁定。

2．解锁图层

单击任一锁定按钮后，需要解锁时，再次单击该按钮，该项锁定即可被解除。

6.2.7　图层的对齐与分布

1．对齐图层

出于制作的需要，经常要将一些图层排列在同一水平或垂直线上，对齐图层就是一个很好的工具。

对齐图层的前提是要选中或链接两个或两个以上的图层。首先介绍如何选中或链接两个或两个以上的图层。

（1）选中两个或两个以上的图层。

方法一：按住 Shift 键的同时选择图层，可以选中连续的图层。

方法二：按住 Ctrl 键的同时单击需要选中的图层即可。

（2）链接两个或两个以上的图层。

首先选中需要链接的图层，单击"图层"调板下面的"链接图层"按钮。还可以在"图层"调板菜单或菜单栏中的"图层"命令中单击"键接图层"命令，或直接右击选中的图层选择"链接图层"命令。这些都可以实现图层的链接。

选择或链接好图层后即可对图层进行"对齐"操作。可选择在菜单栏"图层"的下拉菜单中选择"对齐"命令，如图 6-13 所示。或选择移动工具后在移动工具选项栏中单击对齐方式所对应的按钮如图 6-14。特别提醒的是如果图层处于隐藏状态是无法参与对齐的。

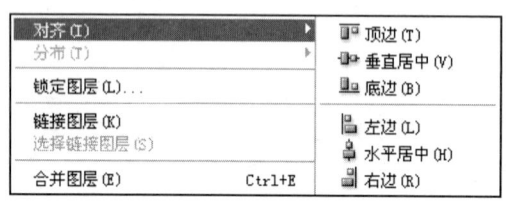

图 6-13　对齐菜单

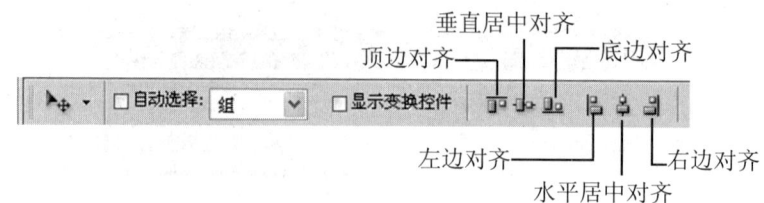

图 6-14　对齐按钮

对齐的方式有如下 6 种，下面对它们的功能含义做一一介绍。

顶边对齐：将选定图层上的顶端像素与所有选定图层最顶端的像素对齐，或与选区边框的顶边对齐。

垂直居中对齐：将选定图层上的垂直中心像素与所有选定图层的垂直中心像素对齐，或与选取的垂直中心对齐。

底边对齐：将选定图层上的底端像素与所有选定图层最底端的像素对齐，或与选区的底边对齐。

左边对齐：将选定图层上的左端像素与所有选定图层左端图层的左端像素对齐，或与选区边框的左边对齐。

水平居中对齐：将选定图层上的水平中心像素与所有选定图层上的水平中心像素对齐，或与选区的水平中心对齐。

右边对齐：将选定图层上的右端像素与所有选定图层的最右端像素对齐，或与选区边框的右边对齐。

6 种对齐方式效果图如图 6-15 所示。

注意：如果使用的是链接图层后对齐，则可选择链接图层中的一个图层作为标准图层，此时各种对齐方式都与标准图层内容的相应位置对齐。如果使用的是选择图层后对齐，且选择的图层中有背景图层，其他图层的内容将以背景图层为准对齐。

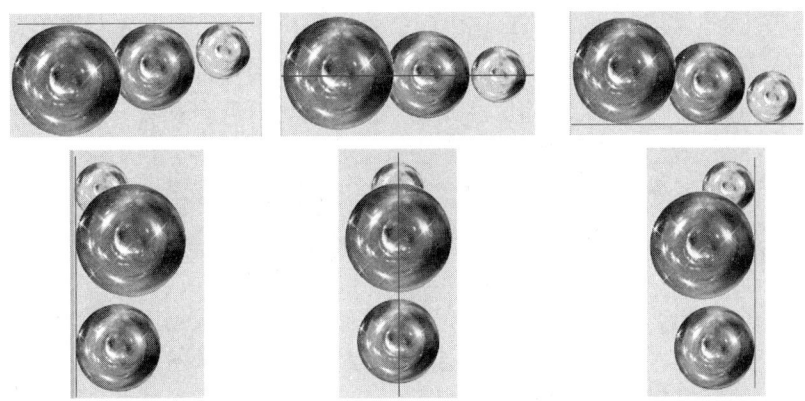

图 6-15　6 种对齐方式

如果需要将一个或多个图层的内容按自己指定的位置对齐。就可以建立一个选区，然后再按步骤对齐图层。此时，"图层菜单"中的对齐命令会自动变为将图层与选区对齐命令。

如图 6-16（左）所示，首先在任意一个图层上建立一个选区，然后选择"图层"/"将图层与选区对齐"/"左边"菜单命令，即可得到如图 6-16（右）所示效果。

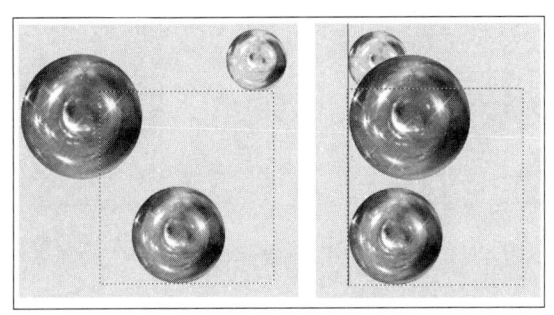

图 6-16　对齐

2．分布图层

同对齐图层的功能类似，有时需要调整多个图层之间的间距，这就需要用到分布图层。分布图层也需要链接图层或选择图层，与对齐图层不同的是分布图层需要选择 3 个或 3 个以上的图层且不能选择背景图层，之后操作与对齐图层类似，在此不多做解释。需要说明的是分布图层按钮的作用，如图所示 6-17 是分布图层的一些按钮及其功能。下面对它们的功能含义进行介绍。

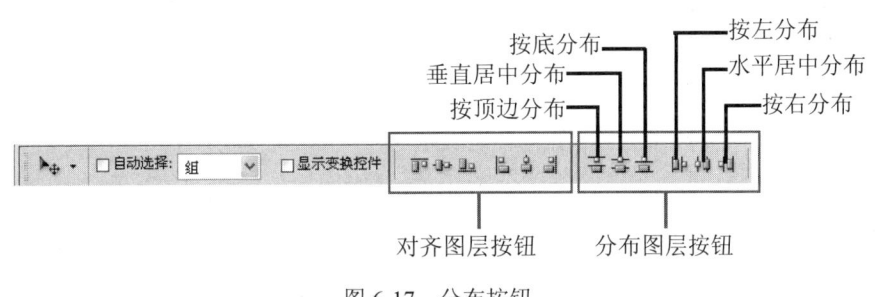

图 6-17　分布按钮

按顶边分布：从每个图层的顶端像素开始，间隔均匀地分布图层。

垂直居中分布：从每个图层的垂直中心像素开始，间隔均匀地分布图层。
按底边分布：从每个图层的底端像素开始，间隔均匀地分布图层。
按左分布：从每个图层的左端像素开始，间隔均匀地分布图层。
水平居中分布：从每个图层的水平中心开始，间隔均匀地分布图层。
按右分布：从每个图层的右端像素开始，间隔均匀地分布图层。

6.2.8 调整图层的叠放顺序

前面说过，图层是以层叠方式堆放的，先创建的在下面，后创建的在上面。而上一层的图像会遮盖住它下面层中的图像，所以图层的排放位置将会影响图像显示的真实效果。那么，如何来调整图层的排放位置呢？

方法一：在"图层"调板中，选中所要移动的图层，按下左键不放，拖动图层至合适的位置，松开鼠标，即可完成图层的移动，如图 6-18 所示。

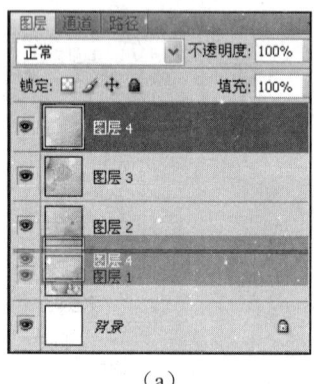

图 6-18　移动图层

方法二：选中需要移动的图层，选择"图层"/"排列"子菜单中的相应命令来调整图层的顺序，如图 6-19 所示。其中，各命令的含义如下：

图 6-19　调整图层顺序菜单

置为顶层：该命令可以将当前图层移至顶层。
前移一层：该命令可以将当前图层在图层序列中上移一层。
后移一层：该命令可以将当前图层在图层序列中下移一层。
置为底层：该命令可以将当前图层移至底层。
反向：该命令可以将所选中的图层按倒序重新排列。

6.2.9 创建与编辑图层组

如果图像中有很多的图层，为了方便管理，可以对图层进行分组。一个图层组中可以放置多个图层，其作用就相当于操作系统中的文件夹。

1. 新建图层组

（1）新建空白图层组的方法有以下三种。

方法一：单击"图层"调板下方的"新建图层组"按钮，将直接在当前图层的上方新建一个空白图层组。新建的图层组自动以"组1"、"组2"、……命名，如图6-20。

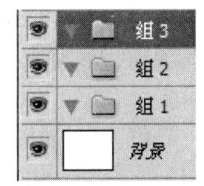

图 6-20　快速创建组

方法二：打开"图层"调板菜单，选择"新建组"命令，弹出"新建组"对话框，如图6-21所示。在对话框中设置图层组的名称、颜色、模式和不透明度等，单击"确定"按钮，即可创建一个空白图层组。

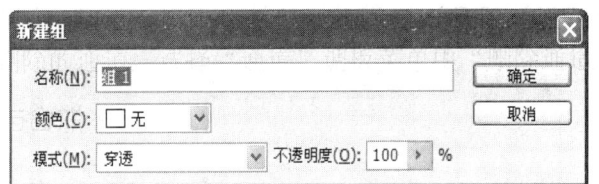

图 6-21　"新建组"对话框

方法三：选择"图层"/"新建"/"组"命令，弹出"新建组"对话框。在对话框中设置图层组的名称、颜色、模式和不透明度等，单击"确定"按钮即可。

（2）在选择的图层上建立组。

方法一：在"图层"调板中选择需要放在同一个图层组中的图层，如图6-22（a）所示，将其拖动到"新建图层组"按钮上，可以创建一个新的图层组，该图层组中包含之前选择的图层，如图6-22（b）所示。

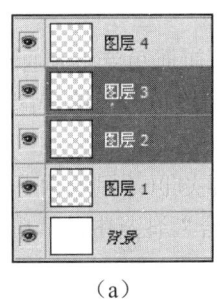　　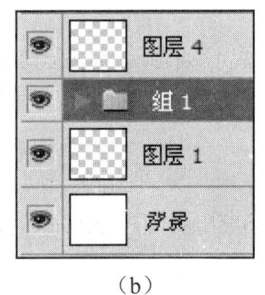

　　（a）　　　　　　　　（b）

图 6-22　在选择的图层上建立组

方法二：在"图层"调板中选择需要放在同一个图层组中的图层，打开"图层"调板菜单，选择"从图层新建组"命令，弹出"新建组"对话框。在对话框中设置图层组的名称、颜色、模式和不透明度等，单击"确定"按钮即可。

方法三：在"图层"调板中选择需要放在同一个图层组中的图层，选择"图层"/"新建"/"从图层建立组"命令，弹出"新建组"对话框。在对话框中设置图层组的名称、颜色、模式和不透明度等，单击"确定"按钮即可。

方法四：在"图层"调板中选择需要放在同一个图层组中的图层，选择"图层"/"图层编组"命令，即可创建一个新的图层组，该图层组中包含之前选择的图层，新建的图层组自动以"组1"、"组2"、……命名。

单击图层组左侧的展开图层组按钮，可以将此图层组的所有图层展开，可以看见图层组中的图层都向右移动了一些。单击关闭图层组按钮，可以重新隐藏图层组中的图层。

2. 编辑图层组

（1）加入和移出图层组。将图层加入图层组的方法是：拖动想要移动到图层组内的图层到图层组名称上，当图层以高亮颜色显示时，松开鼠标，该图层即被添加到图层组中，并且显示在最底层。如图层组为展开状态，可以将图层拖动到图层组中的任一位置。

将图层移出图层组，只需将图层拖动到图层组外的任一位置即可。

（2）复制图层组。复制图层组有三种方法：

方法一：将图层组拖动到"新建图层组"按钮 上，即可快速复制图层组。

方法二：选中要复制的组，打开"图层"调板菜单，选择"复制组"命令，弹出如图 6-23 所示的"复制组"对话框，设置图层组的名称和目标即可。

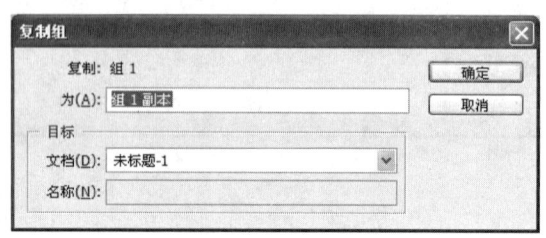

图 6-23 "复制组"对话框

方法三：选中要复制的组，选择"图层"/"复制组"命令，弹出"复制组"对话框，设置图层组的名称和目标即可。

（3）取消图层编组。图层组创建后，如果想要恢复到创建之前的状态，可以选中图层组，选择"图层"/"取消图层编组"命令。

锁定图层组可以锁定图层组内的所有图层，锁定图层组的方法是

方法一：选中图层组，单击"锁定"按钮 。

方法二：选中图层组，选择"图层"/"锁定组中所有图层"命令。

方法三：选中图层组，打开"图层"调板菜单，选择"锁定组中所有图层"命令。

（4）删除图层组。

方法一：将图层组拖动到"删除"按钮 上，可以快速删除图层组。

方法二：选择要删除的图层组，打开"图层"调板菜单，选择"删除组"命令，弹出如图 6-24 所示的提示对话框。单击"组和内容"按钮，会删除整个图层组；单击"仅组"按钮，作用相当于"取消图层编组"；单击"取消"按钮，则会取消此次操作。

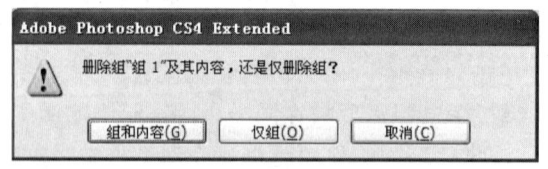

图 6-24 确认删除对话框

方法三：选择要删除的图层组，选择"图层"/"删除"/"组"命令，弹出如图 6-24 所示的提示对话框。

6.2.10 图层的常规混合

Photoshop 可以通过图层分别调整每一个图层中的图像的颜色、饱和度、对比度、亮度等。

如果使用混合模式，则可以把当前图层的图像与下面图层的图像进行混合，制作出各种各样的合成效果。

"常规混合"包括混合模式和不透明度两项内容。图层调板最上面一行，就是常规混合选项。在"图层"/"图层样式"/"混合选项"命令中也有常规混合选项，如图 6-25 所示。

图 6-25　常规混合

1．设置混合模式

设置混合模式的方法是：

方法一：先在"图层"调板中选中需要设置的图层，然后单击"图层"调板左上角图层模式框右侧的箭头，出现如图 6-26 的下拉列表框，选择合适的模式进行混合。

方法二：先在"图层"调板中选中需要设置的图层，选择"图层"/"图层样式"/"混合选项"命令，单击混合模式框右侧的箭头，选择合适的模式进行混合。

方法三：先在"图层"调板中选中需要设置的图层，双击图层缩略图，弹出"图层样式"对话框，在"混合选项"中单击混合模式框右侧的箭头，选择合适的模式进行混合。

方法四：先在"图层"调板中选中需要设置的图层，在"图层"调板菜单中选取"混合选项"命令打开"图层样式"对话框，在"混合选项"中单击混合模式框右侧的箭头，选择合适的模式进行混合。

由图 6-27（a）的两幅原图制作出的不同的混合模式的效果如图 6-27（b）所示。

"正常"模式是 Photoshop 的默认模式，在此模式下显示的图像颜色将受到图层"不透明度"的影响。当"不透明度"值为 100%时，将完全显示当前图层的图像，且不受其他图层的影响；当"不透明度"值小于 100%时，当前图层的每一个像素点的颜色将受到其他图层的影响。

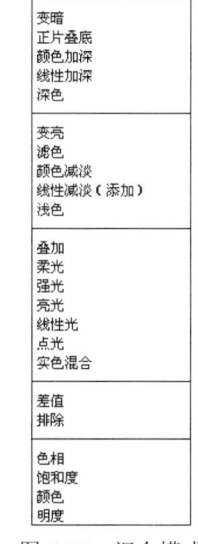

图 6-26　混合模式

"溶解"模式将产生一种溶解合成效果，该模式的效果将受到当前图层的羽化程度和不透明度的影响。

（a）原图

图 6-27　制作混合模式

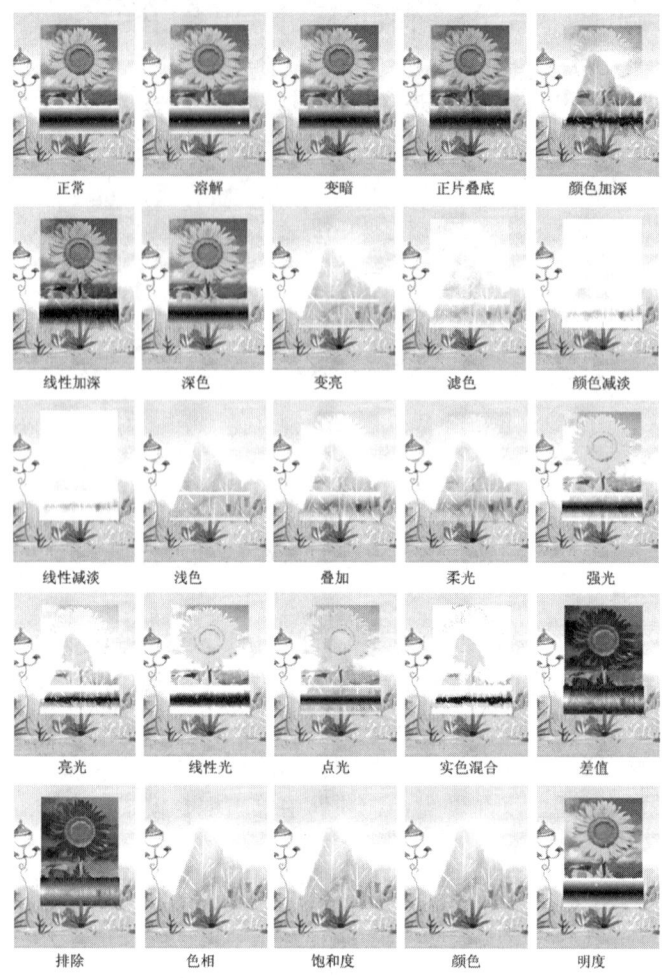

(b）混合效果

图 6-27　制作混合模式（续）

"变暗"模式将比较图像中所有通道的颜色，然后将当前图层中较暗的色彩调整得更暗，将得到一种颜色加深效果。

"正片叠底"模式将当前图层的图像颜色与下面图层中图像颜色混合相乘，得到比原来两种颜色更深的颜色。

"颜色加深"模式将使当前图层的部分图像颜色变暗，与白色混合后不会产生变化。

"线性加深"模式将查看每个通道中的颜色信息，并通过减小亮度使图像变暗，与白色混合后将同样产生变化。

"深色"模式将使上层图像中较亮的区域被下层图像替换来显示结果。

"变亮"模式与变暗模式产生的效果相反。将比较图像中所有通道的颜色，然后将当前图层中较亮的色彩调整得更亮。

"滤色"模式，其效果取决于当前图层与下面图层像素值的大小。

"颜色减淡"模式将使当前图层中的像素颜色变亮，对黑色区域无任何效果。

"线性减淡"模式将使当前图层中的像素颜色变亮，对黑色区域也同样有作用。

"浅色"模式将使上层图像中较暗的区域被下层图像替换来显示结果。

"叠加"模式对对中间色调影响较为明显，对于高亮度区域和暗调区域影响不大。

"柔光"模式将产生一种柔和光线照射的效果，高亮区的区域将更亮，暗调区域将变得更暗，结果使反差增大。

"强光"模式将产生一种强烈光线照射的结果。

"亮光"模式将通过增加或减小对比度来加深或减淡颜色。

"线性光"模式将通过减小或增加亮度来加深或减淡颜色。

"点光"模式根据当前图层与下面图层的混合色来替换部分较暗或较亮像素的颜色。

"实色混合"模式将根据当前图层与下面图层的混合色产生减淡或加深的效果。

"差值"该模式将单纯地反转图像。当"不透明度"设为100%时，当前图层中的白色区域将全部反转，而黑色区域保持不变，介于黑白之间的图像将做相应的阶调反转。

"排除"模式的效果要比"差值"模式的效果柔和一些。

"色相"模式利用HSL色彩模式进行混合，它将把当前图层的色相与下面图层的亮度和饱和度混合起来形成特殊的效果。

"饱和度"模式将当前图层的饱和度与下面图层的亮度和饱和度混合起来形成特殊的效果。

"颜色"模式产生的效果与"色相"模式产生的效果基本相同，它将保留当前图层的饱和度。

"明度"模式的效果与"颜色"模式相反，它将保留当前图层的亮度值，而用下面图层的色相和饱和度进行混合，可以消除纹理背景的干扰。

2．设置图层不透明度

图层的不透明度决定它覆盖或显示其下面图层的程度。不透明度为0%的图层是完全透明的，可完全显示下面图层的内容；而不透明度为100%的图层是完全不透明的，将完全覆盖下面图层的内容。

为图层设置不透明度有以下4种方法：

方法一：先在"图层"调板中选中需要设置的图层，在"图层"调板的"不透明度"选项中输入数值，或拖动"不透明度"弹出式滑块。

方法二：先在"图层"调板中选中需要设置的图层，选择"图层"/"图层样式"/"混合选项"，在"图层"调板的"不透明度"选项中输入数值，或拖动"不透明度"弹出式滑块。

方法三：用鼠标双击图层缩览图，弹出"图层样式"对话框，在"混合选项"中的"不透明度"选项中输入数值，或拖动"不透明度"弹出式滑块。

方法四：先在"图层"调板中选中需要设置的图层，在"图层"调板菜单中选取"混合选项"命令，打开"图层样式"对话框进行设置。

6.2.11 图层的高级混合

"高级混合"选项能对图层的属性进行更细致的设置，可以创建新的、有趣的图层效果。"高级混合"部分包括填充不透明度、通道、挖空、混合颜色带等，如图6-28所示。

1．填充不透明度

"填充不透明度"与图层调板中的"填充"是一样的，只影响图层中绘制的像素或形状，对图层样式和混合模式却不起作用。

2．通道

在混合图层或图层组时，可以将混合效果限制在指定的通道内，未被选择的通道则不会受到混合模式的影响。默认情况下,混合图层或图层组时包括所有通道。通道选择因所编辑的图像类型而变化,如果编辑的是 RGB 图像,则通道选择为 R、G 和 B;如果编辑的是 CMYK 图像,则通道选择为 C、M、Y 和 K。

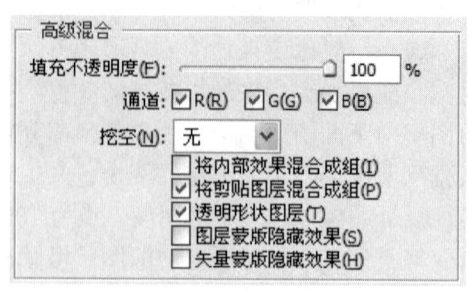

图 6-28　高级混合

3. 挖空

"挖空"选项可以指定哪些图层是可穿透的,以使其他图层的内容显示出来。要创建挖空效果,需要指定哪个图层将创建挖空的形状,哪些图层将被穿透以及哪个图层将被显示出来。如果希望显示背景外的图层,可以将要使用的图层放在图层组中。

"挖空"选项提供了 3 种模式可供选择,即无、浅和深。

"无":不应用挖空效果。

"浅":挖空到第一个可能的停止点。

"深":挖空到背景。如果没有背景,则会挖空到透明区域。

4. 将内部效果混合成组

选择此选项后,当图层添加了"内发光"、"光泽"、"颜色叠加"、"渐变叠加"和"图案叠加"样式时,如果设置了挖空,则不会显示这些效果。

5. 将剪贴图层混合成组

选择此选项后,挖空只对剪贴图层有效。此外,该选项还控制剪贴蒙版的混合模式,选择此项后,基底图层的混合模式将应用于剪贴蒙版中的所有图层,取消选择,基底图层的混合模式仅仅影响自身,不会影响内容图层。

6. 透明形状图层

选择此选项后,可将图层效果和挖空效果限制在图层的不透明区域。

7. 图层蒙版隐藏效果

选择此选项,可将图层效果限制在图层蒙版定义的区域,图层蒙版中不会显示效果。

8. 矢量蒙版隐藏效果

选择此选项,可将图层效果限制在矢量蒙版定义的区域,矢量蒙版中不会显示效果。

6.2.12　图层样式

图层样式为图像处理提供了多种效果,可以通过对其相应的参数进行修改,从而使图像在处理过程中受到更加理想的效果。

如果是背景图层、锁定图层或图层组不能应用图层样式。可以通过将其转换为普通图层或解锁,图层组虽不能直接使用,但可以对图层组中的某个图层单独使用图层样式。

图层样式主要有:投影、内阴影、外发光、内发光、斜面和浮雕、光泽、颜色叠加、渐变叠加、图案叠加、描边等几项。除此之外,"图层样式"对话框中还有"样式"和"混合选项"额外两项。"混合选项"已在前两节中详细讲过,在此就不多做解释。主要讲解其他几种。

可以通过单击"图层"调板中的"创建图层样式"按钮 fx.或双击需添加图层样式的图层。图 6-29 是添加过图层样式的图层。

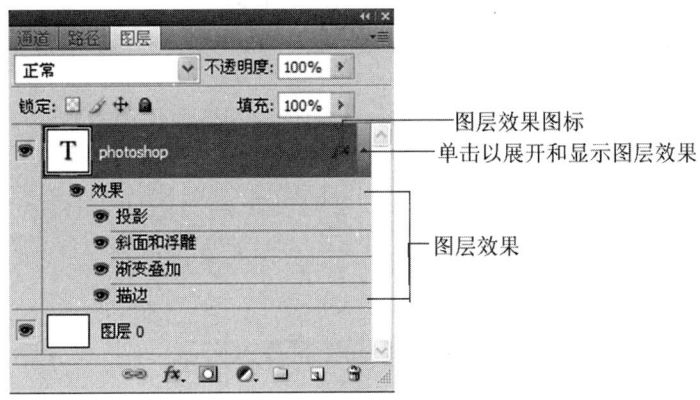

图 6-29　添加过图层样式的图层

1. 样式

在菜单栏"窗口"的下拉菜单中选择"样式"命令,可调出"样式"调板如图 6-30 所示,或双击要添加样式的图层,在弹出的"图层样式"对话框中选择"样式"选项如图 6-31 所示。

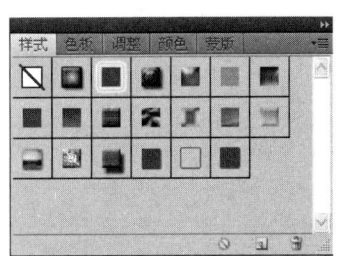

图 6-30　"样式"调板

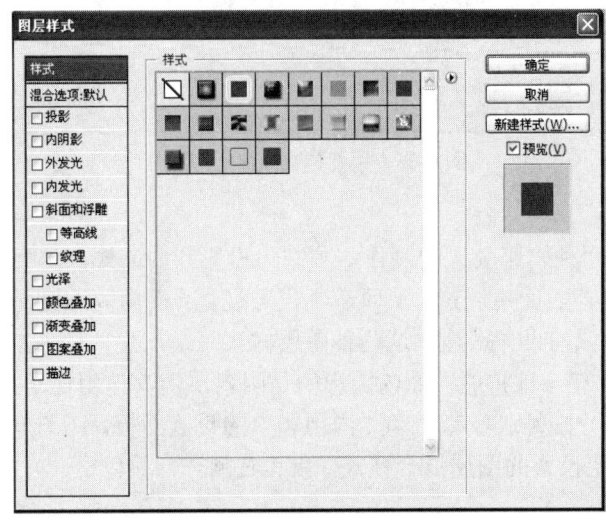

图 6-31　"图层样式"对话框

"样式"列表框显示了所有被存储在"样式"调板中的样式。Photoshop 带有大量的已经设置好的图层样式,可以通过"样式"调板弹出命令菜单载入各种样式库。

应用样式。应用样式的方法有以下几种:

方法一:在"图层样式"对话框"样式"选项中单击要应用的样式,单击"确定"按钮。

方法二:在"样式"调板中单击要应用的样式(样式将应用于当前选中的图层)。

方法三:在"样式"调板中将要应用的样式拖移到"图层"调板中需要应用此样式的图层上。

方法四:在"样式"调板中将要应用的样式拖移到图像窗口中需要应用此样式的图像文件上。

自定义样式。除了"样式"中预设的样式,还可以自定义样式。如图 6-32 所示,单击"样式"调板中的"创建新样式"按钮,将弹出如图 6-33 所示的"新建样式"对话框,对其进行设置,单击"确定"按钮即可。

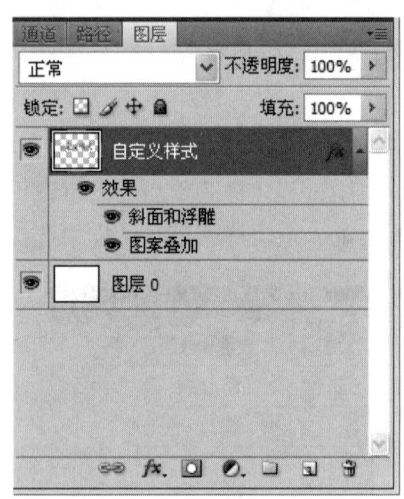

图 6-32 图层中显示的样式

图 6-33 "新建样式"对话框

2. 阴影效果

Photoshop 提供了两种阴影效果的制作,分别为投影和内阴影。这两种阴影效果的区别在于:投影是在图层对象背后产生阴影,从而产生投影视觉;而内阴影则是紧靠在图层内容的边缘内添加阴影,使图层具有凹陷外观。这两种图层样式只是产生的图像效果不同,而其参数选项是一样的,除投影中有一项扩展,而内阴影中是阻塞,但其作用还是一样的。

图 6-34 和图 6-35 分别是"投影"和"内阴影"的设置面板,各选项含义如下:

"混合模式":选定投影的图层混合模式,在其右侧有一颜色框,单击它可以打开调色板,选择阴影颜色。

"不透明度":设置阴影的不透明度,值越大阴影颜色越深。

第 6 章 图层、蒙版与通道的应用

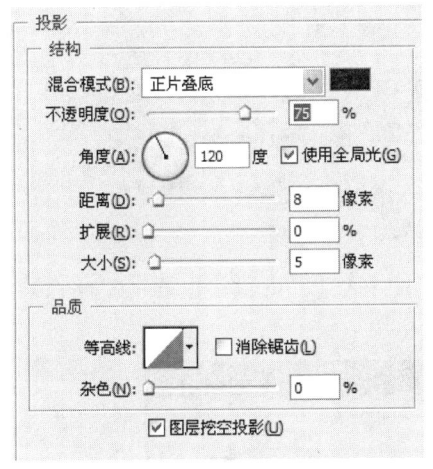
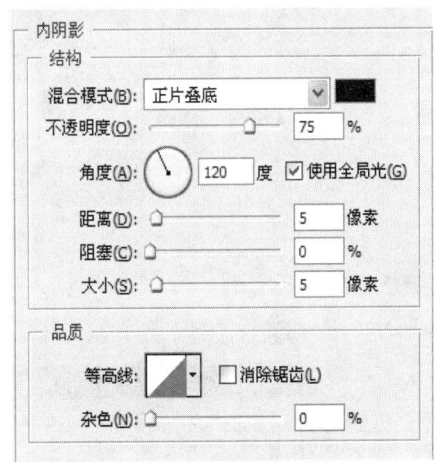

图 6-34 "投影"设置面板　　　　图 6-35 "内阴影"设置面板

"角度"：用于设置光线照明角度，即阴影的方向会随角度的变化而产生变化。
"使用全局光"：可以为同一图像中的所有图层样式设置相同的光线照明角度。
"距离"：设置阴影的距离，变化范围为 0～30000，值越大距离越远。
"扩展"：设置光线的强度，变化范围为 10%～100%，值越大投影效果越强烈。
"大小"：设置阴影柔化效果，变化范围为 0～250，值越大柔化程度越大。
"品质"：在此选项组中，可通过设置"等高线"和"杂色"选项来改变阴影。
"图层挖空投影"：控制投影在半透明图层中的可视性或闭合。
下面用实例来说明投影和内阴影中各个选项的作用。

实例 1：打开一张背景图片，用文字工具输入"Photoshop"，改变其字体颜色，调出"图层样式"对话框，选择"投影"选项，给文字添加投影效果，设置其参数如图 6-36 所示，得到如图 6-37 所示效果图。

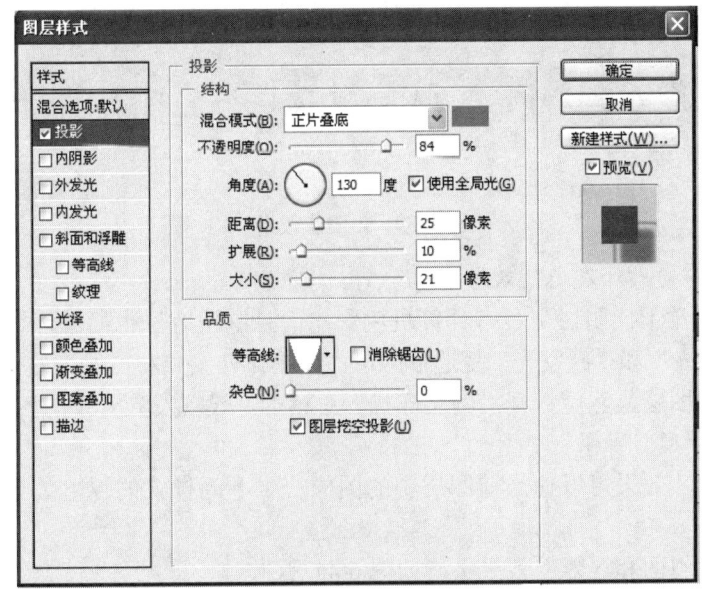

图 6-36 设置投影效果

159

图 6-37 投影效果

实例 2：素材同实例一样，在"图层样式"对话框中选择"内投影"选项，设置其参数如图 6-38 所示，得到如图 6-39 所示效果图。

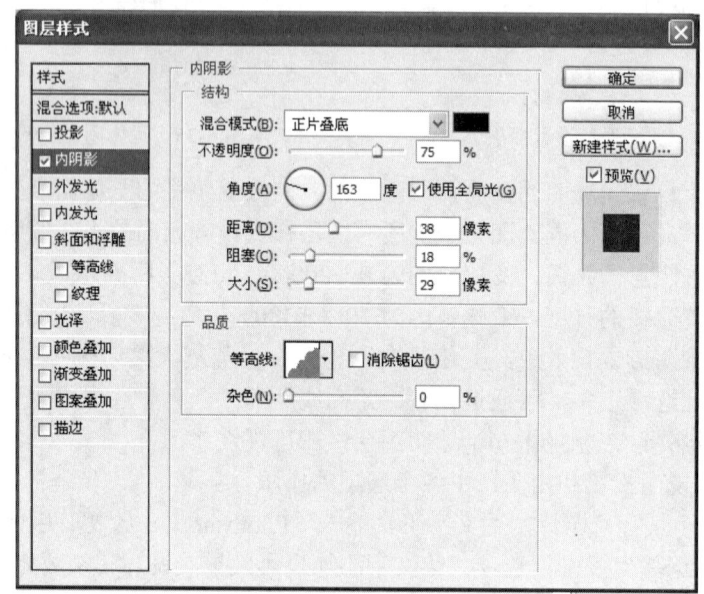

图 6-38 设置内阴影效果

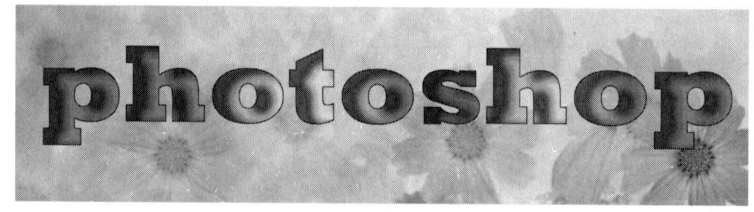

图 6-39 内阴影效果

3．"内发光"与"外发光"效果

发光效果在直觉上比阴影更具有计算机色彩，而且制作方法也简单，使用"图层样式"对话框中的"外发光"和"内发光"复选框即可。在制作外发光和内发光的效果之前，先选定要制作发光效果的图层，然后打开"图层样式"对话框，设置发光效果的各项参数。

4．"斜面和浮雕"效果

"斜面和浮雕"效果可以使当前图层中的图像产生不同样式的浮雕效果，参数如图 6-40 所示。

实例：制作"斜面和浮雕"效果字，如图 6-41 所示。

5．"光泽"效果

"光泽"效果可以使当前图层中的图像产生类似光泽的效果。参数如图 6-42 所示。

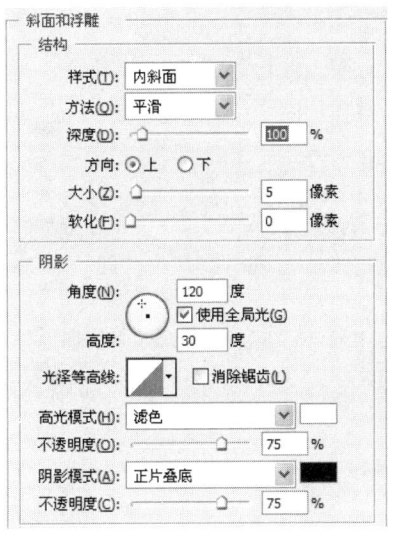

图 6-40 "斜面和浮雕"设置面板

图 6-41 斜面和浮雕效果

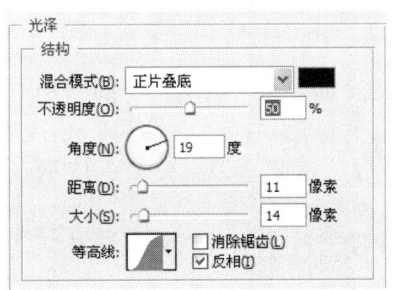

图 6-42 "光泽"设置面板

实例：制作花瓣光泽效果图。原图如图 6-43（a）所示，效果图如图 6-43（b）所示。

（a）原图　　　　　　　　　　　　　　（b）效果

图 6-43 光泽效果

6. "颜色叠加"效果

"颜色叠加"效果可以在当前层的上方覆盖一种颜色，然后对颜色设置不同的混合模式和不透明度，使当前的图像产生类似纯色填充图层所产生的特殊效果。参数如图 6-44 所示。

图 6-44 "颜色叠加"设置面板

实例：为背景图层添加"颜色叠加"效果。原图如图 6-45（a），效果图如图 6-45（b）所示。

（a）

（b）

图 6-45 颜色叠加效果

7. "渐变叠加"效果

"渐变叠加"效果同"颜色叠加"效果类似，不同的是"渐变叠加"是使图层产生类似渐变填充图层的效果。参数如图 6-46 所示。

实例：为背景添加"渐变叠加"效果。效果如图 6-47 所示。

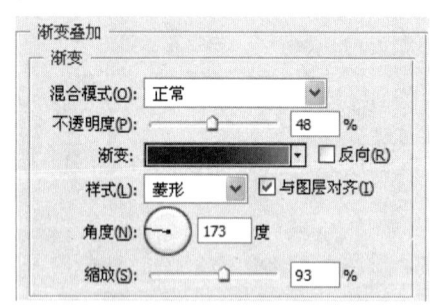

图 6-46 "渐变叠加"设置面板

图 6-47 渐变叠加效果

8. "图案叠加"效果

"图案叠加"效果同"颜色叠加"效果类似，不同的是"图案叠加"是使图层上方覆盖不同的图案。参数如图 6-48 所示。

实例：为背景添加"图案叠加"效果。效果图如图 6-49 所示。

9. "描边"效果

"描边"效果可以为当前图层中的图像添加描边效果，描绘的边缘可以是一种颜色，一种渐变色，也可以是一种图案。参数如图 6-50 所示：

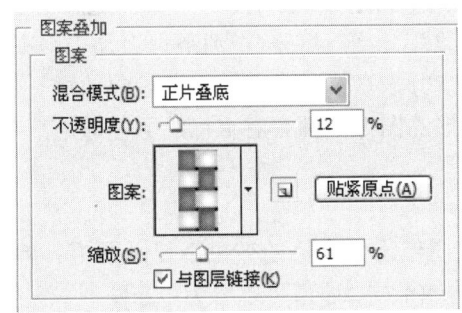

图 6-48　图案叠加参数

图 6-49　图案叠加效果

实例：为背景添加"描边"效果。效果图如图 6-51 所示。

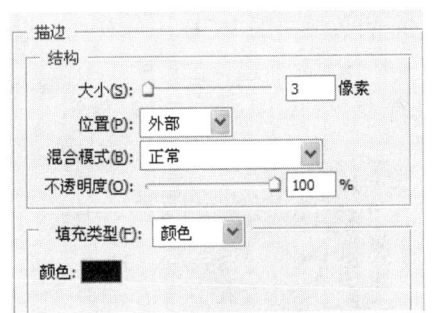

图 6-50　描边参数

图 6-51　描边效果

以上是图层样式中的效果，如果觉得有不合适的地方，还可以对其进行修改、复制、清除等操作。

6.3　通道

通道（Channels）实际上是一个单一色彩的平面。这样说未免太抽象，还是以在生活中司空见惯的彩色印刷品来打个比方吧。我们所看到的五颜六色的彩色印刷品，其实在其印刷的过程中仅仅只用了 4 种颜色。在印刷之前先通过计算机或电子分色机将一件艺术品分解成四色，并打印出分色胶片；一般地，一张真彩色图像的分色胶片是 4 张透明的灰度图，单独看每一张单色胶片时不会发现什么特别之处，但如果将这几张分色胶片分别着以 C（青）、M（品红）、Y（黄）和 K（黑）4 种颜色并按一定的网屏角度叠印到一起时，我们会惊奇地发现，这原来是一张绚丽多姿的彩色照片。

Photoshop 具有给彩色图片分色的功能，以上面所说的印刷模式为例，Photoshop 便将这种类型的图像分成了 C、M、Y、K 四种基本颜色。这 4 种颜色并不是大杂烩般地堆砌在一起，而是一种色彩以一个通道平面来储存，这样各种颜色互不干扰，叠合起来则形成了一个真彩色图像。

上面只是以印刷模式（CMYK）来举例说明通道的，事实上 Photoshop 支持多种图像模式，当打开一个图像时，Photoshop 会自动根据图像的模式建立起颜色通道，颜色通道的数目是固定的，且视色彩模式而定，比如 RGB 模式图像有三个默认颜色通道，CMYK 模式图像则有 4 个默认颜色通道，灰度图和索引图则只有一个颜色通道。这也是区别通道与图层的一个好的切入点，因为图层功能只是将一些独立完整的图片叠合到一起，事实上，一个图层就是一个图像，图层的数目可自由的增减。而不同模式的图像的颜色通道数是固定的，它不能随意增减（如果随意删除一个颜色通道，则该图像的模式就会被改变），而且任一个通道也不是一个完整的图像，它只是这个图像中的一个分色（基本色）而已。分别激活一个多图层图像中的每一个图层，然后再查看通道调色板，我们将会发现，每个图层的图像中都有着自己的颜色通道。

6.3.1 通道概述

通道是图像处理中不可缺少的工具，它能使图像产生奇特的效果，使画面更具视觉冲击力。它还能够精确地储存颜色信息和选取。根据功能不同，通道可以分为以下三种：颜色通道、Alpha通道和专色通道。

1. 颜色通道

当在 Photoshop 中编辑图像时，打开一幅图像后，在"通道"调板中 Photoshop 便自动创建了相应的颜色信息通道。通道的颜色模式决定了通道的数量，如 RGB 图像有红、绿、蓝 3 个颜色通道，CMYK 图像有青色、洋红、黄色、黑色 4 个颜色通道，Lab 模式图像有 3 个颜色通道；位图、灰度和索引模式的图像的颜色通道只有 1 个，如图 6-52 所示。

（a）RGB 通道
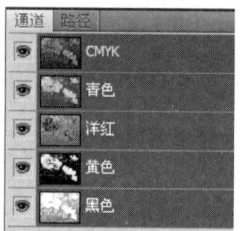
（b）CMYK 通道

图 6-52　RGB 与 CMYK 图像通道

不同的颜色通道储存着不同的颜色信息。单击红色通道前的眼睛图标，即可将该通道进行隐藏，如图 6-53 所示。隐藏红色通道后，图像效果如图 6-54 所示。

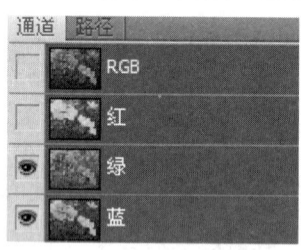
图 6-53　图像中隐藏红色

图 6-54　图像效果

2. Alpha通道

Alpha 通道，指的是特别的通道。用于保存图像选区，用于保存蒙版，而不是图像的色彩。利用工具箱中的"快速选择工具"按钮，使用该工具将图像中花的部分选中，如图 6-55 所示。

再打开"通道"调板，单击底部的"将选区储存为通道"按钮，即可创建一个 Alpha 通道，系统默认将其命名为 Alpha1，选中 Alpha 通道，单击前面的眼睛图标，如图 6-56 所示，在图像窗口中可以看到创建的选区，如图 6-57 所示。

第 6 章　图层、蒙版与通道的应用

图 6-55　快速选取

图 6-56　Alpha1 通道

图 6-57　创建选区

3. 专色通道

专色通道，可以保存专色信息的通道。专色就是黄、洋红、青和黑 4 种原色油墨以外的其他印刷颜色。专色通道主要用于辅助印刷，它可以使用一种特殊的混合油墨替代或附加到图像颜色油墨中。可以作为一个专色版应用到图像和印刷当中，这是它区别于 Alpha 通道的明显之处。同时专色通道具有 Alpha 通道的一切特点：保存选区信息、透明度信息。每个专色通道只是一个以灰度图形式存储相应专色信息，与其在屏幕上的彩色显示无关。专色通道常用于印刷中的烫金、烫银等。

6.3.2　通道的创建、复制与删除

1. 通道的创建

通道的创建有两种方法：

方法一：单击"通道"调板下面的"新建通道"按钮，可以出现一个新的 Alpha 通道，如图 6-58 所示。

方法二：单击"通道"调板菜单，出现如图 6-59 所示的下拉菜单，单击"新建通道"命令，或者按住 Alt 键时单击按钮，出现如图 6-60 所示"新建通道"对话框。

（1）"名称"：输入新的 Alpha 通道名，若不输入，系统依次自动命名为 Alpha1、Alpha2 等。

（2）"色彩指示"：选择新通道的颜色显示方式。选择"被蒙版区域"选项，则新建的通道中没有颜色的区域为选取范围；如果选择"所选区域"选项，则新建的通道中有颜色的区域为选取范围。

（3）"颜色"：用于显示通道蒙版的颜色和不透明度，默认情况为半透明的红色。

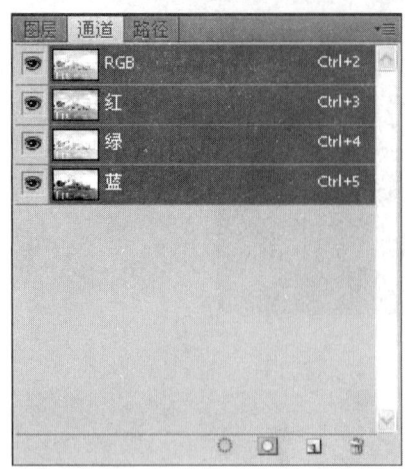 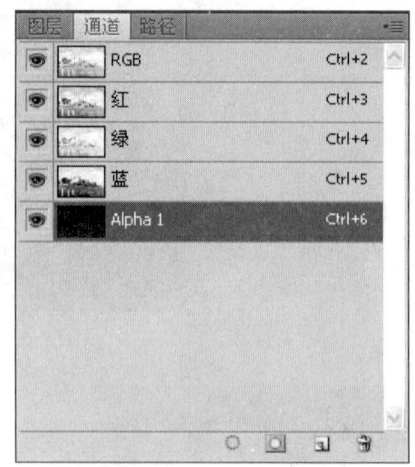

图 6-58 新建 Alpha 通道

 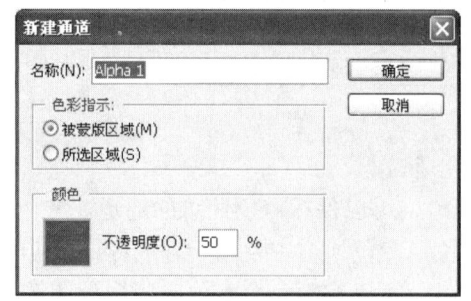

图 6-59 快捷方式新建通道　　　　　图 6-60 "新建通道"对话框

2. 通道的复制

复制通道通常用于以下两种情况：在同一幅图像内，要对 Alpha 通道进行编辑修改前的备份；在不同图像文件间，需要将 Alpha 通道复制到另一个图像文件中。

通道的复制有以下两种方法：

方法一：将需要复制的通道拖曳到"创建新通道"按钮 上，可以快速复制一个通道。

方法二：在需要复制的通道上右击，出现快捷菜单，单击"复制通道"命令，弹出"复制通道"对话框，如图 6-61 所示。

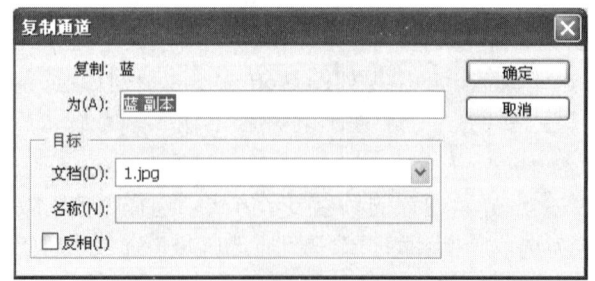

图 6-61 "复制通道"对话框

（1）"为"：对需要复制的通道进行命名。

（2）"文档"：用来选择所复制通道的目的地。一般有三个选择，一个是原图像文档本身，即在原图像中添加一个通道；一个是其他图像文档，只能选择与当前图像分辨率和尺寸相同的文档；一个是新建文档，通道被复制到一个新建的文档中去，如果选择此选项，还要在"名称"文本框中对新建的文档进行命名。

（3）"反相"：复制出的通道将与原通道反色。

3．通道的删除

方法一：将需要删除的通道拖曳到"删除通道"按钮 上。

方法二：在需要删除的通道上右击，出现快捷菜单，单击"删除通道"命令。

方法三：选中要删除的通道，按住 Alt 键，同时单击"删除通道"按钮 。

方法四：选中要删除的通道，选择"通道"调板菜单中"删除通道"命令。

6.3.3 通道分离与合并

1．通道的分离

在 Photoshop 中，可以将一个图像文件中的各个通道分离出来，各自成为一个独立文件。

打开"通道"调板菜单，从中选择"分离通道"命令，若要选择该命令，图像必须是只含有一个背景层的图像文件。如果当前图像含有多个图层，则必须将所有图层合并，否则此命令不能执行。

执行分离操作后，每一个通道都会从原图像中分离出来，以单独的窗口显示在屏幕上，且均为灰度图像，其文件名为原文件名加上通道名称的缩写，如文件 ，分离后变为 ，同时，原图像文件将自动关闭。

分离通道后，除复合通道和专色通道以外的通道都将一起被分离出来。分离通道后，可以很方便地在单一通道上编辑图像，可以制作出特殊效果的图像。

2．通道的合并

分离后的通道在编辑和修改后，可以重新合并成一幅图像。

打开"通道"调板菜单，从中选择"合并通道"命令，打开如图 6-62 所示的"合并通道"对话框。

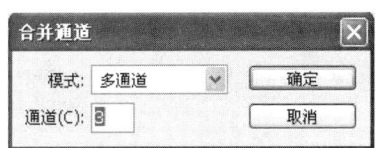

图 6-62　"合并通道"对话框

（1）"模式"：指定合并后图像的颜色模式。

（2）"通道"：文本框中输入合并通道的数目，如 RGB 模式为 3，CMKY 模式为 4。

由于之前所分离的文件为 RGB 文件，所以模式应选择为 RGB 颜色。单击"确定"按钮后，系统将弹出如图 6-63 所示的"合并 RGB 通道"对话框，可以在该对话框中分别为三原色选定各自的源文件，三原色选定的源文件不能相同。

在对话框中，若单击"模式"按钮，可回到如图 6-63 所示的"合并 RGB 通道"对话框，重新设置图像色彩模式。

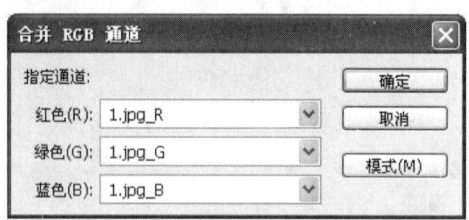

图 6-63 "合并 RGB 通道"对话框

编辑过各通道图像之后，在合并各通道图像之前，必须先合并图层。合并通道时，若希望将 Alpha 通道一起合并，则在"合并通道"对话框的"模式"下选择"多通道"模式。

6.3.4 将通道作为选区载入

如果想要得到一些特定的形状，但是用选择工具又画不出来，那么可以用将通道载入选区来得到。

将通道作为选区载入的方法如下：

（1）打开有所需图案的图片，打开"通道"调板，选择对比度较大的那个通道。如图 6-64 所示，此图中红色和绿色通道对比都很明显，所以任选哪个通道都可以。现在选择绿色通道来进行操作。

（2）选中绿色通道，单击"将通道作为选区"按钮，可以看见花的部分被选择了，再用选择工具对选区进行细微的调整，花的轮廓就选择好了，如图 6-65 所示。

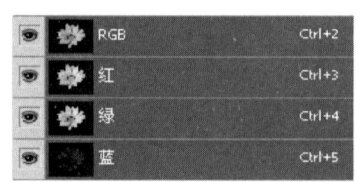

图 6-64 "通道"调板选择

图 6-65 通道选取花的轮廓

（3）选择"选择"/"存储选区"命令，弹出如图 6-66 所示的"存储选区"对话框。在"名称"文本框中输入选区的名字，比如"花"，单击"确定"按钮。可以看见在"通道"调板中出现了一个新的通道。

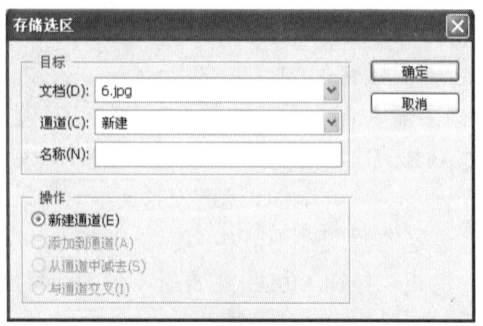

图 6-66 "存储选区"对话框

（4）新建一个图层，将要使用这个选区的图片粘贴进去，选择"选择"/"载入选区"命令，弹出如图6-67所示的"载入选区"对话框。如果图中本来就有选区，就会出现如图6-68所示的对话框，可以选择此选区与原选区的关系。

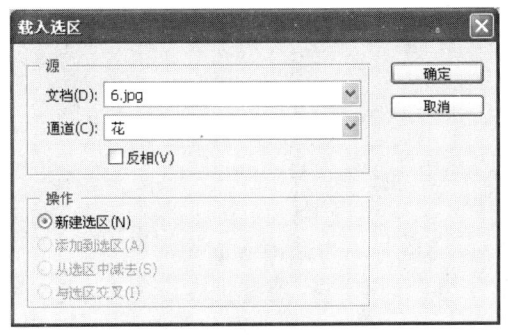

图6-67 "载入选区"对话框

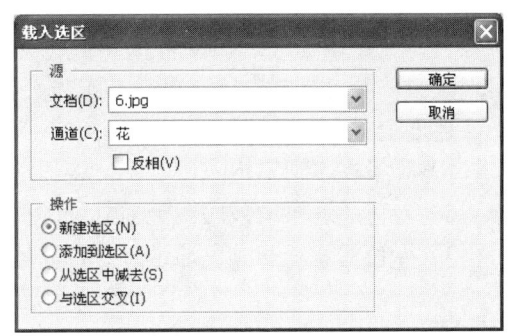

图6-68 载入选区与原选区关系

6.3.5 将选区存储为通道

有的选区很复杂，想保留建立的选区，但当时又用不上或要重复使用怎么办？可以通过将选区存储为通道来保留选区。

将选区存储为通道的方法：

1. 将选区存储为新的Alpha通道

建立选区，右击选区，选择"存储选区"命令或在菜单栏"选择"的下拉菜单中选择"存储选区"命令，弹出如图6-69所示的对话框，设置其参数，单击"确定"按钮即可。或直接单击"通道"调板底部的"将选区存储为通道"按钮。

2. 将选区载入原有的Alpha通道

建立选区，右击选区，选择"存储选区"命令，弹出"存储选区"对话框，在"通道"的下拉列表框中选择要载入的通道和载入方式，如图6-70所示，单击"确定"按钮即可。也可在菜单栏"选择"的下拉菜单中选择"存储选区"或"载入选区"命令来实现选取的载入。

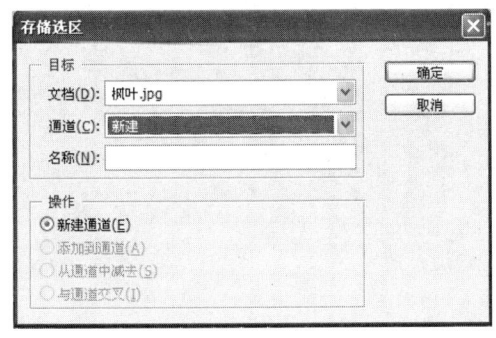

图6-69 "存储选区"对话框

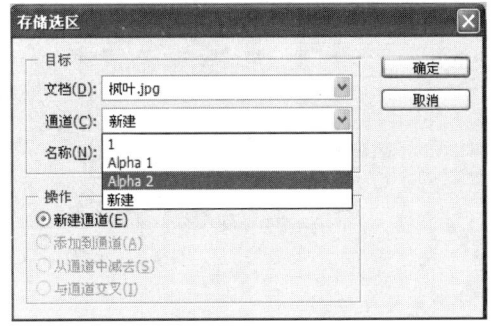

图6-70 选区载入原有的Alpha通道

6.3.6 专色通道及其应用

为了让自己的印刷作品与众不同，往往要做一些特殊处理。如增加荧光油墨或夜光油墨，套版印制无色系（如烫金）等，这些特殊颜色的油墨（称其为"专色"）都无法用三原色油墨混合而成，这时就要用到专色通道与专色印刷了。

在图像处理软件中，都存有完备的专色油墨列表。只须选择需要的专色油墨，就会生成与其相应的专色通道。但在处理时，专色通道与原色通道恰好相反，用黑色代表选取（即喷绘油墨），用白色代表不选取（不喷绘油墨）。这一点是需要特别注意的。

专色印刷可以让作品在视觉效果上更具质感与震撼力，但由于大多数专色无法在显示器上呈现效果，所以其制作过程也带有相当大的经验成分。

专色通道具有以下属性。

（1）除了在多通道模式中，不能将通道置于默认的通道之上。

（2）专色通道不能被应用于独立的图层。

（3）专色通道能和颜色通道合并，并能将专色通道分离为颜色通道元素。

要创建专色通道，首先必须创建一个选区，用专色对其进行填充。然后在"通道"调板菜单中选择"新专色通道"命令，在弹出的对话框中为其命名并设置油墨颜色和纯度特性。

专色通道可以直接合并到各个原色通道中。选中要合并的专色通道，然后选择"通道"调板菜单中的"合并专色通道"命令，专色通道就分别被混合到各个原色通道中。

专色通道在"通道"调板中处于各个原色通道的下面，即使含有 Alpha 通道，它也会自动将 Alpha 通道调整到它的下面。在一幅图像中新建一个 Alpha 通道，然后建立一个新的专色通道，可以看见此时 Photoshop 会将 Alpha 通道调整到专色通道的下面。

专色通道通常应用在几个方面：节约经费，在经济条件不容许四色印刷的时候，可以把专色做为单色或双色来印刷；在印刷徽标或其他需精确指定色彩时；如果打算印刷金属色、荧光色或珠光色时。

1．文字专色

（1）在"通道"调板菜单中选择"新建专色通道"，选择一种专色油墨。

（2）用文字工具输入文本。如图 6-71 所示。

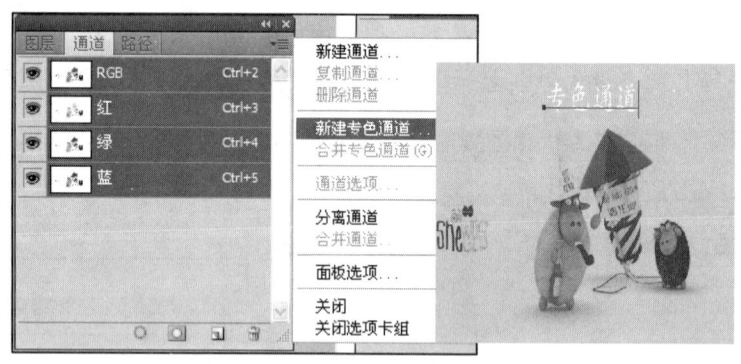

图 6-71　文字专色通道及效果

2．选区专色

制作选区后在"通道"调板菜单中选择"新建专色通道"，选择专色颜色。如图 6-72 所示。

6.3.7　应用图像与计算

1．应用图像命令

"应用图像"命令用来混合两个大小、分辨率相同的图像，可以将一个图像的图层和通道与现有图像的图层和通道进行混合。选择"图像"/"应用图像"命令,打开如图 6-73 所示的"应用图像"对话框。

图 6-72　选区专色通道及效果

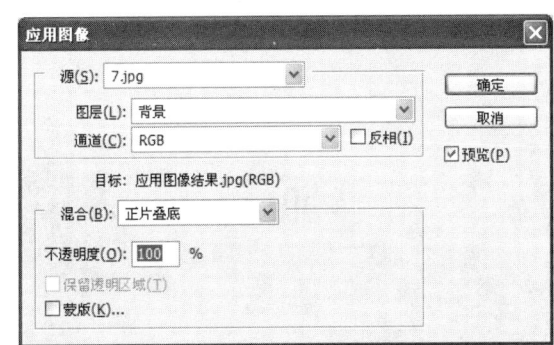

图 6-73　"应用图像"对话框

(1)"源":其下拉列表框有可供选择的要与目标图像相混合的图片,称为源图像,源图像必须与目标图像的大小、分辨率相同,并且是打开的。

(2)"图层":如果源文件是分层的,则可以在此下拉列表框中选择要与目标图像进行混合的图层。

(3)"通道":可以在下拉列表框中选择要与目标文件进行混合的通道,如果要使用该通道的负片,可以选择"反相"复选框。

(4)"混合":可以在下拉列表框中选择一种混合模式。除了在图层的基本混合中已经讲过的几种混合模式外,这里又增加了"相加"和"减去"两种模式。其中"相加"模式可以增加两个通道中的像素值;"减去"模式可以从目标通道中减去源通道中相应位置上的像素值。

(5)"不透明度":用来调节两幅图片的混合强度。

(6)"保留透明区域":可以将结果应用到结果图层的不透明区域,透明区域将不进行混合。如果当前图层为背景图层,则此选项不可用。

(7)"蒙版":选择此复选框,则会出现如图 6-74 所示的"应用图像"对话框。在这里可以选择作为蒙版使用的图像、图层或通道等,效果与在图层中使用蒙版相同。

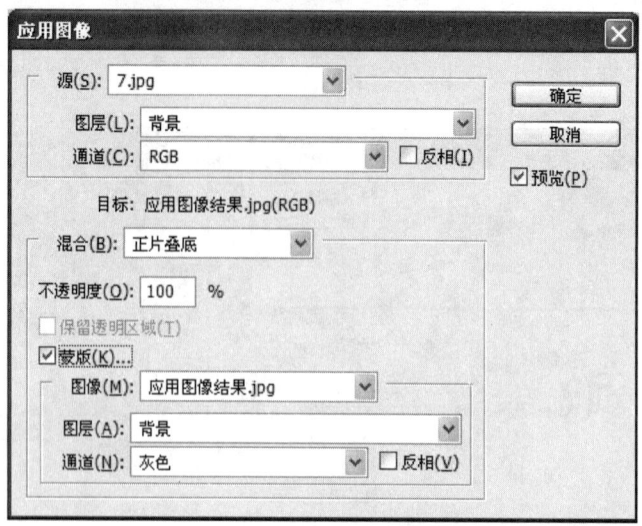

图 6-74 "应用图像"对话框

用"应用图像"命令来合成一幅图片

（1）打开要进行混合的两幅图片，如图 6-75 所示。

(a)　　　　　　　　　　　　　　　(b)

图 6-75　图像合成

（2）选择"图像"/"应用图像"命令，打开"应用图像"对话框，进行如图 6-76 所示设置，可以在图中看到相应变化。

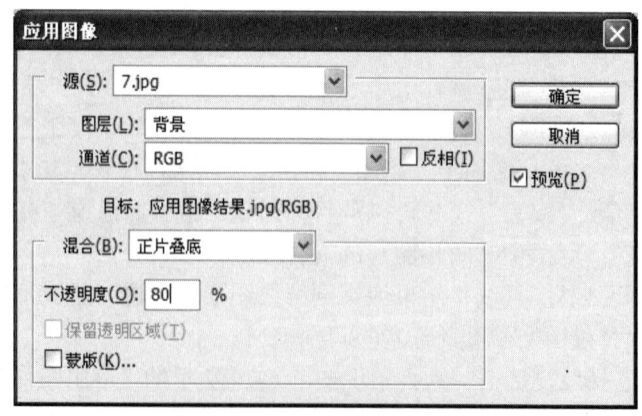

图 6-76　"应用图像"对话框

（3）单击"确定"按钮，可见图像变成了如图 6-77 所示的效果。

图 6-77　合成效果图

2．"计算"命令

"计算"命令用来混合一个或多个源图像的单个通道，将结果应用到新的图像、新的通道或者本图像的选区。所有源图像与目标图像的大小、分辨率都必须相同。可以通过"图像"菜单的"计算"命令打开"计算"对话框，如图 6-78 所示。

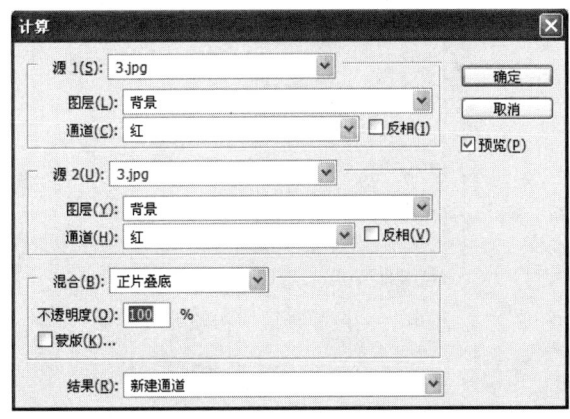

图 6-78　"计算"对话框

（1）源 1、图层、通道：用来选择混合中使用的第一个原图像以及它的图层和通道。
（2）源 2、图层、通道：用来选择混合中使用的第二个原图像以及它的图层和通道。
（3）混合：设置图像的混合方式，与应用图像的混合模式相同。
（4）结果：选择应用结果的范围，可以是新的图像、新的通道或本图像的选区，可根据需要自己设定。

6.4　蒙版

蒙版就是选框的外部（选框的内部就是选区）。蒙版一词本身即来自生活，也就是"蒙在上面的板子"的含义。如果你想对图像的某一特定区域运用颜色变化、滤镜和其他效果时，没有被选的区域（也就是黑色区域）就会受到保护和隔离而不被编辑。说白了，蒙版和圈选线选择区域在使用和效果上有相似之处，但蒙版可以利用 Photoshop 的大部分功能甚至滤镜更为详细地描述出具体想要操作的区域。

6.4.1 蒙版概述

Photoshop 中的蒙版是一种独特的图像处理方式。在 Photoshop 中处理图像时，当图像窗口中有选区存在时，所有的编辑和描绘操作只能在选区内进行，而不能在选区外进行，当在同一图像窗口创建新的选区时，原来的选区将消失。为了能保留和重复使用原图像选区，Photoshop 提供了蒙版的功能。蒙版主要用于保护被遮挡的图像局部区域，便于对局部区域进行编辑而不影响其他部分图像的效果。任何绘图、编辑工具和滤镜等都可用来编辑蒙版。

在 Photoshop CS4 中提供了快速蒙版、图层蒙版、矢量蒙版和剪贴蒙版几种。

6.4.2 "蒙版"调板

图 6-79 为"蒙版"调板中各项参数名称。

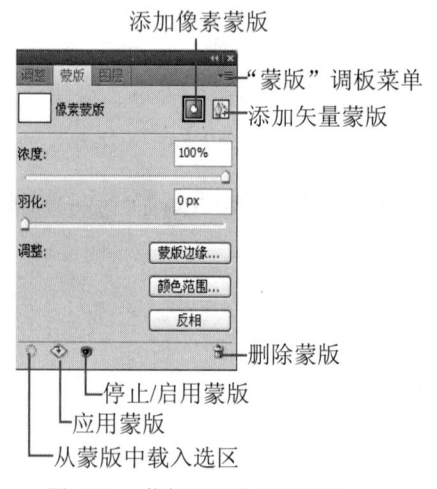

图 6-79 蒙版调板中各项参数

6.4.3 快速蒙版

快速蒙版的功能就是确定选区。使用快速蒙版模式可将选区转换为临时蒙版以便更轻松地编辑。快速蒙版将作为带有可调整的不透明度的颜色叠加出现。可以使用任何绘画工具编辑快速蒙版或使用滤镜修改它，以完成精确的范围选区。退出快速蒙版模式之后，蒙版将转换为图像上的一个选区。

Photoshop CS4 中默认的快速蒙版形式是被蒙区域由 50%透明度的红色覆盖。可以通过双击"以快速蒙版模式编辑"按钮 ⬤ 或双击通道中的"快速蒙版"通道条来打开"快速蒙版选项"的对话框，如图 6-80 所示。可以按我们的意愿对其参数进行设置。

下面用一个例子来学习快速蒙版的使用。

（1）打开素材图像文件。

（2）使用魔棒工具在花朵上单击，建立一个选区，如图 6-81 所示，可以看出此时还没有完全选中花朵。

（3）在工具箱中单击"以快速蒙版模式编辑"按钮 ⬤，切换到快速蒙版编辑模式下。在快速蒙版编辑模式下，"通道"调板中将出现一个名为"快速蒙版"的临时通道，如图 6-82 所示。

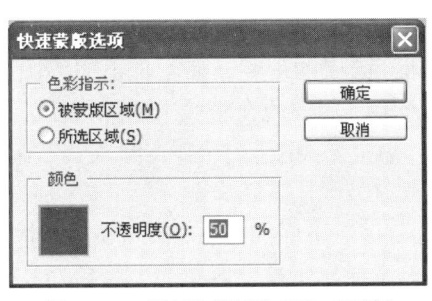

图 6-80 "快速蒙版选项"对话框

图 6-81 魔棒选取花朵

（4）在快速蒙版编辑模式下，用画笔工具进行编辑，若选择黑色画笔或橡皮擦涂抹，使选区减少；若选择白色画笔涂抹，可以使选区扩大。通过调控画笔的大小，就可以精确地确定选区了，如图 6-83 所示。

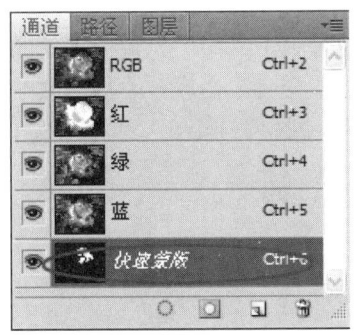

图 6-82 快速蒙版的临时通道

图 6-83 画笔调控选区

（5）对选区编辑完后，单击"以标准模式编辑"按钮 切换为标准模式，得到一个较为精确的选区，如图 6-84 所示。

由于在"以快速蒙版模式编辑"下创建的"快速蒙版"通道是一个临时蒙版，恢复标准模式后就会消失。要想保留选区，可以用以下方法：将通道中的"快速蒙版"通道条拖动到"创建新通道"按钮上或单击"通道"调板中的"快速蒙版"通道，然后选择"通道"调板菜单中的"复制通道"命令。以上操作后会出现一个名为"快速蒙版 副本"的蒙版通道。切换为标准模式后，它仍会保留在"通道"调板中。

图 6-84 精确选区

6.4.4 图层蒙版

图层蒙版是一种灰度图像,它可以隐藏全部或部分图层的内容,显示出下面的图层。用黑色在蒙版上涂绘将隐藏当前图层内容,显示下面的图像;用白色在蒙版上涂抹则会显露当前图层信息,遮住下面的图层。图层蒙版是独立存在的,不会影响图层中的内容,可以反复操作。

1. 添加图层蒙版

(1)添加显示整个图层的蒙版:可以单击"图层"调板下面的"添加矢量蒙版"按钮 ,或者选择"图层"/"图层蒙版"/"显示全部"命令。添加显示整个图层的蒙版后会产生如图 6-85 所示的效果。图层 1 上的图像完全显示,遮住了背景图层。

图 6-85 添加显示整个图层的蒙版

(2)添加隐藏整个图层的蒙版:可以按住 Alt 键,同时单击"图层"调板下面的"添加矢量蒙版"按钮 ,或者选择"图层"/"图层蒙版"/"隐藏全部"命令。添加隐藏整个图层的蒙版后会产生如图 6-86 所示的效果。图层 1 完全不显示,露出背景图层。

图 6-86 添加隐藏整个图层的蒙版

(3)添加隐藏部分图层的蒙版:可以先在要建立蒙版的图层创建一个选区,然后单击"添加矢量蒙版"按钮 ,或者选择"图层"/"图层蒙版"/"显示选区"或"隐藏选区"命令。添加隐藏部分图层的蒙版后会产生如图 6-88 所示效果。

图 6-87 添加隐藏部分图层的蒙版

图 6-88 添加隐藏部分图层的蒙版效果

(4)将一个图层的蒙版拖动到其他图层,可以将此蒙版移动到其他图层。如果同时按住 Alt 键,则会复制该图层蒙版。

2. 编辑图层蒙版

我们知道，用黑色在蒙版上涂绘将隐藏当前图层内容，显示下面的图像；用白色在蒙版上涂抹则会显露当前图层信息，遮住下面的图层。可以用画笔在蒙版上绘制黑色或白色图像对图层进行隐藏或者显示。

3. 取消图层与图层蒙版的链接

图层蒙版是在图层的基础上建立的，默认情况下，在图层和图层蒙版之间有一个链接标记，在移动图层与图层蒙版时它们将一起移动。单击此链接标记，链接标记就会消失，图层与蒙版之间的链接就取消了，此时，移动图层或图层蒙版时，图层蒙版或图层将不受影响。

如果想要图层和图层蒙版重新链接起来，只要在图层与图层蒙版之间单击，出现链接标记即可。

4. 停用和启用图层蒙版

选中图层蒙版，选择"图层"/"图层蒙版"/"停用"命令，或者在图层蒙版上右击，在弹出的快捷菜单中选择"停用图层蒙版"命令，即可停用已有的图层蒙版，停用后的蒙版上会出现一个红色的叉，同时图像将恢复到添加图层蒙版之前的状态。此时蒙版还存在于图层中，随时可以重新启用。

重新启用图层蒙版，只需选择"图层"/"图层蒙版"/"启用"命令，或者在图层蒙版上右击，在弹出的快捷菜单中选择"启用图层蒙版"命令即可。

5. 删除图层蒙版

选择"图层"/"图层蒙版"/"删除"命令，或者在图层蒙版上右击，在弹出的快捷菜单中选择"删除图层蒙版"命令，可以直接删除图层蒙版。将图层蒙版拖动到"图层"调板下面的"删除"按钮上，将会弹出如图 6-89 所示的对话框。单击"应用"按钮，则会永久删除图层的隐藏部分；单击"取消"按钮将不删除图层蒙版；单击"删除"按钮则只删除图层蒙版，对图层没有影响。

图 6-89　蒙版应用确认

6.4.5　矢量蒙版

矢量蒙版是使用一条平滑的、边缘清晰的而且易于编辑的路径来控制图层中哪些区域是可见的。我们知道，屏幕上显示的图片都是由一个个小小的像素点构成的，文件的分辨率决定着图片的清晰度，当放大到一定程度时，画面会出现锯齿。而矢量蒙版就可以创建分辨率很低的图像，并且使图层内容与底层图片之间的过渡拥有光滑的形状。

选择"图层"/"矢量蒙版"/"显示全部"命令，就在图层上添加了一个矢量蒙版，添加矢量蒙版与添加图层蒙版在"图层"调板上的显示基本相同，但不同的是，图层蒙版是用灰度图来控制图层内容的显示与隐藏，而矢量蒙版是用路径来指定可见区域的。

可以用钢笔工具在矢量蒙版上绘制或者修改路径，钢笔工具的使用方法前面已经讲过了，在此不再赘述。如果文件中已经保存有路径，也可以把它当作矢量蒙版来使用，只要单击"路径"调板中路径的名字,选择"图层"/"矢量蒙版"/"当前路径"命令即可。

另外,矢量蒙版与图层的链接、矢量蒙版的停用与启用、矢量蒙版的删除都与图层蒙版相同,可参考上一节内容。

值得注意的是,如果想要保存图片,并且在页面排版中使用,必须注意保存的格式,否则可能会失去清晰的边缘。一般将这样的图片保存成 EPS 或者 PDF 格式,并且选择"包含矢量数据"复选框,如图 6-90 所示。

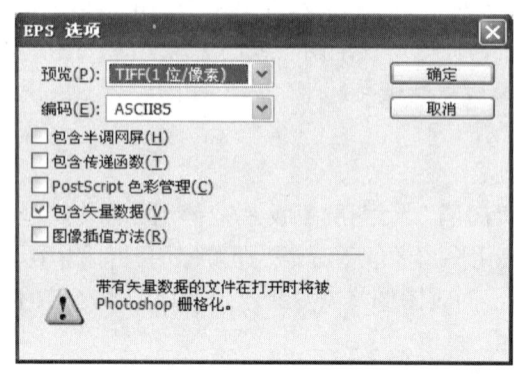

图 6-90 选择"包含矢量数据"选项

6.4.6 剪贴蒙版

剪贴蒙版可以使用某个图层的内容来遮盖其上方的图层。遮盖效果由底部图层或**基底图层**决定的内容。基底图层的非透明内容将在剪贴蒙版中裁剪(显示)它上方的图层的内容。剪贴图层中的所有其他内容将被遮盖掉。如图 6-91(a)所示,是"图层"调板中的状态。图 6-91(b)所示为剪贴蒙版效果图。

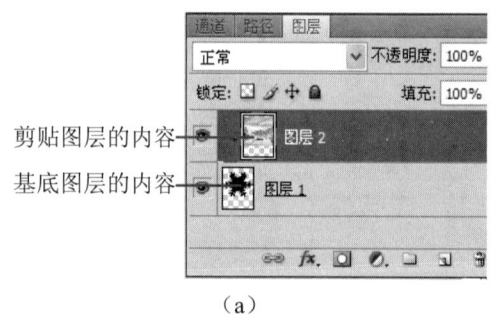

(a)　　　　　　　　　　　　　　(b)

图 6-91 剪贴蒙版

可以在剪贴蒙版中使用多个图层,但它们必须是连续的图层。蒙版中的基底图层名称带下划线,上层图层的缩览图是缩进的。叠加图层将显示一个剪贴蒙版图标 。

下面用一个实例来学习如何创建剪贴蒙版。

实例:用剪贴蒙版制作保护海洋图标

(1)在 Photoshop CS4 中新建一个文件,分别将素材 006.jpg、素材 007.jpg 图像文件粘入图层 1、图层 2 中。

(2)需要将图层 1 中的内容作为剪贴图层的内容,图层 2 中的内容作为基底图层的内容,所以需要将图层 1 拖到图层 2 的上面,如图 6-92 所示。

第 6 章 图层、蒙版与通道的应用

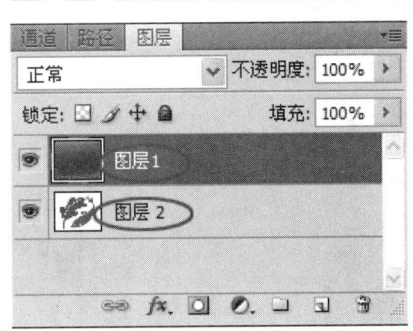

图 6-92 制作保护海洋图标图层

（3）在图层 2 中使用魔棒工具，将白色背景删除。

（4）按住 Alt 键，将指针放在"图层"调板中图层 1 和图层 2 的中间（指针会变成两个交迭的圆），然后单击。或选择"图层"调板中的图层 1，执行"图层"/"创建剪贴蒙版"命令也可。此时得到如图 6-93 所示的效果图。

（5）给图像添上背景和文字，即可得到如图 6-94 所示的保护海洋图标了。

图 6-93 创建剪切蒙版

图 6-94 保护海洋图标

如果不需要某个剪贴蒙版了，需要移去剪贴蒙版效果，可执行下列操作：

按住 Alt 键，将指针放在"图层"调板中分隔两组图层的线上（指针会变成两个交迭的圆），然后单击。或在"图层"调板中，选择剪贴蒙版中的图层，并选取"图层"/"释放剪贴蒙版"命令。即从剪贴蒙版中移去所选图层以及它上面的任何图层。

6.5 案例实训——重构IPAD产品外观

在 Photoshop 中重构产品是很大的挑战，但同时也乐趣无穷。今天就将重构苹果公司一款最漂亮的革命性产品——ipad。它融合突破性的技术于双手间，它简洁、干净、线条流畅。先来看一下最终效果预览。如图 6-95 所示。

素材：ipad 图标、壁纸。

（1）绘制边框。在 Photoshop 中新建文件，宽为 1000px、高为 1000px，背景色设为白色，分辨率为 72dpi。添加从上到下，蓝到白渐变。选择"圆角矩形工具"，圆角半径设为 22px，绘制如图 6-96 所示的形状，把该图层重命名为 border。

在 border 图层上抠出边框来。按住 Ctrl 键单击 border 图层缩略图，取得选区，执行"选择"/"修改"/"缩减"命令，缩减 6px，按 Delete 键删除。

图 6-95　产品效果图

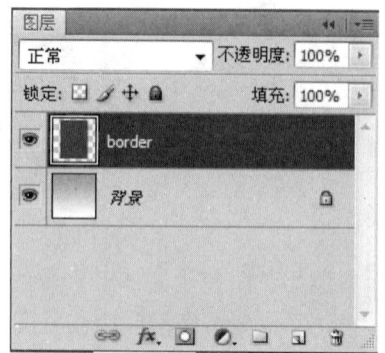
图 6-96　绘制边框

使用魔术棒工具单击 border 内部取得选区，新建图层填充黑色，把该图层重命名为 black glass。如图 6-97 所示。新建图层，重命名为 screen，使用矩形工具绘制屏幕，到目前为止得到 4 个图层：背景、border、black glass、screen。如图 6-98 所示。

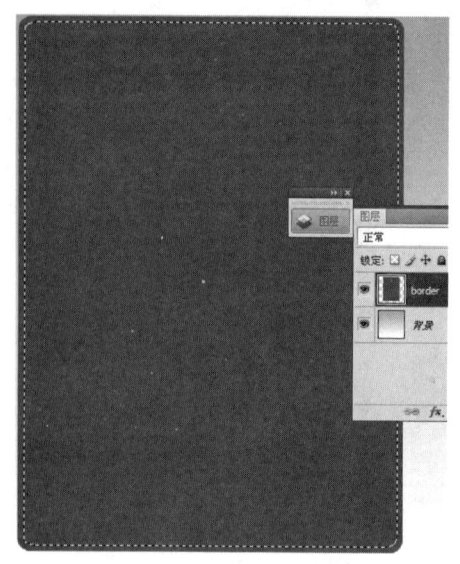
图 6-97　内部选取选区

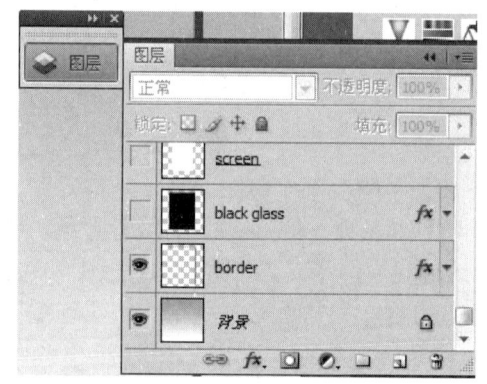
图 6-98　新建 screen 图层

（2）处理 border 图层。选中图层，添加图层样式。如图 6-99 所示。斜面和浮雕，颜色叠加和描边的参数设置如图 6-100～图 6-103 所示，初步效果如图 6-104 所示。

选中"black glass"图层，添加线性"渐变叠加"，颜色设置为：#4e4e4e-# 000000。

（3）添加屏幕壁纸。首先将壁纸 wallpaper.jpg 导入到 Photoshop 中，置于 screen 图层的上方，然后按 Alt+Ctrl+G 组合键创建剪贴蒙版。如图 6-105 所示。

（4）内部组件生成。前景色设为白色，新建图层，重命名为 dock，画一个长方形，然后执行"编辑"/"变形"/"透视"命令，拖动上方的角点向中间移动如图 6-106 所示。

选中 dock 图层，添加图层样式"渐变叠加"，颜色设置为#454637 到#fafbfc 的渐变。如图 6-107 所示。

图 6-99　处理 border 图层

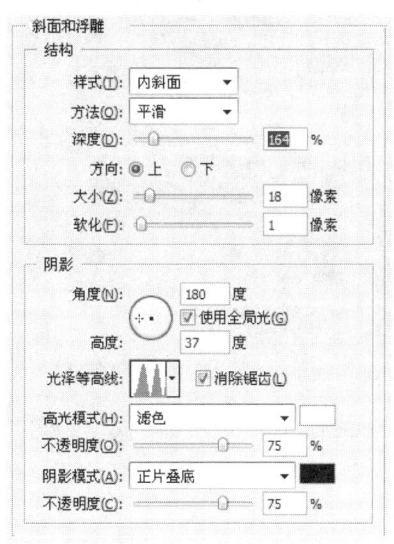

图 6-100　斜面和浮雕参数设置

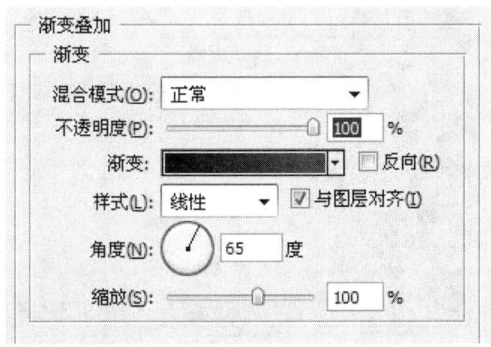

图 6-101　"颜色叠加"参数设置

图 6-102　"描边"参数设置

图 6-103　"渐变叠加"参数设置　　　　　　　图 6-104　初步效果图

图 6-105　添加壁纸，创建剪贴蒙版　　　　　图 6-106　透视屏幕下方立体凹部

把 dock 图层不透明度降低为 58%，如图 6-108 所示。继续制作屏幕顶部的信息栏并且添加 ipad 图标。

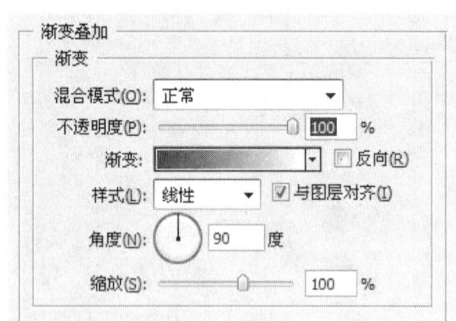

图 6-107　渐变叠加参数设置　　　　　　　　图 6-108　dock 不透明效果

（5）图标制作。现在添加些 Icon 图标到桌面（当然也可以使用搜索引擎搜索满意的图标）。打开下载好的 Safari 图标，选择"文件"/"置入"命令把它置入 Photoshop 并且放置在 dock 层的上方，调整其大小。如图 6-109 所示。

为 Safari 图标创建倒影。复制图标，然后执行"编辑"/"变形"/"垂直翻转"命令。

图 6-109　制作图标图层　　　　　　　　　　图 6-110　Safari 创建图标图层

降低图层的不透明度为21%,创建黑色到透明的渐变叠加。如图6-111所示。

选取并删除溢出屏幕的倒影部分,如图6-112所示。

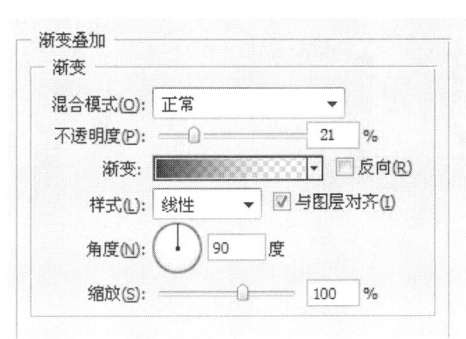
图6-111 渐变叠加参数

图6-112 删除溢出部分

重复相同的过程,为dock图层上添加其他3个图标并且置入桌面其他图标,利用"图层"调板菜单中的"排列"和"分布"命令对桌面图标进行排列,如图6-113所示。

(6)完善ipad界面。画一个白色的圆作为"开始"按钮,然后继续在其内部画一个圆角半径为3px的圆角矩形。如图6-114所示。

图6-113 制作其他图标

图6-114 制作"开始"按钮

对小圆应用渐变叠加,颜色设置如下:#4e4e4e-#1a1a1a。给小的圆角矩形添加描边和渐变叠加,同时降低图层不透明度到19%,如图6-115所示。

至此,本例效果基本完成。

图 6-115　降低图标图层不透明度

习题与实训

一、单项选择题

1. 在图层调板中，下面关于背景图层说法正确的是（　　）。
   A．可以任意调整其前后顺序　　　B．背景层可以进行编辑
   C．背景层与图层之间可以转换　　D．背景层不可以关闭层眼
2. 在 RGB 模式的图像中加入一个新通道时，该通道是（　　）。
   A．红色通道　　B．绿色通道　　C．Alpha 通道　　D．蓝色通道
3. 下列（　　）工具可以存储图像中的选区。
   A．路径　　　　B．画笔　　　　C．图层　　　　　D．通道
4. 在 Photoshop 中复制图像某一区域后，创建一个矩形选择区域，选择"编辑"/"粘贴入"命令，此操作的结果是（　　）。
   A．得到一个无蒙版的新图层
   B．得到一个有蒙版的图层，但蒙版与图层间没有链接关系
   C．得到一个有蒙版的图层，而且蒙版的形状为矩形，蒙版与图层间有链接关系
   D．如果当前操作的图层有蒙版，则得到一个新图层，否则不会得到新图层
5. Photoshop 中当前图像中存在一个选区，按 Alt 键单击"添加蒙版"按钮，与不按 Alt 键单击"添加蒙版"按钮，其区别是（　　）。
   A．蒙版恰好是反相的关系
   B．没有区别
   C．前者无法创建蒙版，而后能够创建蒙版
   D．前者在创建蒙版后选区仍然存在，而后者在创建蒙版后选区不再存在
6. （　　）的图像转换为多通道模式时，建立的通道名称均为 Alpha。
   A．RGB 模式　　　　　　　　　B．CMYK 模式
   C．Lab 模式　　　　　　　　　D．Multichannel（多通道）模式
7. 如果在图层上增加一个蒙版，当要单独移动蒙版时下面操作正确的是（　　）。
   A．首先单击图层上面的蒙版，然后选择移动工具就可移动了

B. 首先单击图层上面的蒙版，然后执行"选择"/"全选"命令，用选择工具拖曳
C. 首先要解掉图层与蒙版之间的锁，然后选择移动工具就可移动了
D. 首先要解掉图层与蒙版之间的锁，再选择蒙版，然后选择移动工具就可移动了

8. 单击"图层"调板上眼睛图标右侧的方框，出现一个链条的图标，表示（ ）。
   A. 该图层被锁定
   B. 该图层被隐藏
   C. 该图层与激活的图层链接，两者可以一起移动和变形
   D. 该图层不会被打印

9. 在设定层效果时（ ）。
   A. 光线照射的角度时固定的
   B. 光线照射的角度可以任意设定
   C. 光线照射的角度只能是60度、120度、240度或300度
   D. 光线照射的角度只能是0度、90度、180度或270度

10. 新调整图层和新填充图层都是比较特殊的图层类型，运用它们可以达到快速调整图像色调的目的，如果要更改调整或填充的内容，可以执行（ ）命令。
    A."图层"/"图层属性"   B."图层"/"图层样式"
    C."图层"/"图层内容选项"   D."图层"/"图层编组"

二、操作实训题

制作艺术相框。如图6-116所示。

把一张任意没有边框的数码照片，制作成带有艺术边框的照片。建议读者可以用自己的照片为例。

操作提示：先复制"背景"层的副本，再调整该层的"画布大小"，为该层添加蒙版，接着执行"高斯模糊"命令，进而进行填充颜色，最后执行"壁画"命令。

图6-116　艺术相框的制作

第 7 章　色彩与色调调整

本章主要介绍在Photoshop中对图像的色彩和色调进行调整的方法。通过对本章的学习，要求学习者了解色彩的基本知识，学会使用色彩调整的命令对图像的亮度、对比度、饱和度和色相进行调整，要求能够很好地控制图像的色彩和色调，制作完美的图像效果

1. 掌握色彩和色调调整的使用方法和技巧。
2. 了解色彩调整的功能与用法。
3. 熟悉常用的色彩调整效果。

7.1　色彩和色调调整概述

Photoshop 中对图像色彩和色调的控制是图像编辑的关键，它直接关系到图像最后的效果，只有有效地控制图像的色彩和色调，才能制作出高品质的图像。Photoshop 中提供了更为完善的色彩和色调的调整功能，这些功能主要存放在"图像"菜单的"调整"子菜单中，使用它们可以快捷方便地控制图像的颜色和色调。

7.1.1　色彩和色调调整基础知识

在第 1 章已经讲过色彩的基本知识，第 2 章学习过对图像的色彩进行取色的一些基本操作，这里不再赘述，本章将对颜色进行进一步的调整。对一些特殊需要了解的还有如下基本常识。

基本色（原色）：红、绿、蓝三色。是用任何颜色都调不出来的，纯度最高。

间色：黄、青、洋红。由两种原色混合而成。

互补色：在色相环中呈 180°对角的两种颜色，红与青、绿与洋红、蓝与黄，加红色等于减青色。

色彩三要素：色相、纯度、明度。色相是指确定波长的颜色；纯度也叫饱和度，是指色彩的纯净程度，在色彩中掺入白色将使色彩不纯、不饱和；明度是指色彩的明暗程度，如有深红、浅红之分。

色的混合有两种：色光的混合和颜色的混合。色光的混合，如红、绿、蓝混合得白色，其特点是越加越亮，称之加色混合；颜色的混合，如黄、青、洋红混合得黑灰色，其特点是越加越暗，称之减色混合。

7.1.2 图像校正的基本步骤

图像校正的基本步骤分为校准显示器、检查扫描质量和色调范围、调整色调范围、调整色彩平衡、进行其他特殊的色彩调整、锐化图像边缘六步。

1. 校准显示器

调整图像的准备工作是校准显示器，首先应使用 Adobe Gamma 或其他的显示器配置程序校准显示器，使其达到符合工作需要的颜色显示标准。

2. 检查扫描质量和色调范围

调整前，应查看图像的直方图，检测图像是否有足够的细节产生高品质的输出。直方图中数值的范围越大，细节越丰富。

3. 调整色调范围

开始色调校正时，调整图像中最亮和最暗的像素值，设置允许在整个图像中使用及可能的最精细细节的整体色调范围。此过程称为设置高光和暗调或设置白场和黑场。

当像素值集中在色调范围的任意一端时，可能需要手工调整中间调。对于已经具有一定量集中的中间调细节的图像，通常不需要调整图像的中间调。

4. 调整色彩平衡

校正色调范围后，可以调整图像的色彩平衡，删除不需要的色偏或校正过饱和或欠饱和的颜色。对照色轮检查图像，确定需要进行的色彩调整。

5. 进行其他特殊的色彩调整

校正了图像的总体色彩平衡后，可以进行可选的调整，增强颜色或产生特殊的效果。

6. 锐化图像边缘

作为最后一步，使用"USM 锐化"滤镜锐化图像的边缘清晰度。该步骤有助于恢复由于色调调整而经过重定像素的图像的焦点。

7.1.3 "调整"调板的基本使用

所有 Photoshop 颜色调整工具的工作方式本质上是相同的：它们都将现有范围的像素值映射到新范围的像素值。这些工具的差异表现在所提供的控制数量上。可在"调整"调板中访问颜色调整工具及其选项设置。

可以用多种方式调整图像中的颜色，最灵活的方法是使用调整图层。如图 7-1 所示，当在"调整"调板中选择颜色调整工具时，Photoshop 会自动创建调整图层。调整图层可以在不必永久修改图像中的像素的情况下进行颜色和色调调整。颜色和色调更改位于调整图层内，该图层像一层透明膜一样，下层的图像图层可以透过它显示出来。

（1）如果要对图像的一部分进行调整，可选择相应的部分。如果没有建立选区，则调整将应用于整个图像。

（2）执行下列操作之一：

单击"调整"按钮或在"调整"调板中选择调整预设。

创建调整图层。

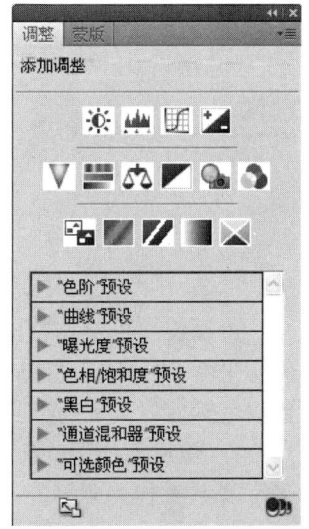

图 7-1 "调整"调板

双击"图层"调板中现有调整图层的缩览图。

当然也可以选择"图像"/"调整"命令,并从子菜单中选择命令以将调整直接应用于图像图层,但这种方法会扔掉图像信息。新的调整图层包括图层蒙版,在默认情况下为空(或白色),即意味着调整将应用于整个图像(如果在添加调整图层时图像上有现用选区,则初始图层蒙版以黑色覆盖未选中的区域)。使用画笔工具,可以对蒙版上的黑色区域上色,即不想让调整影响图像的地方。

(3)要将图像视图在使用调整和不使用调整之间切换,可单击"调整"调板中的"切换图层可见性"图标。要取消更改,请单击"调整"调板中的"复位"按钮。

7.2 色阶、曲线和曝光度

7.2.1 色阶

色阶是表示图像亮度强弱的指数标准,也就是指色彩指数,在图像处理中,指的是灰度分辨率(又称为灰度级分辨率或者幅度分辨率)。图像的色彩丰满度和精细度是由色阶决定的。色阶指亮度,和颜色无关,但最亮的只有白色,最不亮的只有黑色。

通过为单个颜色通道设置像素分布来调整色彩平衡。打开一幅图像,单击"图像"/"调整"/"色阶"命令(快捷键为Ctrl+L),弹出如图7-2所示"色阶"对话框,色阶图只是一个直方图,用横坐标标注质量特性值,纵坐标标注频数或频率值,各组的频数或频率的大小用直方柱的高度表示的图形。可将各种类型的数据绘制成此图表。在数字图像中,色阶图是说明照片中像素色调分布的图表,就像可以用图表表示一个班级学生的身高,也可以绘制影像中像素"亮度"的图表。计算机可以计算影像中具有特定亮度的所有像素数目,然后用图表表示此数目。

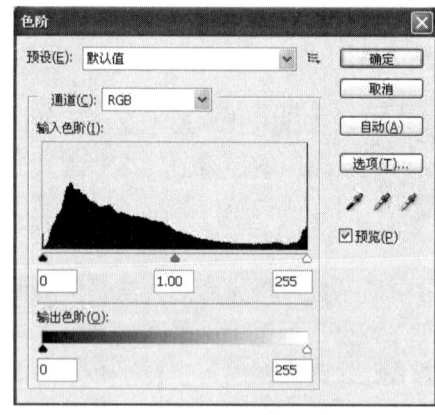

图 7-2 "色阶"对话框

可以使用色阶调整图像的阴影、中间调和高光的强度级别,从而校正图像的色调范围和色彩平衡。"色阶"直方图用作调整图像基本色调的直观参考。当然也可以将色阶设置存储为预设,然后将其应用于其他图像。

1. 使用色阶调整色调范围

其中 ● 代表阴影, ● 代表中间调, ○ 代表高光,自动代表图像颜色自动纠正。三个吸管从左到右分别是"在图像中取样以设置黑场"、"在图像中取样以设置灰场"及"在图像中取样以设置白场"。阴影和高光两个"输入"滑块将黑场和白场映射到"输出"滑块的设置。默认情况下，输出滑块位于色阶 0（像素为黑色）和色阶 255（像素为白色）。"输出"滑块位于默认位置时，如果移动黑场输入滑块，则会将像素值映射为色阶 0，而移动白场滑块则会将像素值映射为色阶 255。其余的色阶将在色阶 0 和 255 之间重新分布。这种重新分布情况将会增大图像的色调范围，实际上增强了图像的整体对比度。

中间的"输入"滑块用于调整图像中的灰度系数。它会移动中间调（色阶 128），并更改灰色调中间范围的强度值，但不会明显改变高光和阴影。如果剪切了阴影，则像素为黑色，没有细节。如果剪切了高光，则像素为白色，没有细节。

例如，如果将黑场滑块移到右边的色阶 5 处，则 Photoshop 会将位于或低于色阶 5 的所有像素都映射到色阶 0。同样，如果将白场滑块移到左边的色阶 243 处，则 Photoshop 会将位于或高于色阶 243 的所有像素都映射到色阶 255。这种映射将影响每个通道中最暗和最亮的像素。其他通道中的相应像素按比例调整以避免改变色彩平衡。如图 7-3 所示。另外也可以直接在第一个和第三个"输入色阶"文本框中输入值。

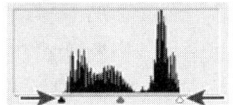 

图 7-3 使用"输入"滑块调整黑场和白场

要调整中间调，可使用中间的"输入"滑块来调整灰度系数。向左移动中间的"输入"滑块可使整个图像变亮。此滑块将较低（较暗）色阶向上映射到"输出"滑块之间的中点色阶。如果"输出"滑块处在它们的默认位置（0 和 255），则中点色阶为 128。在此示例中，阴影将扩大以填充从 0 到 128 的色调范围，而高光则会被压缩。将中间的"输入"滑块向右移动会产生相反的效果，使图像变暗。如图 7-4 所示。也可以直接在中间的"输入色阶"框中输入灰度系数调整值。

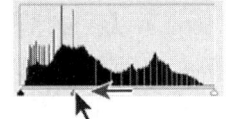 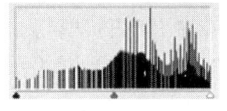

图 7-4 移动中间的滑块会调整图像的灰度系数

2. 使用色阶调整颜色

（1）执行下列操作之一以访问"色阶"调整：

在"调整"调板中，单击"色阶"按钮或"色阶预设"，或从面板菜单中选择"色阶"。

选择"图层"/"新建调整图层"/"色阶"命令。在"新建图层"对话框中单击"确定"按钮。也可以选择"图像"/"调整"/"色阶"命令。但是这个方法直接对图像图层进行调整并扔掉图像信息。设置会在"色阶"对话框中调整。

（2）在"调整"调板中，执行下列操作之一以中和色调：

单击"设置灰场"吸管工具。然后单击图像中为中性灰色的部分。

单击"自动"以应用默认自动色阶调整。要尝试其他自动调整选项，可从"调整"调板菜单中选择"自动选项"，然后更改"自动颜色校正选项"对话框的算法。

一般情况下，指定相等的颜色分量值可获得中性灰色。例如，在 RGB 图像中指定相等的红色、绿色和蓝色值以产生中性灰色。

7.2.2 曲线

"曲线"命令是使用非常广泛的色阶控制方式，其功能和色阶功能的原理是相同的。只不过比色阶可以作更多、更精密的设定。"曲线"命令除可以调整图像的亮度以外，还能调整图像的对比度和控制色彩等功能。该命令的功能实际上是由反相、亮度、对比度等多个命令组成的。因此，该命令功能较为强大，可以进行较有弹性的调整。

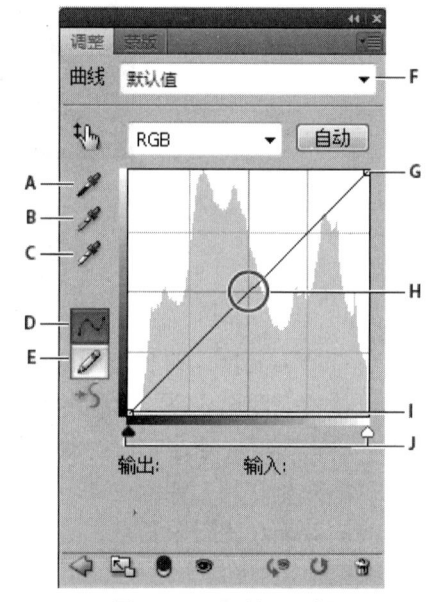

可以使用"曲线"或"色阶"调整图像的整个色调范围。"曲线"可以调整图像的整个色调范围内的点（从阴影到高光）。"色阶"只有三个调整（白场、黑场、灰度系数）。也可以使用"曲线"对图像中的个别颜色通道进行精确调整。可以将"曲线"调整设置存储为预设。

通过"调整"调板新建一曲线，其结构如图 7-5 所示。其中 A 表示在图像中取样以设置黑场；B 表示在图像中取样以设置灰场；C 表示在图像中取样以设置白场；D 表示编辑点以修改曲线；E 表示通过绘制来修改曲线；F 表示曲线类型下拉列表框；G 表示设置黑场；H 表示设置灰场；I 表示设置白场；J 表示显示修剪。

图 7-5 "调整"调板

在"曲线"调整中，色调范围显示为一条直的对角基线，因为输入色阶（像素的原始强度值）和输出色阶（新颜色值）是完全相同的。

在"曲线"对话框中调整色调范围之后，Photoshop 将继续显示该基线作为参考。要隐藏该基线，可关闭"曲线网格选项"中的"显示基线"。图形的水平轴表示输入色阶；垂直轴表示输出色阶。另外针对不同模式的图像还存在一些区别，如图 7-6 所示。

其中 A 表示 CMYK 色调输出栏的默认方向；B 表示以百分比表示的 CMYK 的"输入"值和"输出"值；C 表示 CMYK 色调输入栏的默认方向；D 表示 RGB 色调输出栏的默认方向；E 表示 RGB 的"输入"和"输出"值（以强度色阶表示）；F 表示 RGB 色调输入栏的默认方向。

在应用方面可以使用"曲线"调整颜色和色调。通过在"曲线"调整中更改曲线的形状，可以调整图像的色调和颜色。将曲线向上或向下移动将会使图像变亮或变暗，具体情况取决于对话框是设置为显示色阶还是显示百分比。曲线中较陡的部分表示对比度较高的区域；曲线中较平的部分表示对比度较低的区域。

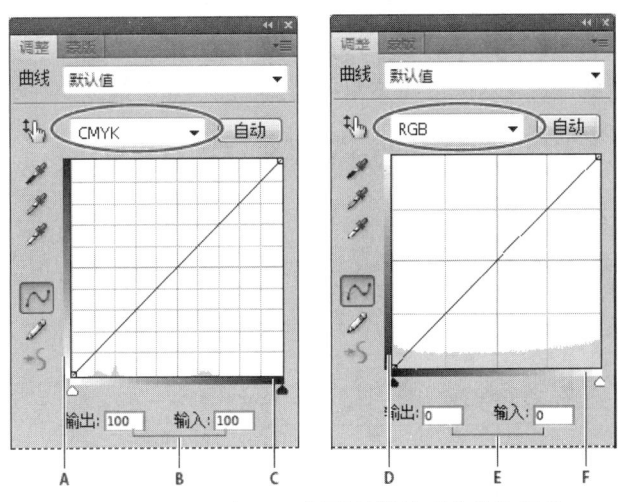

图 7-6　CMYK 和 RGB 图像的默认"曲线"调整

如果将"曲线"调整设置为显示色阶而不是百分比，则会在图形的右上角呈现高光。移动曲线顶部的点可调整高光。移动曲线中心的点可调整中间调，而移动曲线底部的点可调整阴影。要使高光变暗，可将曲线顶部附近的点向下移动。将点向下或向右移动会将"输入"值映射到较小的"输出"值，并会使图像变暗。要使阴影变亮，可将曲线底部附近的点向上移动。将点向上或向左移动会将较小的"输入"值映射到较大的"输出"值，并会使图像变亮。如图 7-7 所示。

图 7-7　选定图像工具后，单击图像的三个区域以将点添加到曲线

7.2.3　曝光度

对曝光度的理解，可借助在拍照时来进行，明明很亮的场景或物体，照出来反应在相机

上时却很暗,说明相机的曝光度不够,把相机上的曝光度值调高一点,就可以了。反之,过亮,就减少曝光值。

执行"图像"/"调整"/"曝光度"命令,弹出如图 7-8 所示的对话框。"曝光度"参数用来调整色调范围的高光端,对极限阴影的影响很轻微;"位移"参数可以使阴影和中间调变暗,对高光的影响很轻微;"灰度系数校正"使用了简单的乘方函数调整图像灰度系数。负值会被视为它们的相应正值(也就是说,这些值仍然保持为负,但仍然会被调整,就像它们是正值一样)。

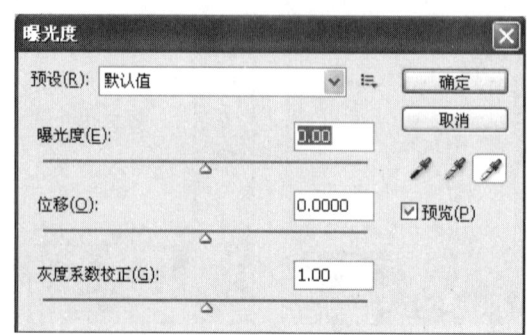

图 7-8　"曝光度"对话框

在"曝光度"对话框中,还看到了"吸管"工具,它们是用于图像的亮度值的,共有三个,分别为"设置黑场"吸管工具,它用于设置"位移",同时将单击的像素改变为零;"设置白场"吸管工具,它用于设置"曝光度",同时将单击的点改变为白色;"设置灰场"吸管工具,它用于设置"曝光度",同时将单击的值变为中度灰色。

如图 7-9 为调整图像曝光度的对比效果图。

图 7-9　图像曝光度的调整效果对比

7.3　图像的色相/饱和度和颜色平衡

7.3.1　色相/饱和度

"色相/饱和度"命令主要用于改变像素的色度及饱和度,而且它还可以通过给像素指定新的色度和饱和度实现给灰度图像染上色彩的功能。色相是色彩的首要特征,是区别各种不同色彩的最准确的标准。事实上任何黑白灰以外的颜色都有色相的属性,而色相也就是由原色、间色和复色来构成的。色相,色彩可呈现出质的面貌。自然界中各各不同的色相是无限丰富的,如紫红、银灰、橙黄等。图 7-10 为"色相/饱和度"对话框。

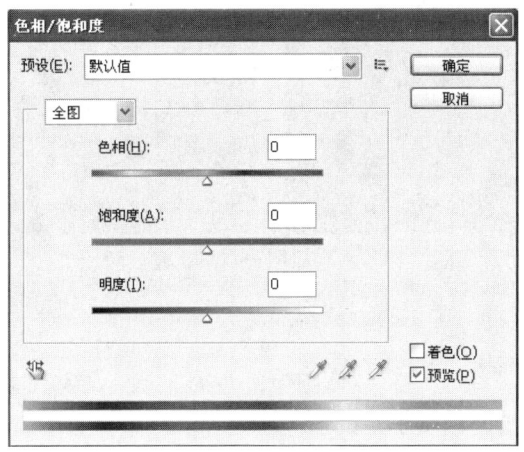

图 7-10 "色相/饱和度"对话框

选择"图像"/"调整"/"色相/饱合度"命令,拖动色相与饱合度能非常明显地看到图像的变化。如图 7-11 所示。

图 7-11 色相/饱和度调整效果图

7.3.2 自然饱和度

自然饱和度是针对现实色的饱和度(实景),下面所说的饱和度针对电脑颜色的饱和,调整较小的情况下,自然饱合度与饱合度看不出变化,这个使用较为简单,自然与否也与不同人的视觉有一定的关系。

选择"图像"/"调整"/"自然饱和度"命令,弹出如图 7-12 所示的对话框,图 7-13 为调整的效果对比图。

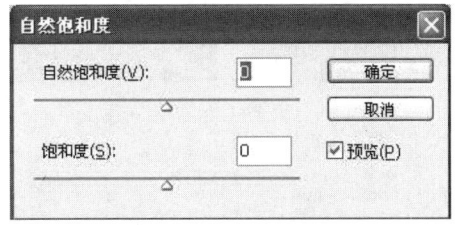

图 7-12 "自然饱和度"对话框

图 7-13　小狗原图与自然饱和后对比

7.3.3　色彩平衡

"色彩平衡"命令主要用于调整整体图像的色彩平衡，通过对图像的色彩平衡处理，可以校正图像色偏，过饱和或饱和度不足的情况，也可以根据自己的喜好和制作需要，调整需要的色彩，更好地完成画面效果。虽然曲线命令也可以实现此功能，但该命令使用起来更加方便快捷。执行"图像"/"调整"/"色彩平衡"命令或按 Ctrl+B 组合键，打开"色彩平衡"对话框，如图 7-14 所示，利用该对话框就可以控制调整色彩平衡。

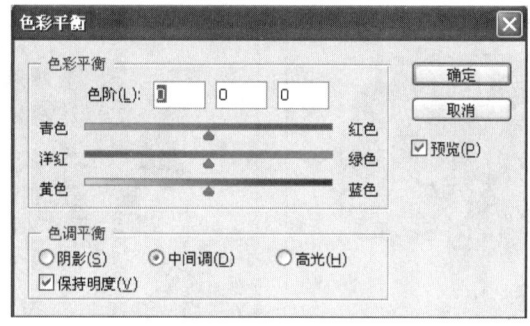

图 7-14　"色彩平衡"对话框

打开一幅图像，对色彩平衡选项进行一定的调整，得到效果如图 7-15 所示。

图 7-15　"色彩平衡"效果对比图

7.3.4　照片滤镜

"照片滤镜"的功能相当于使用传统摄影中的滤光镜，即模拟在相机镜头前加上彩色滤光镜,以调整到达镜头的光线的色温和色彩平衡,从而使底片产生特定的曝光效果。

选择"图像"/"调整"/"照片滤镜"命令,弹出如图 7-16 所示的对话框。图 7-17 为原图添加"照片滤镜"功能后的效果对比。

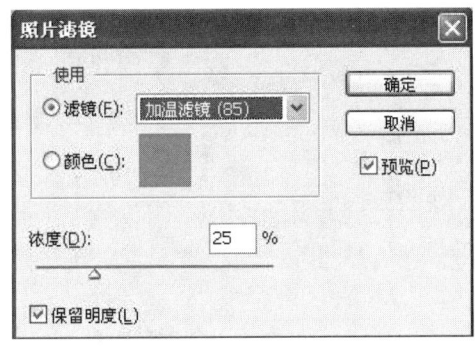

图 7-16 "照片滤镜"对话框

图 7-17 照片滤镜对比效果

7.4 匹配、替换和混合颜色

7.4.1 匹配颜色

"匹配颜色"命令可匹配多个图像之间、多个图层之间或者多个选区之间的颜色。它还允许通过更改亮度和色彩范围以及中和色痕来调整图像中的颜色。"匹配颜色"命令仅适用于 RGB 模式。

当使用"匹配颜色"命令时,鼠标指针将变成吸管工具。在调整图像时,使用吸管工具可以在"信息"面板中查看颜色的像素值。此面板会在使用"匹配颜色"命令时提供有关颜色值变化的反馈。

"匹配颜色"命令将一个图像(原图像)中的颜色与另一个图像(效果图像)中的颜色相匹配。当你尝试使不同照片中的颜色保持一致,或者一个图像中的某些颜色(如肤色)必须与另一个图像中的颜色匹配时,"匹配颜色"命令非常有用。

除了匹配两个图像之间的颜色以外,"匹配颜色"命令还可以匹配同一个图像中不同图层之间的颜色。

执行"图像"/"调整"/"匹配颜色"命令,弹出"匹配颜色"对话框,如图 7-18 所示。在这个对话框中可以很方便地将一个图像的总体颜色和对比度与另一个图像相匹配,使两张图像看上去一致。

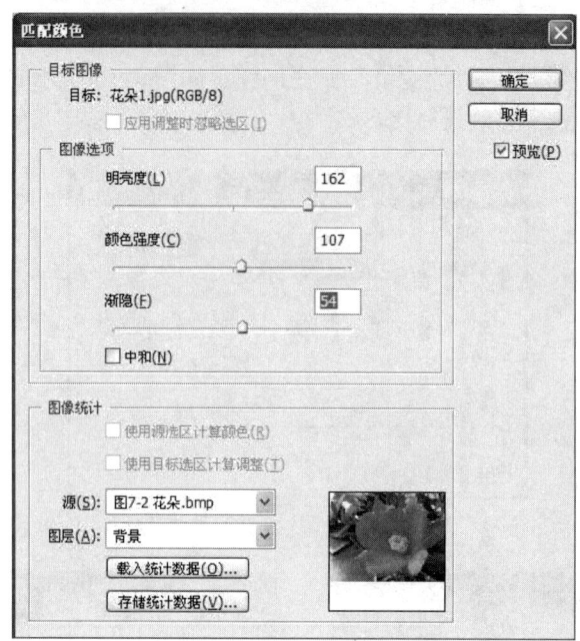

图 7-18 "匹配颜色"对话框

在对话框中选择源照片,勾选"预览"复选框,便可以看到目标图像已经发生了色彩改变。在"亮度"、"颜色强度"和"渐隐"三个滑块中仔细调整。其中"渐隐"滑块向右增大,则匹配程度减弱,向左则加强。对上述三个滑块适度调整,直到目标照片看上去比较自然。单击"确定"按钮予以确认。打开一幅要匹配的图像,另选一幅风景照如花朵作为"源图像"。最终效果如图 7-19 所示。

图 7-19 原图与效果图的对比

7.4.2 替换颜色

数码照片色彩的配置对于图像整体质量有重要影响。应用"替换颜色"命令可以创建不同气氛和色调,从而改善整个图像色视觉品质。但需要提醒的是这个命令不能用于调整图层。

继续用上面的照片,人物穿着白色的衣服,改变一下。应用套索工具在衣服四周建立选区。

执行"图像"/"调整"/"替换颜色"命令。在"替换颜色"对话框内设置"颜色容差"或用默认值。然后勾选"选区"选项,用吸管点击选区内衣服颜色。用带"+"的吸管在选区周围单击,补充替换选区颜色范围。在"替换"项目内适当调整色相/饱和度和明度值,直至选区颜色满意,单击"确定"按钮,予以确认。按 Ctrl+D 组合键取消选区。

替换了人物衣服的颜色,使人物与身后的背景更协调,整个画面更有生机。最后效果如图 7-20 所示。

图 7-20　替换颜色效果

7.4.3　通道混合器

"通道混合器"命令可以指定改变某一通道中的颜色,并混合到主通道中产生一种图像合成的效果。"通道混合器"对话框如图 7-21 所示,在"输出通道"下拉列表框中,可以设定要调整的色彩通道。若对 RGB 模式图像进行调整时,该下拉列表框中显示红色、绿色、蓝色三原色通道;若对 CMYK 模式图像调整时,该列表框中显示青色、洋红、黄色和黑色 4 个色彩通道。对某一通道进行调整时,不影响其他颜色通道。此概念较为抽象,下面通过一个实例说明。

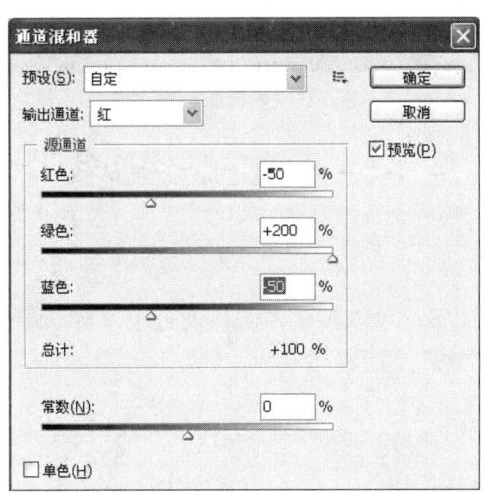

图 7-21　"通道混合器"对话框

打开一张春天的图片。选择"图像"/"调整"/"通道混合器"命令,"通道混合器"对话框的参数设置如下:输出通道:红,红色:-50、绿色:+200、蓝色:-50。单击"确定"按钮后秋天的景色就出现了。如图 7-22 所示。

图 7-22 春天的景色与秋天的景色

7.4.4 可选颜色

可选颜色校正是高端扫描仪和分色程序使用的一种技术，用于在图像中的每个主要原色成分中更改印刷色的数量。可以有选择地修改任何主要颜色中的印刷色数量，而不会影响其他主要颜色。例如，可以使用可选颜色校正显著减少图像绿色图素中的青色，同时保留蓝色图素中的青色不变。

"可选颜色"对话框中可以对 RGB、CMYK 和灰度等色彩模式的图像进行分通道调整颜色。从"颜色"下拉列表框中选择一种想要改变的普通颜色，然后通过拖动中部的三个滑块将所选颜色向原色转换。

图 7-23 可选颜色对比图

7.5 图像的快速调整

7.5.1 亮度/对比度

使用"亮度/对比度"调整，可以对图像的色调范围进行简单的调整。将亮度滑块向右移动会增加色调值并扩展图像高光，而将亮度滑块向左移动会减少值并扩展阴影。对比度滑块可扩展或收缩图像中色调值的总体范围。

在正常模式中，"亮度/对比度"与"色阶"和"曲线"调整一样，都是按比例（非线性）调整图像图层。当选定"使用旧版"时，"亮度/对比度"在调整亮度时只是简单地增大或减小所有像素值。由于这样会造成修剪高光或阴影区域或者使其中的图像细节丢失，因此不建议在旧版模式下对摄影图像使用"亮度/对比度"命令（但对于编辑蒙版或科学影像是很有用的）。当编辑用早期版本的 Photoshop 创建的"亮度/对比度"调整图层时，会自动选定"使用旧版"。

单击"图像"/"调整"/"亮度/对比度"命令，弹出如图 7-24 所示对话框。可以拖动滑块进行调整，如果选中"预览"功能，随滑块的移动，图像可随之变换调整效果。如图 7-25 所示。

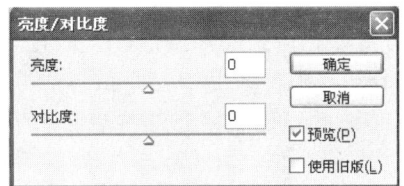

图 7-24　"亮度/对比度"对话框

图 7-25　亮度对比度效果

7.5.2　变化

"变化"命令可以让用户很直观地调整色彩平衡、对比度和饱和度。此命令功能就相当于"色彩平衡"命令再增加"色相/饱和度"命令的功能，但它可以更精确、更方便地调节图像的颜色色彩。

使用此命令时，可以对整个图像进行，也可以只对选取范围和层中的内容进行调整。执行"图像"/"调整"/"变化"命令，打开"变化"对话框，如图 7-26 所示，该对话框中显示在各种情况下待处理图像的缩略图，使用户可以一边调节，一边观察比较图像的变化。

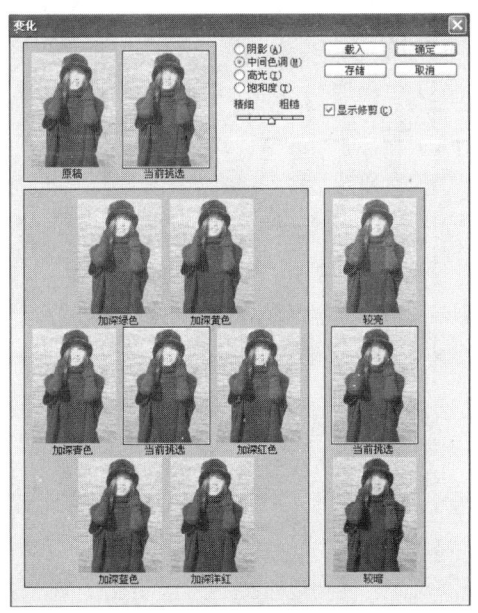

图 7-26　"变化"对话框

7.5.3 色调均化

"色调均化"命令重新分布图像中像素的亮度值,以便它们更均匀地呈现所有范围的亮度级。"色调均化"将重新映射复合图像中的像素值,使最亮的值呈现为白色,最暗的值呈现为黑色,而中间的值则均匀地分布在整个灰度中。如图 7-27 所示。

当扫描的图像显得比原稿暗,并且你想平衡这些值以产生较亮的图像时,可以使用"色调均化"命令。

图 7-27 色调均化对比效果

7.5.4 阴影/高光

当照相时有强逆光而容易使照片产生剪影效果,使用"阴影/高光"命令可以轻松校正。这个命令并不是简单地使图像变亮或变暗,而是基于阴影或高光区周围的像素协调地增亮或变暗。勾选"显示更多选项"复选框会出现更多选项。如图 7-28 所示。调整效果如图 7-29 所示。

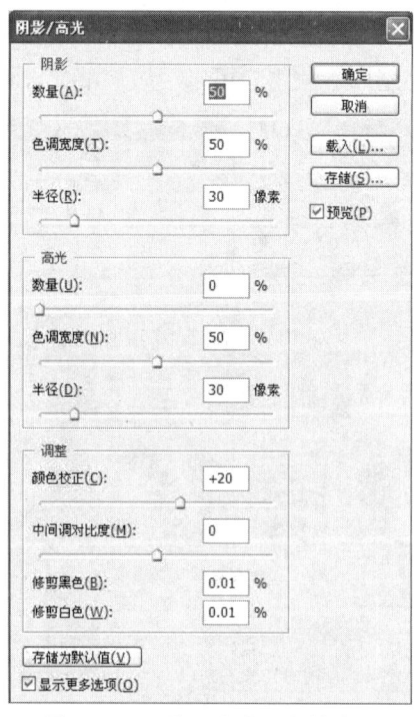

图 7-28 "阴影/高光"参数选项

图 7-29 阴影/高光调整效果

7.6 图像的特殊颜色处理

7.6.1 去色

"去色"命令将彩色图像转换为灰度图像,但图像的颜色模式保持不变。例如,它为 RGB 图像中的每个像素指定相等的红色、绿色和蓝色值。每个像素的明度值不改变。此命令与在"色相/饱和度"调整中将"饱和度"设置为-100 的效果相同。如果正在处理多层图像,则"去色"命令仅转换所选图层。

选择"图像"/"调整"/"去色"命令。去色效果图如图 7-30 所示。

图 7-30 去色命令效果

7.6.2 反相

使用"反相"命令可以将像素的颜色改变为它们的互补色,如白变黑、黑变白等。该命令是唯一不损失图像色彩信息的变换命令。在使用"反相"命令之前,用户可以先选定反转的内容,如层、通道、选取范围或者整个图像,然后执行"图像"/"调整"/"反相"命令或按 Ctrl+I 组合键。图 7-31 为反相对比效果图。

图 7-31　反相对比效果图

7.6.3　阈值

"阈值"调整将灰度或彩色图像转换为高对比度的黑白图像。可以指定某个色阶作为阈值。所有比阈值亮的像素转换为白色；而所有比阈值暗的像素转换为黑色。图 7-32 阈值为 180 时的效果图。

图 7-32　阈值为 180 时的效果图

7.6.4　色调分离

使用"色调分离"调整，可以指定图像中每个通道的色调级数目（或亮度值），然后将像素映射到最接近的匹配级别。例如，在 RGB 图像中选取两个色调级别将产生 6 种颜色：两种代表红色，两种代表绿色，另外两种代表蓝色。

在照片中创建特殊效果，如创建大的单调区域时，此调整非常有用。当减少灰色图像中的灰阶数量时，它的效果最为明显，但它也会在彩色图像中产生有趣的效果。

如果想在图像中使用特定数量的颜色，可将图像转换为灰度并指定需要的色阶数，然后将图像转换回以前的颜色模式，并使用想要的颜色替换不同的灰色调。图 7-33 为色阶值为 2 时的色调分离效果图。

第 7 章　色彩与色调调整

图 7-33　色阶值为 2 时的色调分离效果

7.6.5　渐变映射

选择"渐变映射"命令，可以在图像上蒙上一种指定的渐变图，产生一种特殊的效果，该图像的运用有点类似于使用渐变工具来用图像的本身渐变来填充图像。

打开图 7-34（a）原图，执行"图像"/"调整"/"渐变映射"命令，弹出如图 7-35 所示的对话框，其中渐变类型是可选的，打开渐变类型框，可以看到系统已经设定好的一些渐变类型，除了这些设定好的渐变类型之外，还可以自己选择颜色编辑新的渐变类型。其效果如图 7-34（b）所示。

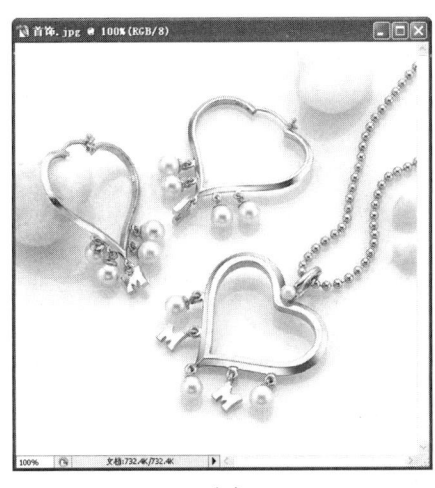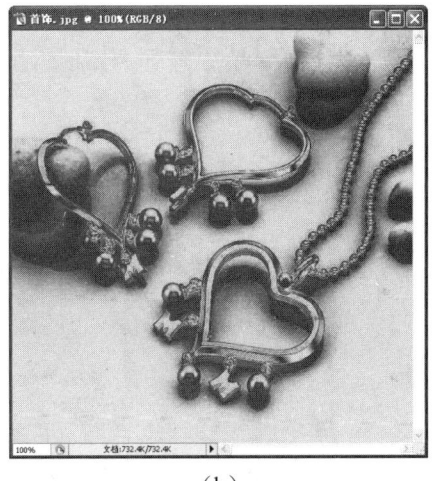

　　　　　（a）　　　　　　　　　　　　　　（b）

图 7-34　原图与渐变映射效果对比

图 7-35　"渐变映射"对话框

7.6.6 黑白

黑白命令将图像中的各种颜色都以黑白色度进行调整，包括单独对某种颜色的黑白度进行加深或减淡。图 7-36 是将图 7-15 进行黑白调整后，再添加色调为绿色的效果图。

图 7-36 黑白加绿色调效果

7.7 案例实训——秋天的童话

本案例中用到的调色工具不太多，但通过用高对比低饱和的色调来渲染画面，再加上一些暗黄、暗青色来点缀，给人较强的怀旧感。先来看一下原图（图 7-37）与最终效果预览（图 7-38）。

图 7-37 素材原图

（1）打开原图素材，创建曲线调整图层，对 RGB 进行调整，参数设置及效果如图 7-39～图 7-41 所示。

（2）创建色彩平衡调整图层，对中间调进行调整，参数设置及效果如图 7-42、图 7-43 所示。

第 7 章　色彩与色调调整

图 7-38　最终效果

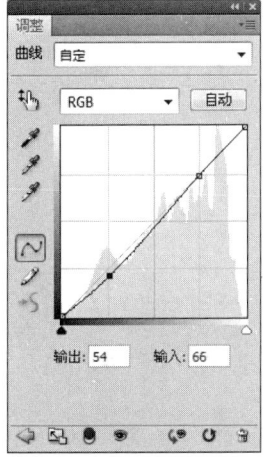

图 7-39　调整曲线

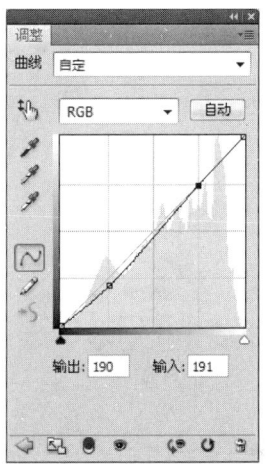

图 7-40　设置曲线效果值

图 7-41　调整后的效果

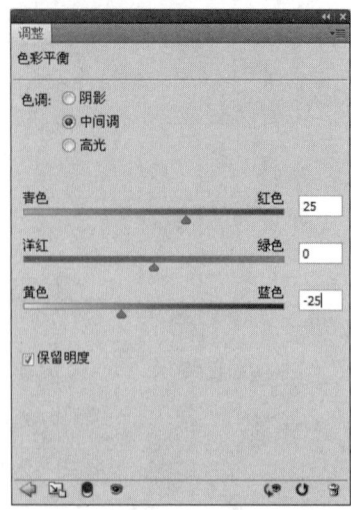

图 7-42 色彩平衡调整中间调

图 7-43 调整后的效果

（3）再创建曲线调整图层，对 RGB 进行调整，参数设置及效果如图 7-44～图 7-46 所示。

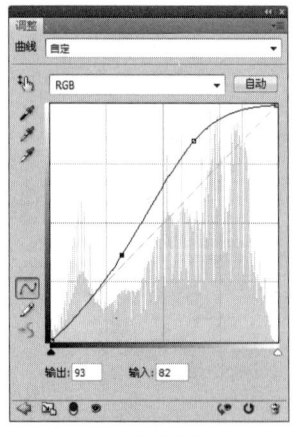

图 7-44 曲线调整图层

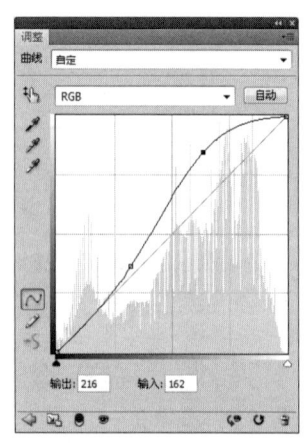

图 7-45 曲线调整图层参数更改

第 7 章　色彩与色调调整

图 7-46　曲线调整后的效果

（4）创建色相/饱和度调整图层，对全图进行调整，参数设置及效果如图 7-47、图 7-48 所示。

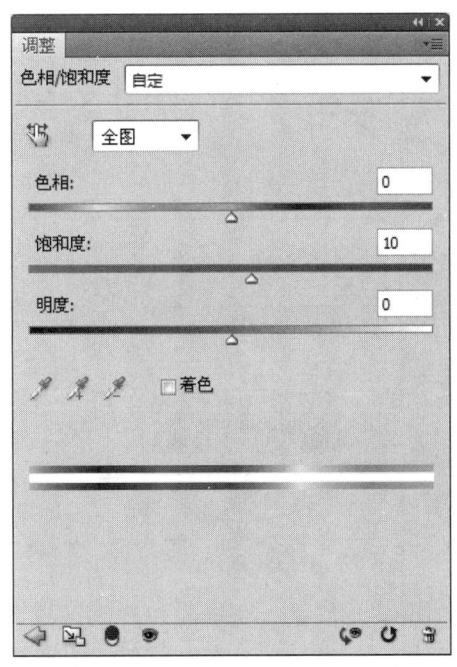

图 7-47　色相/饱和度调整

（5）新建一个图层，如图 7-49 所示。按 Ctrl + Alt + Shift + E 组合键盖印图层。选择"滤镜"/"渲染"/"光照效果"命令，参数及效果如图 7-50、图 7-51 所示。

（6）创建可选颜色调整图层，对青色进行调整，参数设置如图 7-52 所示。

最后调整一下细节，加上一些树叶，完成最终效果。如图 7-38 所示。

207

图 7-48　色相/饱和度调整效果

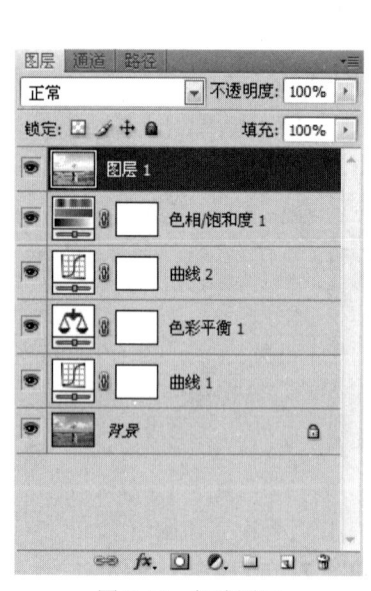

图 7-49　新建图层

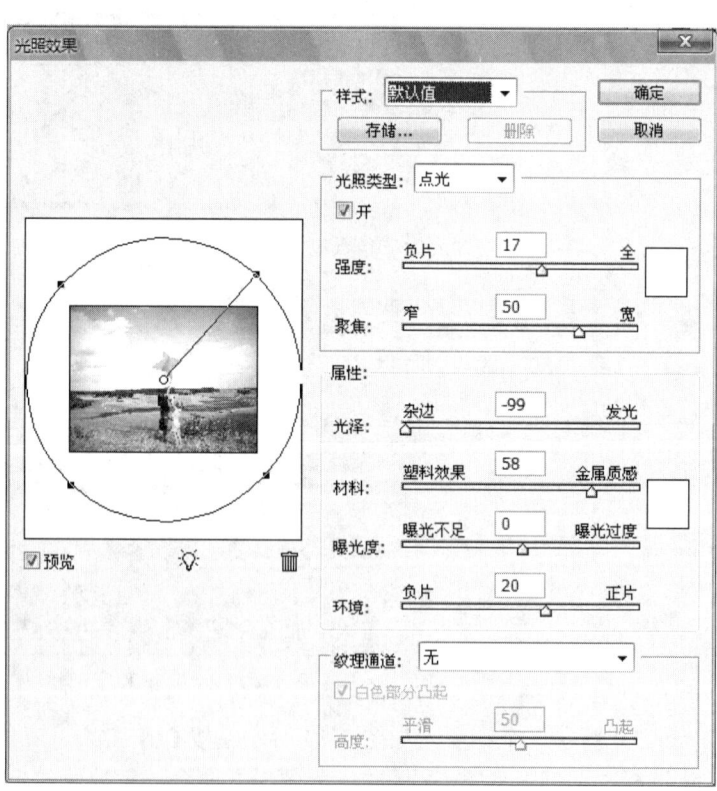

图 7-50　光照效果参数

第 7 章 色彩与色调调整

图 7-51 光照后的效果

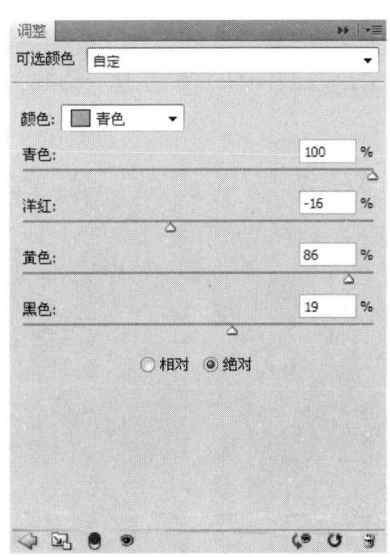

图 7-52 调整青色参数

习题与实训

一、单项选择题

1. 在"色彩范围"对话框中通过调整（　　）来调整颜色范围。
   A．容差值　　　　B．消除混合　　　C．羽化　　　　　D．模糊
2. 在 Photoshop 中，在颜色拾取器（ColorPicker）中，可以对颜色有（　　）几种描述方式。

A．HSB、RGB、Grayscale、CMYK　　B．HSB、IndexedColor、Lab、CMYK

C．HSB、RGB、Lab、CMYK　　D．HSB、RGB、Lab、ColorTable

3．在 Photoshop 中，在"色板（Swatches）"调板中改变工具箱中的背景色的方法是（　　）。

A．按住 Alt 键，并单击　　B．按住 Ctrl 键，并单击

C．按住 Shift 键，并单击　　D．按住 Shift+Ctrl 组合键，并单击

4．在双色调模式中双色调曲线的作用是（　　）。

A．决定专色在图像中的分布

B．决定陷印在图像中的分布

C．决定 CMYKProfile（概貌）在图像中的分布

D．决定超出色域范围的色彩如何在图像中校正

二、操作实训题

Photoshop 的 LAB 模式为婚纱照片调色。自定一幅自己的图像，对其色彩进行调整。如图 7-53 所示。

操作提示：

（1）打开图片，复制，自动色阶。

（2）执行"图像－LAB 模式"。

（3）单击通道，全选 a 通道，复制，单击 b 通道，粘贴。

（4）最后转回 RGB 模式。

图 7-53　效果图

第 8 章　滤镜

本章介绍 Photoshop CS4 中滤镜工具的使用，通过对本章的学习要求读者了解滤镜的基础知识，熟练掌握常用滤镜的操作，熟悉常用滤镜的应用效果，了解外挂滤镜的安装与使用。

1. 滤镜的基础知识。
2. 滤镜的操作和常用滤镜的应用效果。

8.1　滤镜概述

滤镜是 Photoshop 中经过专门设计，可以产生多种特效的强大工具，使用滤镜可以为图像快速添加光晕、风、波纹甚至更为复杂的特殊效果。

Photoshop 中各种滤镜都是按照一定的程序算法，对图像像素进行各种变换操作，从而使图像产生特殊效果。对于各种滤镜的内部算法读者不用探究，只需会使用各种滤镜工具实现特殊效果即可。

Photoshop 中滤镜的种类繁多，主要可以分为内部滤镜和外挂滤镜，内部滤镜是安装 Photoshop 时自带安装上去的滤镜，外挂滤镜是由第三方厂商为 Photoshop 所生产的滤镜插件，它们不仅种类齐全、品种繁多而且功能强大，版本与种类也在不断更新，比较著名的有 Alien Skin 公司生产的 Eye Candy 4000、Metatools 公司的 KPT 系列滤镜等。

在使用滤镜时，应注意滤镜的一些使用技巧：

（1）应用滤镜时，系统默认为每个滤镜设置了效果，自带的滤镜效果就会应用到图像中，可通过修改滤镜的参数加以修正。

（2）在没有选区的情况下，滤镜效果会应用到整个图像，反之只对选区内的图像进行处理。

（3）滤镜不能应用于位图、索引色和 48 位 RGB 模式的图像。

（4）滤镜只能应用于当前可见图层，且可以反复连续应用，反复连续应用的快捷键为 Ctrl+F。

（5）文字图层必须栅格化转换为普通图层才能应用滤镜效果。

（6）在滤镜设置对话框中，如果希望恢复调节前的参数，可以按住 Alt 键，单击"复位"按钮将参数恢复到初始状态。

如图 8-1 为 Photoshop 的滤镜菜单，由于不同的前景与背景色会有不同的效果，本章中例子效果用黑色作为前景色，白色为背景色。

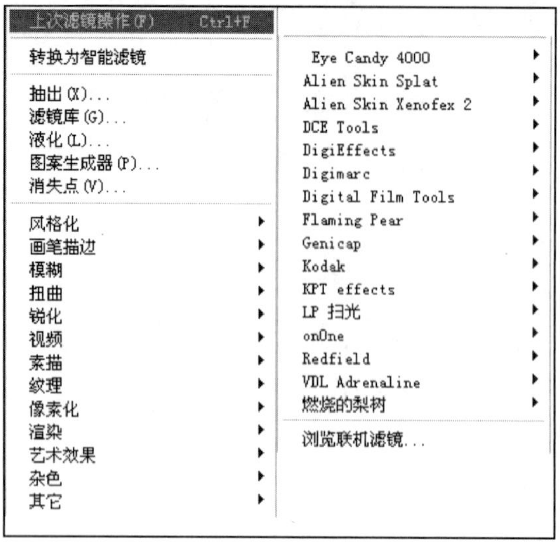

图 8-1　滤镜菜单（下拉菜单过长这里分成两部分）

8.2　传统滤镜库

传统滤镜库是指 Photoshop 早期版本就已经存在的滤镜库，传统滤镜库中主要有艺术效果滤镜、模糊滤镜、画笔描边滤镜、扭曲滤镜、杂色滤镜、像素化滤镜、渲染滤镜、锐化滤镜、素描滤镜、风格化滤镜、纹理滤镜等。每个滤镜下面又有一系列的下一级菜单。

8.2.1　艺术效果滤镜

艺术效果滤镜是模仿现实世界中美术或商业绘画的艺术风格，它直接作用在图像像素上，在图像上产生水彩画、铅笔画、蜡笔画等各种不同的艺术效果，使图像转化为不同类型的绘画作品。艺术效果滤镜共有 15 个，包括壁画、彩色铅笔、粗糙蜡笔、底纹效果等滤镜。

选择"滤镜"菜单下的"艺术效果"命令，即可应用艺术效果滤镜，如图 8-2 所示。

下面以图 8-3 为例讲解各艺术效果滤镜的用法。

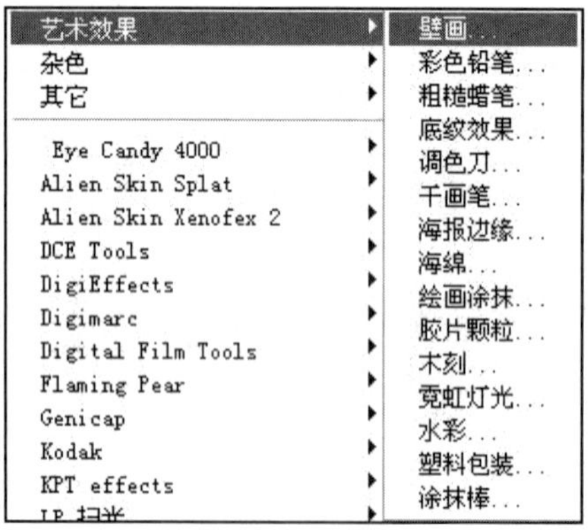

图 8-2　"艺术效果"下拉菜单　　　　　　　　图 8-3　冬鹿原图

针对"艺术效果"菜单下有 15 个滤镜，其使用方便，大同小异，单击不同的滤镜在预览窗中会有直接的效果，非常直观。

1. 制作壁画

用短而圆的小块颜料涂抹，通过改变图像的对比度产生斑驳，产生类似古壁画的特殊效果。参数及效果如图 8-4 所示。壁画滤镜参数详解如下：

画笔大小：设置画笔笔触大小，数值越大，画面越粗糙。

画笔细节：设置画笔的精细，数值越大，画笔越精确。

纹理：设置图像的纹理，数值越大，产生的纹理越大。

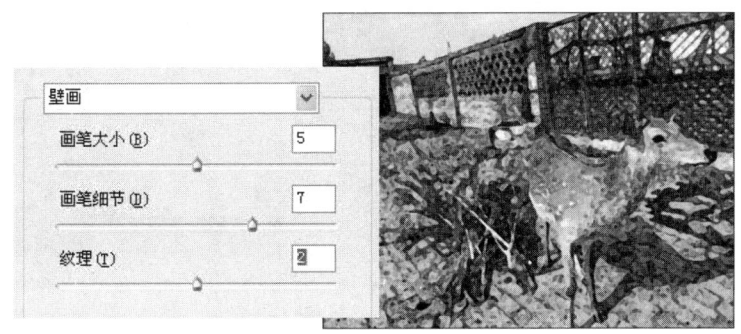

图 8-4 "壁画"参数及其效果

2. 彩色铅笔

模拟彩色铅笔的绘画效果，保留图像的主要边缘，画面上产生类似铅笔线的粗糙线条。参数及效果如图 8-5 所示。彩色铅笔参数详解如下：

铅笔宽度：设置铅笔宽度，数值越大，笔触越大。

描边压力：设置描边的力度，数值越大，线条越明显。

纸张亮度：调整绘制区域的亮度，数值越大，亮度越大。

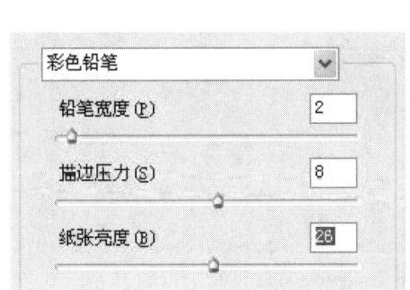

图 8-5 "彩色铅笔"参数及其效果图

3. 粗糙蜡笔

模拟蜡笔在具有纹理的表面上绘画的效果，既可使用内置的纹理，又可以载入其他纹理文件使用。参数及效果如图 8-6 所示。粗糙蜡笔滤镜参数详解如下：

描边长度：设置蜡笔线条的长度。

描边细节：设置绘画细节，数值越大，线条越多。

纹理：设置绘画的纹理类型，包括砖形、画布、粗麻布、砂岩等，可以单击 按钮载入纹理。

缩放：对纹理和线条进行缩放。

凸现：设置纹理的凸显，决定纹理的深浅。
光照：设置光照方向。
反相：反转画面明暗色调。

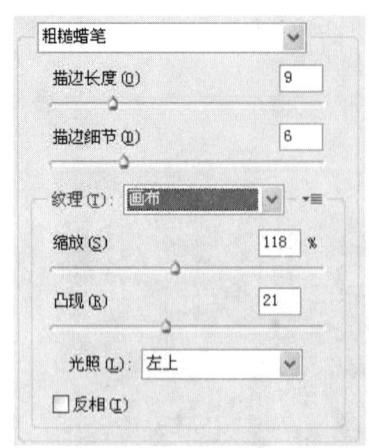

图 8-6 "粗糙蜡笔"参数及其效果

4. 底纹效果

产生具有纹理的图像。参数及效果如图 8-7 所示。底纹效果滤镜参数详解如下：

纹理覆盖：纹理的覆盖程度。

其他参数参照"粗糙蜡笔"参数设置。

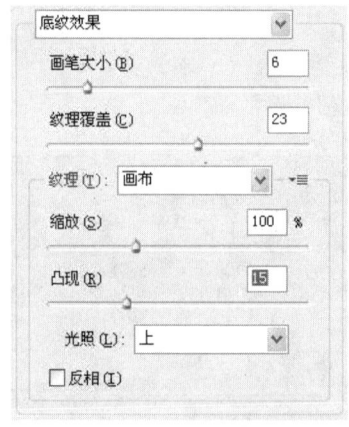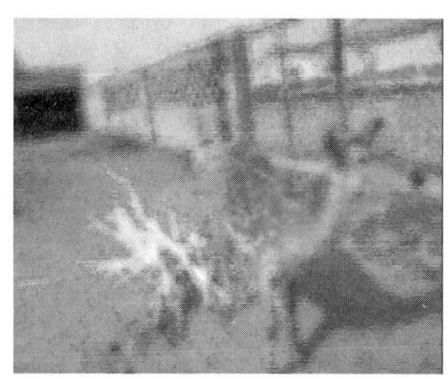

图 8-7 "底纹效果"参数及其效果

5. 调色刀

降低图像的细节并淡化图像，使图像呈现出绘制在湿润的画布上的效果。参数及效果如图 8-8 所示。调色刀滤镜参数设置如下：

软化度：设置图像柔和度。

6. 干画笔

模拟画笔颜料即将干枯时绘画的效果，产生不饱和也不湿润的油画效果。参数及效果如图 8-9 所示。干画笔参数设置如下：

画笔大小：调整当前文件画笔的大小。

画笔细节：调整画笔的细微细节。

纹理：调整图像的纹理，数值大纹理效果就越大，数值小纹理效果就小。

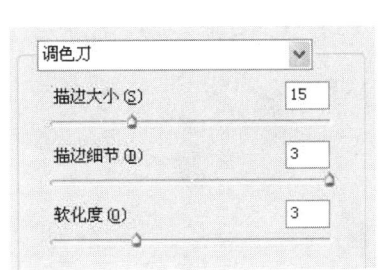 

图 8-8　"调色刀"参数及其效果

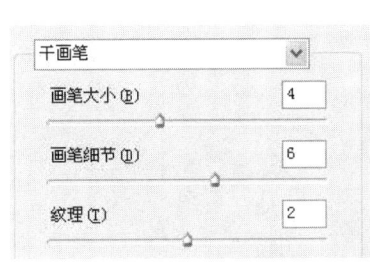 

图 8-9　"干画笔"参数及其效果

7. 海报边缘

用黑色线条绘制图像的边缘，产生具有招贴画效果的图像。参数及效果如图 8-10 所示。海报边缘滤镜参数详解如下：

边缘厚度：调节边缘绘制的柔和度。

边缘强度：调节边缘绘制的对比度。

海报化：控制图像的颜色数量。

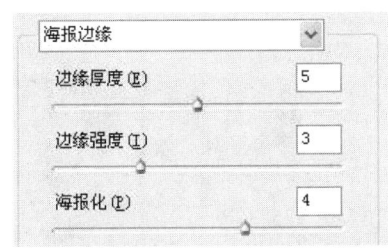 

图 8-10　"海报边缘"参数及其效果

8. 海绵

模拟海绵绘制的效果。参数及效果如图 8-11 所示。海绵滤镜参数详解如下：

清晰度：调节海绵绘制图像的对比度。

平滑度：调整色彩之间的融合度。

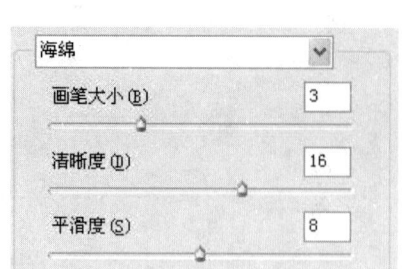

图 8-11 "海绵"参数及其效果

9. 绘画涂抹

模拟在画布上涂抹形成的效果。参数及效果如图 8-12 所示。绘画涂抹滤镜参数详解如下：

锐化程度：控制图像的锐化值。

画笔类型：指简单、未处理光照、未处理深色、宽锐化、宽模糊和火花 6 种类型。

图 8-12 "绘画涂抹"参数及其效果

10. 胶片颗粒

给图像添加杂色，产生胶片颗粒的效果。参数及效果如图 8-13 所示。胶片颗粒参数详解如下：

颗粒：设置图像上分布颗粒的数量和大小。

高光区域：设置高光区域的大小。

强度：设置当前颗粒的强度。

图 8-13 "胶片颗粒"参数及其效果

11. 木刻

产生类似剪纸画、木刻画的效果。参数及效果如图 8-14 所示。木刻滤镜参数详解如下：

色阶数：控制色阶的数量级。

边缘简化度：简化图像的边界。

边缘逼真度：控制图像边缘的细节。

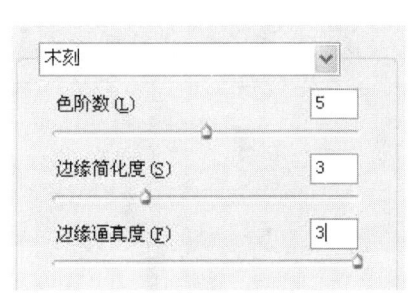

图 8-14 "木刻"参数及其效果

12. 霓虹灯光

使图像产生类似霓虹灯光照射的效果。参数及效果如图 8-15 所示。霓虹灯光滤镜参数详解如下：

发光大小：当前图像发光的大小。

发光亮度：当前图像发光的亮度。

发光颜色：当前图像发光的颜色。

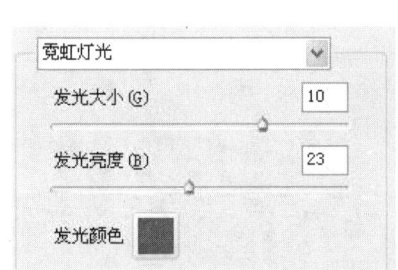

图 8-15 "霓虹灯光"参数及其效果

13. 水彩

产生类似水彩画的效果。参数及效果如图 8-16 所示。水彩滤镜参数详解如下：

阴影强度：设置阴影的强度。

14. 塑料包装

使图像产生涂上具有质感的发光材料的效果。参数及效果如图 8-17 所示。塑料包装滤镜参数详解如下：

高光强度：设置高光的亮度。

细节：设置图像绘制细节的复杂程度。

平滑度：调整包装效果的平滑度。

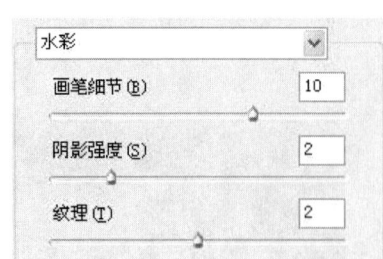

图 8-16 "水彩"参数及其效果

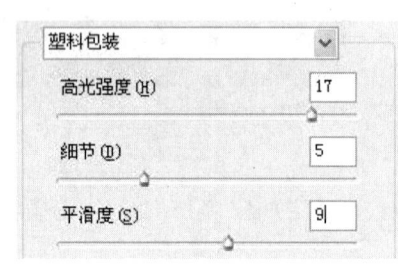

图 8-17 "塑料包装"参数及其效果

15. 涂抹棒

模拟使用蜡笔或粉笔等物体在图像上进行涂抹的效果。参数及效果如图 8-18 所示。涂抹棒滤镜参数详解如下：

描边长度：设置涂抹笔触的长度。

高光区域：设置高光区域的范围。

强度：设置涂抹的强度。

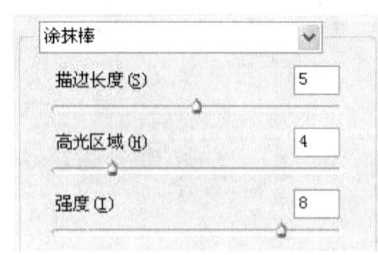

图 8-18 "涂抹棒"参数及其效果

8.2.2 模糊滤镜

模糊滤镜是经常使用的滤镜之一，它通过降低图像的清晰度，降低局部细节的相对反差，使图像更加柔和，增加对图像的修饰效果。其基本原理是图像中颜色边缘的像素与其周围临近的像素颜色平均而产生的一种平滑的过渡效果。

模糊滤镜包括表面模糊、动感模糊、方框模糊、高斯模糊等 11 个滤镜。

单击"滤镜"菜单下"模糊"命令，即可应用模糊滤镜，如图 8-19 所示。

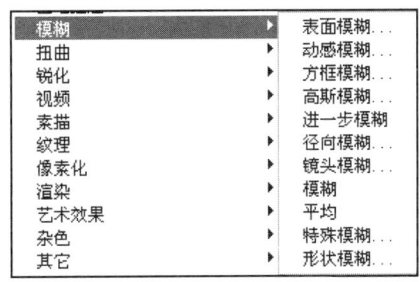

图 8-19 "模糊"选项

1. 表面模糊

对图像产生模糊，但同时保留边缘，可用于处理脸部的杂色。打开素材，如图 8-20（a）所示。选择"滤镜"/"模糊"/"表面模糊"命令，参数设置如图 8-21 所示。滤镜效果如图 8-20（b）所示。表面模糊滤镜参数详解如下：

（a） （b）

图 8-20 原图及表面模糊效果对比

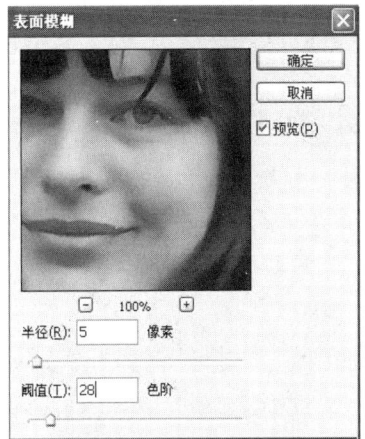

图 8-21 "表面模糊"参数设置

半径：以像素为单位指定模糊取样区域的大小。

阈值：以色阶为单位，选项控制相邻像素色调值与中心像素值相差多大时才能成为模糊的一部分。色调值差小于阈值的像素被排除在模糊之外。

2. 动感模糊

通过对图像中某一方向上像素进行线性位移来产生运动的模糊效果。打开如图 8-22（a）所示的奔跑原图。选择"滤镜"/"模糊"/"动感模糊"命令，参数设置如图 8-23 所示。效果如图 8-22（b）所示。动感模糊滤镜参数详解如下：

角度：设置动感模糊的方向，取值范围在-360 度到 360 度之间。

距离：设置动感模糊的强度，取值范围在 1～999 之间。

（a） （b）

图 8-22 奔跑原图及效果对比

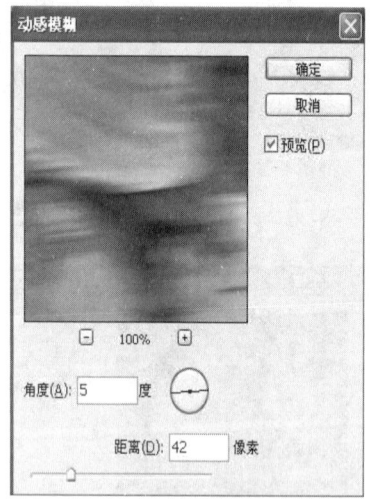

图 8-23 "动感模糊"参数设置

3. 方框模糊

以图像中邻近像素颜色平均值为基准进行模糊。打开如图 8-24 所示的百合原图。选择"滤镜"/"模糊"/"方框模糊"命令，半径设置为 10 像素，滤镜效果如图 8-25 所示。

方框模糊参数详解如下：

半径：计算给定像素的平均值的区域大小，半径越大，产生的模糊效果越好。

图 8-24　百合原图

图 8-25　方框模糊效果

4．高斯模糊

根据高斯算法中的曲线调节像素的色值来控制模糊程度，主要用于制作阴影、消除边缘锯齿、去除明显边界和突起等。为了和表面模糊作比较，仍然使用如图 8-20（a）所示的人物原图。选择"滤镜"/"模糊"/"高斯模糊"命令，参数设置及滤镜效果如图 8-26 所示。

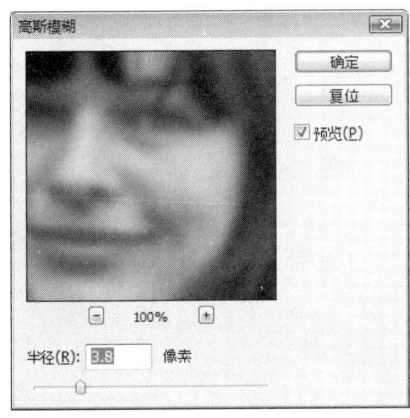

图 8-26　"高斯模糊"参数设置及效果

通过与表面模糊的效果相比较，可以看出表明模糊保留边缘像素，而高斯模糊对所有像素进行了模糊处理。其参数详解参考表面模糊。

5．进一步模糊

进一步模糊与模糊类似，比模糊的效果强些。该滤镜无参数设置，参照模糊滤镜。

6．径向模糊

使图像产生放射状模糊效果。打开如图 8-27（a）所示的齿轮原图。选择"滤镜"/"模糊"/"径向模糊"命令，参数设置如图 8-28 所示。滤镜效果如图 8-27（b）所示。径向模糊滤镜参数详解如下：

数量：设置模糊的程度。

模糊方法：包括旋转和缩放两种，旋转是沿同心圆环线进行模糊，缩放时沿径向线模糊。

品质：模糊效果的质量，有草图、好和最好三种。

中心模糊：设置模糊的中心。

7．镜头模糊

模拟摄像机镜头抖动时产生的模糊效果。镜头模糊滤镜参数详解如下：

更快：预览速度快。

 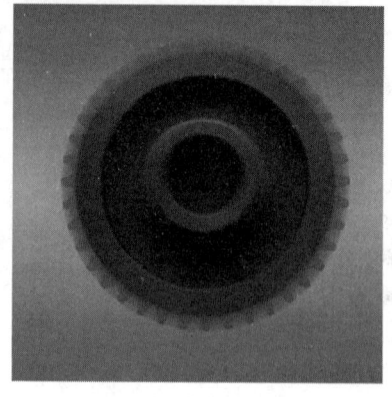

（a）　　　　　　　　　　（b）

图 8-27　齿轮原图与效果图对比

更加准确：预览更加精确。

源：选择创建深度映射的源。使用 Alpha 通道和蒙版来创建深度映射。

模糊焦距：设置位于焦点内的像素的深度。

反相：将选区或用作深度映射源的蒙版或 Alpha 通道反转。

形状：光圈类型，共有三角形、方形等 6 种。

半径：设置模糊程度。

叶片弯度：设置光圈叶片的弯度，对光圈边缘的图像平滑处理。

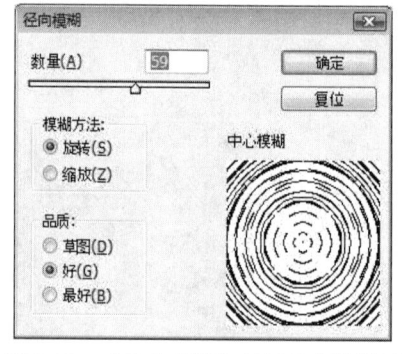

图 8-28　"径向模糊"效果及参数设置

旋转：旋转光圈。

亮度：设置高光区域的亮度。

阈值：临界点，比此值亮的像素为高光像素。

数量：设置杂点的数量。

平均：随机分布杂色的颜色值。

高斯分布：沿钟形曲线分布杂点的颜色值。

单色：勾选它只生成灰色杂点，否则生成彩色杂点。

8. 模糊

通过减少相邻像素之间的颜色对比来平滑图像。该滤镜无参数设置，可以直接应用该滤镜查看效果。

9. 平均

通过对图像中的平均颜色值进行柔化处理，从而产生模糊效果。该滤镜无参数设置，直接应用即可。

10. 特殊模糊

比表面模糊更能精确地模糊图像。

特殊模糊滤镜参数详解如下：

半径：确定在选定的图片中搜索不同像素的区域大小，以半径值为范围进行模糊。

阈值：确定像素在被消除前，像素值差异程度究竟多大才将其消除。

品质：模糊的质量。

模式：正常，对整个图像进行操作；边缘优先，应用黑白混合的边缘，此模式会使当前图像背影自动变为黑色，留下了图片中物体的黑白边缘；叠加边缘，此模式使当前图像一些纹理的边缘变为白色。

11. 形状模糊

使图像按照特定的形状进行模糊处理。

8.2.3 画笔描边滤镜

画笔描边滤镜是模拟绘画时各种笔触技法的运用，以不同的画笔和颜料来生成一些精美的绘画艺术效果。通过向图像中加入颗粒、颜料、噪点、描边以及纹理图案等效果，使该滤镜具有使用不同笔刷和墨产生艺术画效果。

画笔描边滤镜包括成角的线条、墨水轮廓、喷溅、喷色描边等 8 个滤镜。

单击"滤镜"菜单下的"画笔描边"命令，即可应用画笔描边滤镜，如图 8-29 所示。单击任何一个滤镜都能打开如图 8-30 所示的效果。

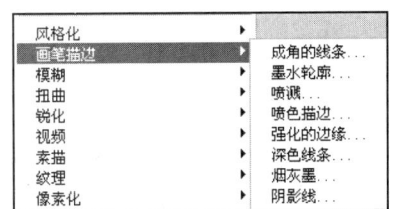

图 8-29 "画笔描边"菜单下的 8 个滤镜

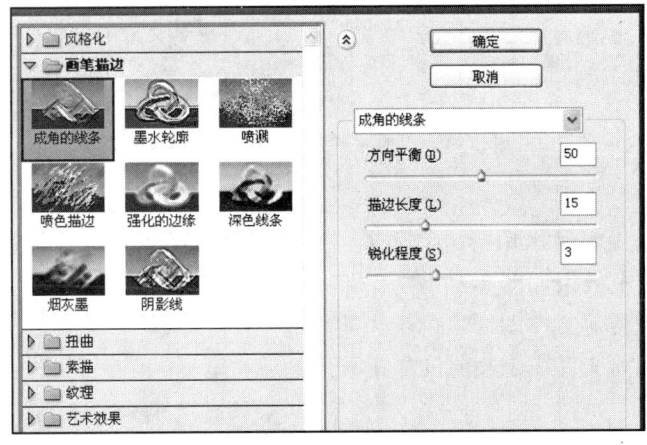

图 8-30 "画笔描边"菜单下的 8 个滤镜

1. 成角的线条

产生斜笔画风格的图像，类似于使用画笔按某一角度在画布上用油画颜料所涂画出的斜线，线条修长、笔触锋利，效果比较好看。原图与"成角的线条"效果图如图 8-31、图 8-32 所示。参数详解如下：

边缘宽度：调整当前图像边缘强化的宽度。

边缘亮度：调整当前图像强化边缘的亮度。

平滑度：调整当前图像强化边缘的平滑度。

图 8-31 桃花原图

图 8-32 "成角的线条"效果

2. 墨水轮廓

滤镜可以产生使用墨水笔勾画图像轮廓线的效果，使图像具有比较明显的轮廓。参数及效果如图 8-33 所示。参数详解如下：

描边长度：调整当前文件图像油墨概况线长的长度。

深色强度：调整当前文件图像深色的强度。

光照强度：调整当前文件图像光照的强度。

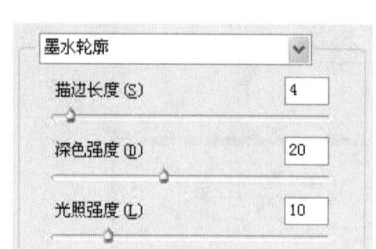

图 8-33 "墨水轮廓"参数及其效果

3. 喷溅

产生如同在画面上喷洒水后形成的效果，或有一种被雨水打湿的视觉效果，也有人叫它"雨滴"滤镜。参数及效果如图 8-34 所示。参数详解如下：

喷色半径：调整当前文件图像喷色半径的程度。

平滑度：调整当前文件图像喷溅的平滑程度。

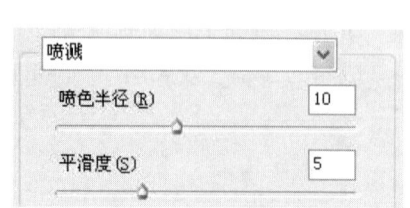

图 8-34 "喷溅"参数及其效果

4. 喷色描边

产生一种按一定方向喷洒水花的效果，画面看起来有如被雨水冲涮过一样。参数及效果如图 8-35 所示。参数详解如下：

线条长度：调整当前文件图像喷色线条的长度。

喷色半径：调整当前文件图像喷色半径的程度，数值越大喷溅的效果越差。

描边方向：对角线（Right Diagonal）：斜线 45 度。

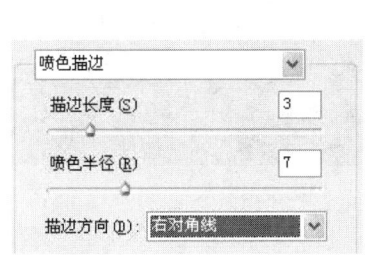

图 8-35 "喷色描边"参数及其效果

5. 强化的边缘

用彩色笔来勾画图像边界而形成的效果，使图像有一个比较明显的边界线。参数及效果如图 8-36 所示。参数详解如下：

边缘宽度：用于设置勾画的边缘宽度。

边缘亮度：值越大，边缘越亮。

平滑度：决定勾画细节的多少，值越小，图像的轮廓越清晰。

图 8-36 "强化的边缘"参数及其效果

6. 深色线条

通过用短而密的线条来绘制图像中的深色区域，用长而白的线条来绘制图像中颜色较浅的区域，从而产生一种很强的黑色阴影效果。参数及效果如图 8-37 所示。参数详解如下：

平衡：调整当前文件深色线条的平衡度。

黑色强度：调整当前文件图像黑色的强度。

白色强度：调整当前文件图像白色的强度。

7. 烟灰墨

通过计算图像中像素值的分布，对图像进行概括性的描述，进而产生用饱含黑色墨水的画笔在宣纸上进行绘画的效果。它能使带有文字的图像产生更特别的效果。参数及效果如图

8-38 所示。参数详解如下：

描边宽度：调整当前文件图像描边的宽度。

描边压力：调整当前文件图像描边的压力。数值越大，图像越生硬。

对比度：调整当前文件图像明暗的对比度。

图 8-37 "深色线条"参数及其效果

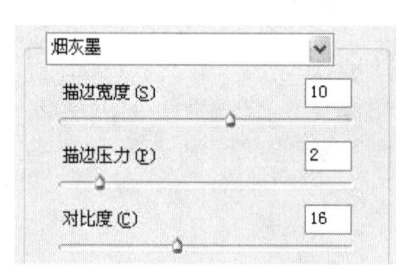

图 8-38 "烟灰墨"参数及其效果

8. 阴影线

产生具有十字交叉线网格风格的图像，就如同在粗糙的画布上使用笔刷画出十字交叉线作画时所产生的效果一样，给人一种随意编制的感觉。参数及效果如图 8-39 所示。参数详解如下：

描边长度：调整阴影线线条的长度。

锐化程度：控制阴影线锐化程度。数值越大效果越生硬。数值越小效果越柔和。

强度：调整阴影线的强度，可以把像素颜色变亮。

图 8-39 "阴影线"参数及其效果

8.2.4 扭曲滤镜

扭曲滤镜将图像进行几何扭曲，创建 3D 或其他效果。由于扭曲滤镜的效果一般较为强烈，可用于选择的、羽化的图像区域，使整体图像效果显得更为精细。

扭曲滤镜包括波纹、波浪、海洋波纹、玻璃等 13 个滤镜。单击"滤镜"菜单下的"扭曲"命令即可应用扭曲滤镜，如图 8-40 所示。

1．波浪

根据设定的波长等参数产生波动的效果。参数设置如图 8-41 所示。参数详解如下：

生成器数：数值越大，图像里面就会出现重影越多。

波长：最小，在"最小"文本框里输入数值可以控制最大的划杆拖动的终点位置；最大（Max），在"最大"文本框里输入数值可以控制最小划杆拖动的终点位置。

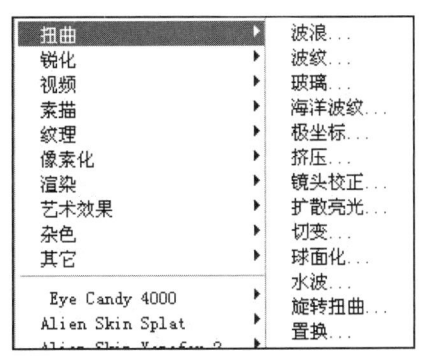
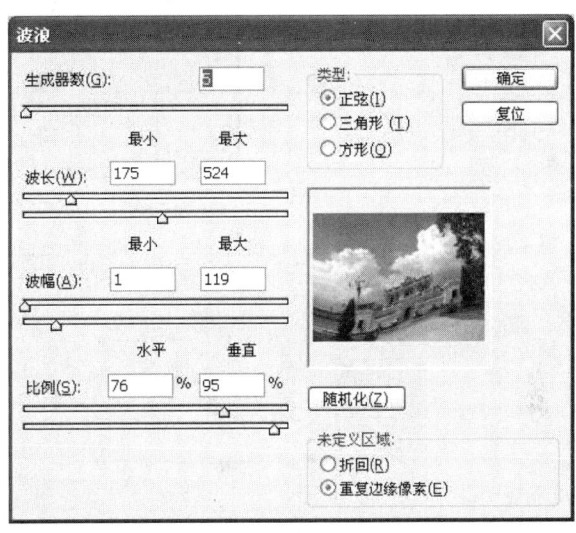

图 8-40　"扭曲"下的 13 个滤镜　　　　　图 8-41　"波浪"参数选项

波幅：参考波长。

比例：水平，控制水平方向的变形程度；垂直，控制垂直方向的变形程度。

类型：正弦，正弦波；三角形，三角形波；方形，方形波。

随机化：生成随机变化的变形。

未定义区域：折回，将一侧的像素移动至图像的另一侧；重复边缘像素，将使用附近的颜色像素填充图像。

2．波纹

产生水面上波纹效果。参数设置如图 8-42 所示。参数详解如下：

数量：控制波纹的数量。

大小：分大、中、小 3 种类型。

3．玻璃

模拟透过玻璃来观看图像的效果。参数设置如图 8-43 所示，参数详解如下：

扭曲度：调整当前文件图像扭曲的程度。

平滑度：调整当前文件图像玻璃效果的平滑程度。

纹理：有块状、画布、磨砂和小镜头 4 种类型。

"载入纹理"按钮：载入本地 PSD 文件做为纹理。

缩放：调整当前文件图像各种效果的缩放。

反相：改变纹理以及玻璃效果的方向。

图 8-42 "波纹"参数选项

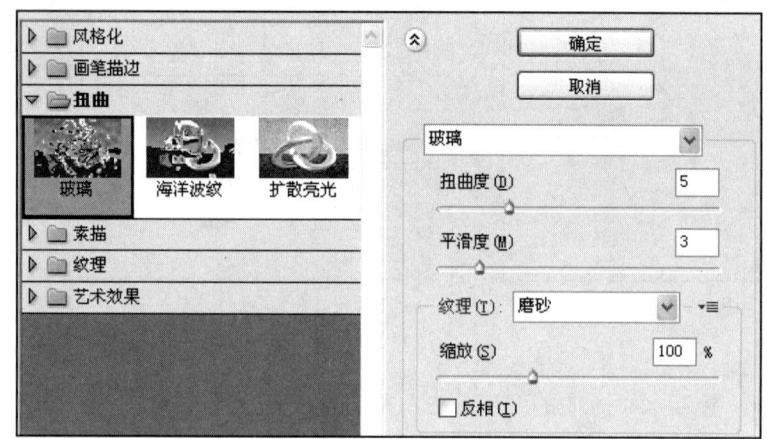

图 8-43 "玻璃"参数选项（"海洋波纹、扩散亮光"参数与其大同小异）

4．海洋波纹

产生海洋波纹的效果。参数详解如下：

波纹大小：调整当前文件图像波纹的大小。

波纹幅度：调整当前文件图像波纹幅度的程度。

5．扩散亮光

滤镜使用背景色为图像添加杂色，使图像产生一种弥漫的光漫射效果。参数详解如下：

粒度：设置杂点的细致程度。

发光量：设置杂点的发光颜色。

清除数量：设置杂色的覆盖范围，值越大，覆盖的范围越小。

6．极坐标

将图像中的像素从直角坐标系转换成极坐标系，或者从极坐标系转换到直角坐标系。参数设置如图 8-44 所示，参数详解如下：

平面坐标到极坐标：以图像的中心为中心点进行坐标转换。

极坐标到平面坐标：以图像的底部为中心然后进行坐标转换。

7. 挤压

模拟膨胀或挤压的效果，能缩小或放大图像中的选择区域，使图像产生向内或向外挤压的效果。参数设置如图 8-45 所示，参数详解如下：

数量：挤压的程度。

图 8-44　"极坐标"参数选项

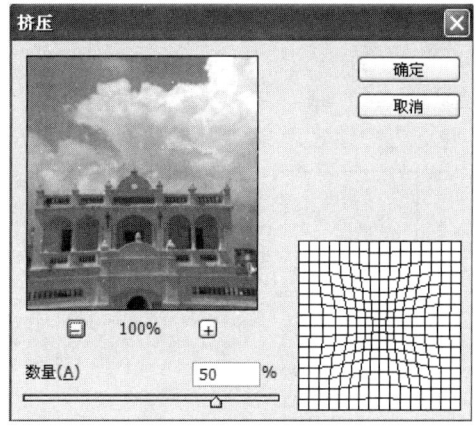

图 8-45　"挤压"参数选项

8. 镜头矫正

主要针对桶形和枕形失真、晕影（图片边缘角落较黑）、色差（图像边缘的一圈色边，比如紫边）等现象。可以旋转图像。参数设置如图 8-46 所示，参数详解如下：

移去扭曲工具：在预览窗口中拖曳鼠标可以修改桶形或枕形失真。与设置"移去扭曲"选项作用相同。

拉直工具：在预览窗口中拖曳鼠标创建一条直线，将以直线作为垂直方向，旋转图像。

移动网格工具：移动网格以将其与图像对齐。

移去扭曲：校正镜头桶形或枕形失真。移动滑块可拉直从图像中心向外弯曲或朝图像中心弯曲的水平和垂直线条，也可以使用移去扭曲工具来进行此校正。朝图像的中心拖动可校正枕形失真，而朝图像的边缘拖动可校正桶形失真。调整"边缘"选项，指定要如何处理任何生成的空白图像边缘。

色差：校正色边。在进行校正时，放大预览的图像可更近距离地查看色边。

修复红/青边：通过调整红色通道相对于绿色通道的大小，针对红/青色边进行补偿。

修复蓝/黄边：通过调整蓝色通道相对于绿色通道的大小，针对蓝/黄色边进行补偿。

晕影：校正由于镜头缺陷或镜头遮光处理不正确而导致边缘较暗的图像。

数量：设置沿图像边缘变亮或变暗的程度。

中点：指定受"数量"滑块影响的区域的宽度。如果指定较小的数，则会影响较多的图像区域；指定较大的数，则只会影响图像的边缘。

垂直透视：校正由于相机向上或向下倾斜而导致的图像透视。使图像中的垂直线平行。

水平透视：校正图像透视，并使水平线平行。

角度：旋转图像以针对相机歪斜加以校正，或在校正透视后进行调整，也可以使用拉直工具来进行此校正。沿图像中作为横轴或纵轴的直线拖动。

边缘：指定如何处理由于枕形失真、旋转或透视校正而产生的空白区域。可以使用透明或某种颜色（背景色）填充空白区域，也可以扩展图像的边缘像素。

缩放：向上或向下调整图像缩放。图像像素尺寸不会改变。主要用途是移去由于枕形失真、旋转或透视校正而产生的图像空白区域。放大实际上将导致裁剪图像，并使插值增大到原始像素尺寸。

9. 切变

根据用户在对话框中设置的垂直曲线来使图像发生扭曲变形，产生比较复杂的扭曲效果。参数设置如图8-47所示。参数详解如下：

折回：将一侧的像素移动至图像的另一侧。

重复边缘像素：将使用附近的颜色填充图像移置后空白部分。

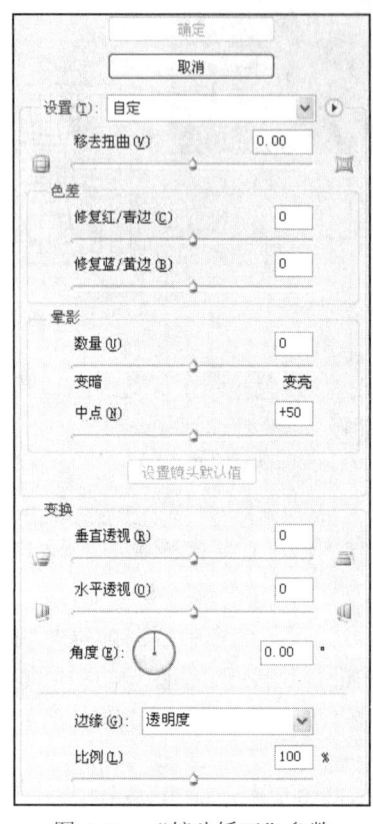

图 8-46 "镜头矫正"参数

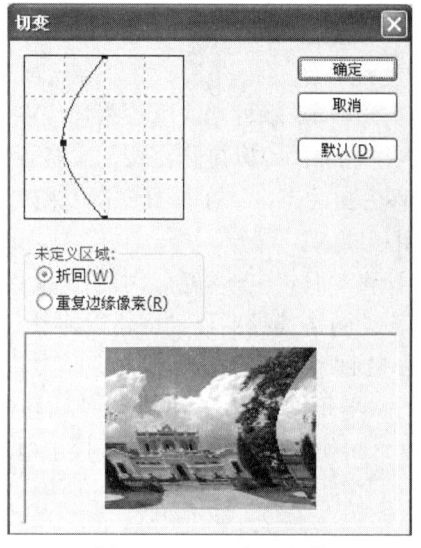

图 8-47 "切变"参数

10. 球面化

使图像区域膨胀，实现球形化，形成类似将图像贴在球体或圆柱体表面的效果。参数设置如图8-48所示。参数详解如下：

数量：设置调整球化的程度。

模式：设置图像扭曲的方向，有正常、水平优先、垂直优先3种。

11. 水波

根据图像中像素的半径将选区径向扭曲，产生旋转波纹的效果。参数设置如图8-49所示。参数详解如下：

数量：设置波纹起伏的程度。

起伏：设置波纹的数量。

样式：设置波纹的形态，有围绕中心、从中心向外以及水池波纹3种。

12. 旋转扭曲

产生类似于风轮旋转的效果。参数设置如图 8-50 所示，参数详解如下：

角度：设置旋转角度，取值范围为-999°～+999°。

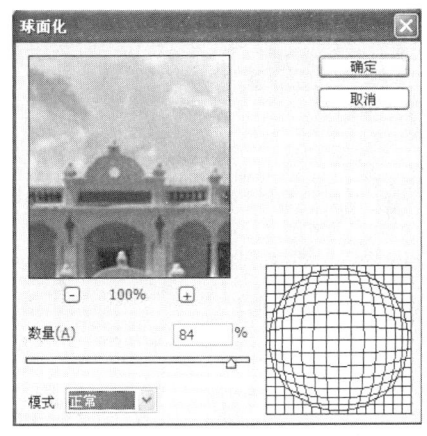

图 8-48　"球面化"参数

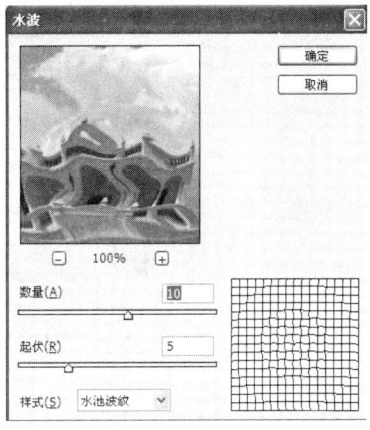

图 8-49　"水波"参数

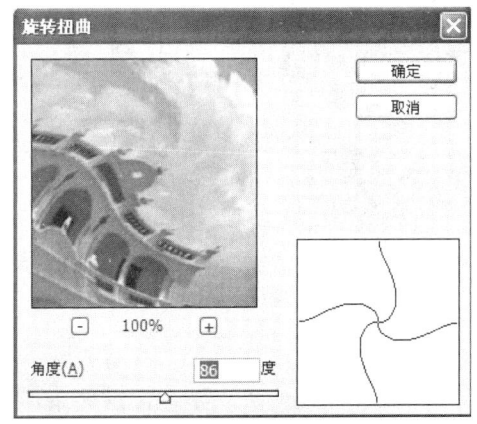

图 8-50　"旋转扭曲"参数

13. 置换

置换的原理就是以置换图中的像素灰度值来决定目标图像扭曲程度，置换图必须是.psd 格式的文件。打开素材如图 8-51 所示。选择"滤镜"/"扭曲"/"置换"命令，参数设置如图 8-52 所示。

图 8-51　故居原图

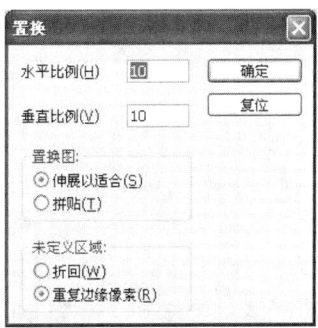

图 8-52　"置换"参数设置

单击"确定"按钮,弹出如图 8-53 所示对话框。

选择"置换图.psd",单击"打开"按钮,打开"置换图.psd",如图 8-54 所示,置换最终效果如图 8-55 所示。

图 8-53 "选择一个置换图"对话框

图 8-54 置换图

图 8-55 置换效果图

8.2.5 杂色滤镜

杂色滤镜的主要作用是在图像中加入或去除杂色,这些杂色实际上是一些颜色随机分布的像素点。

杂色滤镜包括减少杂色、蒙尘与划痕、去斑、添加杂色、中间值等 5 个滤镜。

单击"滤镜"菜单下的"杂色"命令即可应用杂色滤镜,如图 8-56 所示。

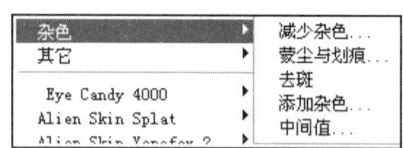

图 8-56 杂色滤镜

1. 减少杂色

在不影响图像边缘的同时,减少整个图像或各个通道中的杂色。打开素材,如图 8-57(a)所示选择"滤镜"/"杂色"/"减少杂色"命令,参数设置如图 8-58 所示。参数详解如下:

强度:调整图像亮区杂色的减少程度。

保留细节:设置保留图像细节的程度。

减少杂色:控制减少杂色的量。

锐化细节：对图像进行锐化。

移去 JPEG 不自然感：将存储 JPEG 时品质过低而使图像产生斑驳的伪像和光晕移去。

选择"高级"选项，可以将"每通道"选项组打开。

减少杂色效果如图 8-57（b）所示。

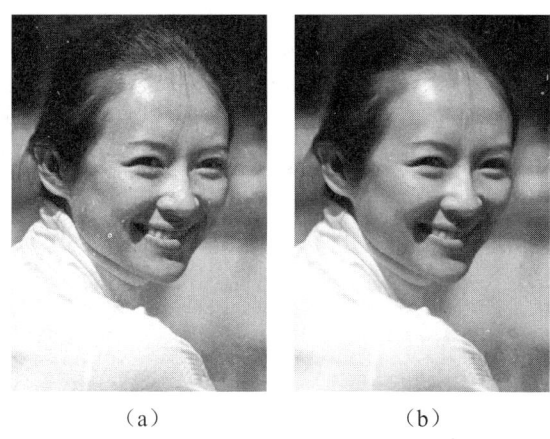

图 8-57　素材原图与减少杂色效果图

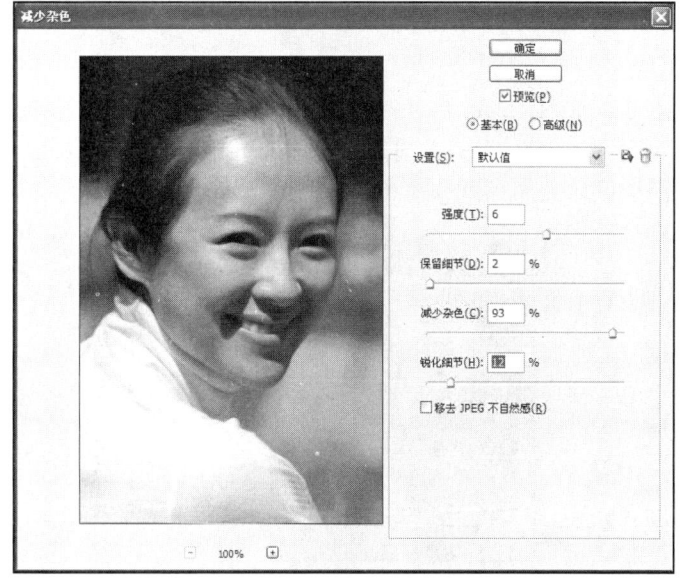

图 8-58　"减少杂色"选项设置

2．蒙尘与划痕

用于更改图像中相异的像素，减少杂色。它可以根据亮度的过渡差值，找出突出周围像素的像素，用周围的颜色填充这些区域。

打开如图 8-57（a）所示的人物素材。选择"滤镜"/"杂色"/"蒙尘与划痕"命令，参数设置及滤镜效果如图 8-59 所示。参数详解如下：

半径：设置搜索像素差异的半径，数值越大，图像越模糊。

阈值：设置应用在图像颜色上的像素范围，数值越大，边缘的划痕越清晰。

3．去斑

检测图像的边缘并模糊除边缘外的所有选区，移去杂色，同时保留细节。该滤镜无参数设置,直接应用即可。

4. 添加杂色

通过给图像增加一些细小的像素颗粒,产生颗粒效果。打开素材人物。选择"滤镜"/"杂色"/"添加杂色"命令,参数设置及滤镜效果如图 8-60 所示。参数详解如下:

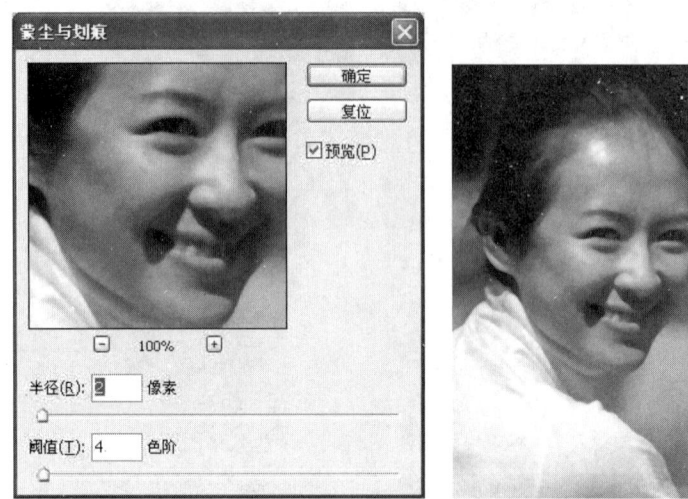

图 8-59 "蒙尘与划痕"参数及效果

数量:添加杂色的数量。

分布:平均分布,用随机数值分布杂色的颜色值;高斯分布,高斯算法分布杂色的颜色值。

单色:勾选后,杂色只能用黑或白两种颜色。

图 8-60 "添加杂色"选项

5. 中间值

用于去除杂色点,减少图像中杂色的干扰。它检测图像中每一个像素,并用检查像素周围的指定区域内的平均亮度值来取代该区域的所有亮度值。打开素材人物。选择"滤镜"/"杂色"/"蒙尘与划痕"命令，参数设置及滤镜效果如图 8-61 所示。参数详解如下：

半径：调整搜索颜色的范围。

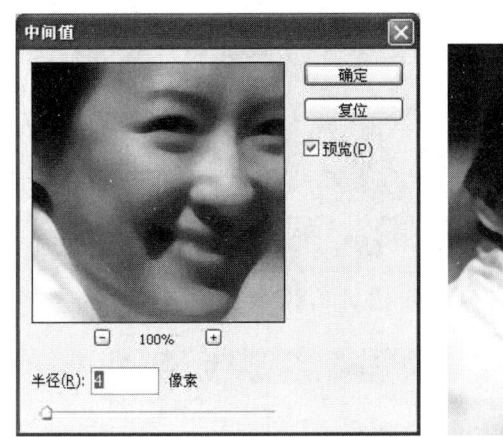

图 8-61 "中间值"参数及效果

8.2.6 像素化滤镜

像素化滤镜可以将图像变为由指定的元素组成的图像，将图像以其他形状的元素重新再现出来。它并不是真正地改变了图像像素点的形状，只是在图像中表现出某种基础形状的特征，以形成一些类似像素化的形状变化。

像素化滤镜包括彩块化、彩色半调、点状化、晶格化、马赛克、碎片、铜板雕刻等 7 个滤镜。

单击"滤镜"菜单下的"像素化"命令即可应用像素化滤镜，如图 8-62 所示。

下面以素材郁金香为例，如图 8-63 所示，来分别介绍各个滤镜。

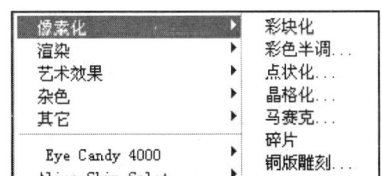

图 8-62 "像素化"滤镜菜单　　　　图 8-63 郁金香

1. 彩块化

使图像中相近颜色的像素结成块，使图像产生手绘效果或抽象派绘画效果。打开如图 8-63 所示的图片。选择"滤镜"/"像素化"/"彩块化"命令，此功能无参数设置，滤镜效果如图 8-64 所示（放大后的效果）。

2. 彩色半调

模拟在图像的每个通道上使用放大的半调网屏效果，对于每个通道，滤镜将图像划分为多个矩形，并用圆形替换每个矩形，产生网点效果。打开素材。选择"滤镜"/"像素化"/"彩色半调"命令，参数设置及滤镜效果如图8-65所示。参数详解如下：

图8-64 彩块化滤镜效果

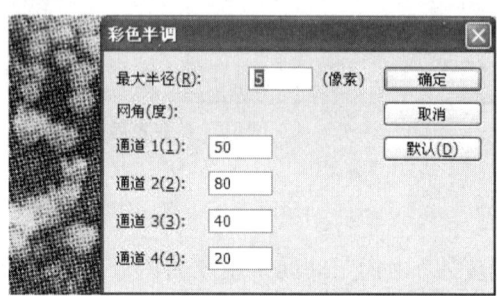

图8-65 "彩色半调"参数及效果

最大半径：设置网点的大小。

网角：设置每个颜色通道指定的网屏角度（网点与水平线的夹角），对不同模式的图像其颜色通道也不同。

3．点状化

使图像产生随机分布的彩色斑点，空白部分使用背景色填充。打开素材。选择"滤镜"/"像素化"/"点状化"命令，参数设置及滤镜效果如图8-66所示。参数详解如下：

单元格大小：设置斑点效果。

4．晶格化

将图像中邻近像素结块，形成晶格状效果。打开素材。选择"滤镜"/"像素化"/"晶格化"命令，参数设置及滤镜效果如图8-67所示。

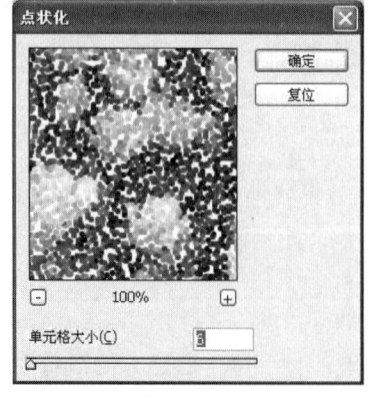

图8-66 "点状化"参数设置及效果

图8-67 "晶格化"参数设置及效果

5. 马赛克

通过将邻近的像素结成方形色块来产生马赛克的效果。打开素材。选择"滤镜"/"像素化"/"马赛克"命令，参数设置及滤镜效果如图8-68所示。

6. 碎片

将图像像素备成4份，相互错位，产生拍照时相机晃动后的图像效果。该滤镜无参数设置。打开素材。选择"滤镜"/"像素化"/"碎片"命令，滤镜效果如图8-69所示。

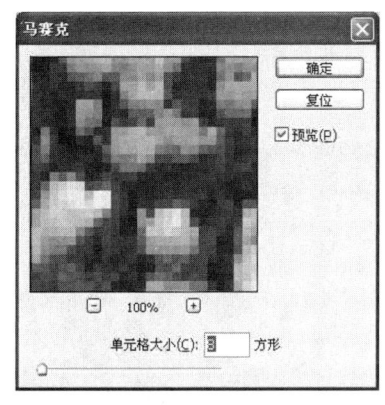

图8-68 "马赛克"参数设置及效果　　　　图8-69 碎片效果

7. 铜板雕刻

使用点、线和笔划重新生成图像，使图像转换为黑白区域的随机图案或彩色图像中完全饱和颜色的随机图案。打开素材。选择"滤镜"/"像素化"/"铜板雕刻"命令，参数设置及滤镜效果如图8-70所示。参数详解如下：

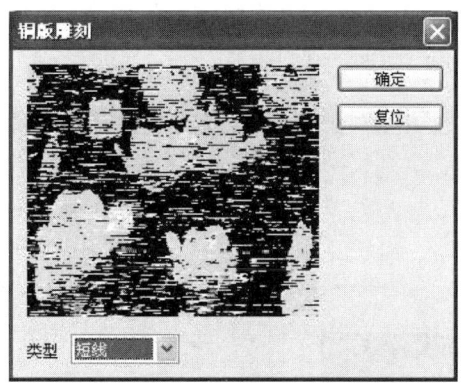

图8-70 "铜板雕刻"参数设置及效果

类型：选择通过点或线来构成图像，包括精细点、中等点、短线等10种类型。

8.2.7 渲染滤镜

渲染滤镜是在图像中加入一些光影的变化，或在图像中生成一些光照效果，也可在3D空间中操纵对象，创建3D模型从而生成三维变换效果、云彩效果、光照效果、分层云彩效果以及镜头光晕效果等。渲染滤镜包括分层云彩、光照效果、镜头光晕、纤维、云彩等滤镜。

单击"滤镜"菜单下的"渲染"命令，即可应用渲染滤镜，如图8-71所示。

图 8-71 "渲染"滤镜菜单

下面以素材如图 8-72 所示为例分别介绍各个滤镜。

1. 分层云彩

使用随机生成的介于前景色与背景色之间的值，生成云彩图案。打开素材小城，选择"滤镜"/"渲染"/"分层云彩"命令，滤镜效果如图 8-73 所示。

图 8-72 小城

图 8-73 分层云彩效果

2. 光照效果

在图像上添加特定的光源，并可以通过使用灰度文件的纹理，使图像产生立体效果。

打开素材，选择"滤镜"/"渲染"/"光照效果"命令，参数设置及滤镜效果如图 8-74 所示。光照效果参数详解如下：

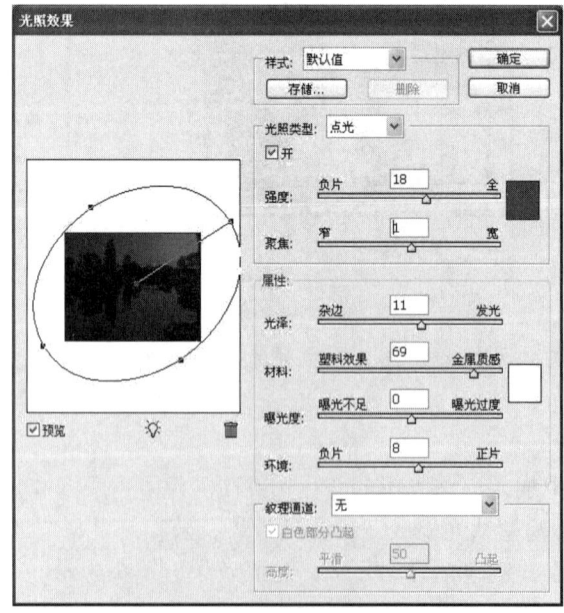

图 8-74 "光照效果"参数设置及效果

样式：有两点钟方向、平行光、手电筒等。

光照类型：有全光源、点光、平行光三种选择。如果要使用多种光照，勾选或不勾选"开"复选框以打开或关闭各种照射光。

强度：设置光照的强度。

聚焦：设置光照的范围。

右侧的颜色块可以设置光源的颜色。

光泽：设置光照下图像的反射程度。

材料：设置图像的质感，由"塑料效果"至"金属质感"是由柔软至坚硬的效果。

曝光度：设置图像在光照下图像的暴露程度。

环境：设置应用在整个图像上的环境光。

右侧的颜色块可以设置为图像添加的色调。

纹理通道：在通道中选择，利用灯光照射该通道，使图像产生凹凸的立体效果。

高度：设置立体效果隆起的最高高度。

3. 镜头光晕

通过为图像添加不同类型的镜头，从而产生模拟镜头产生的眩光效果。打开素材选择"滤镜"/"渲染"/"镜头光晕"命令，参数设置及滤镜效果如图 8-75 所示。

镜头光晕参数详解如下：

亮度：折射效果的亮度。

镜头类型：选择镜头的种类。

4. 纤维

前景色和背景色混合生成一种纤维效果。打开素材，选择"滤镜"/"渲染"/"纤维"命令，参数设置及滤镜效果如图 8-76 所示。

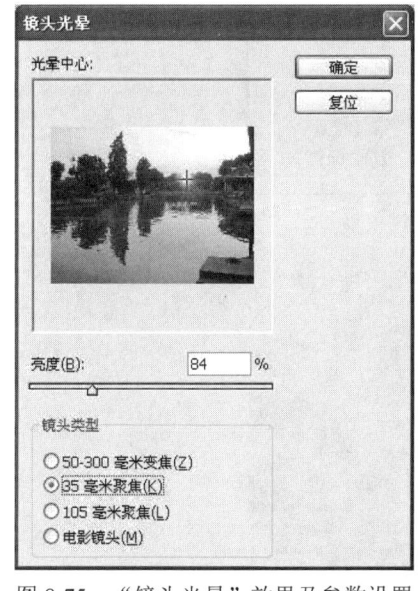

图 8-75　"镜头光晕"效果及参数设置

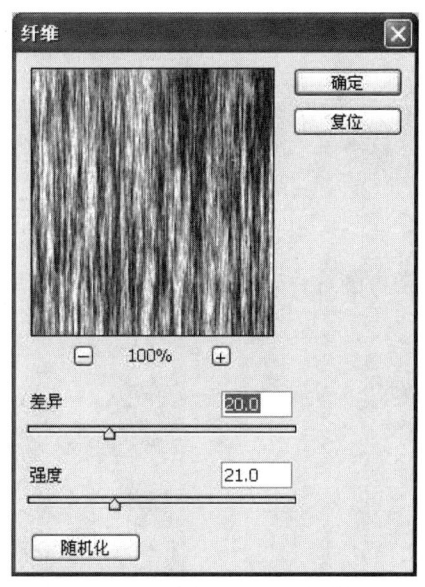

图 8-76　"纤维"效果及参数设置

纤维参数详解如下：

差异：调整前景色和背景色的对比度，值越小，产生的纤维越细。

强度：调整纤维纹理的大小，值越大，纤维纹理越细。
随机化：随机生成纤维图案。

5．云彩

通过在前景色和背景色之间随机地抽取像素并完全覆盖图像，从而产生类似柔和云彩效果，该滤镜无参数设置。效果如图 8-77 所示。

图 8-77　云彩效果

8.2.8　锐化滤镜

锐化滤镜使图像中相邻像素增加了对比度，从而来提高图像的清晰度。大部分锐化滤镜都是通过增加相邻像素的反差来提高图像的清晰度。

锐化滤镜包括 USM 锐化、进一步锐化、锐化、锐化边缘以及智能锐化等 5 种滤镜。

单击"滤镜"菜单下的"锐化"命令即可应用锐化滤镜，如图 8-78 所示。

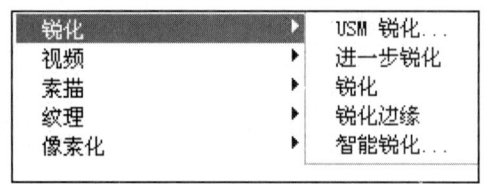

图 8-78　"锐化"滤镜菜单

以素材图片"莲花"为例，如图 8-79 所示，详细讲解各锐化滤镜。

图 8-79　莲花

1. USM锐化

通过增大相邻像素之间的对比度，以使图像边缘清晰。打开素材，选择"滤镜"/"锐化"/"USM 锐化"命令，参数设置及滤镜效果如图 8-80 所示。参数详解如下：

数量：调整锐化的程度。

半径：沿边缘强调的像素点的宽度，值越大，锐化效果越明显。

阈值：决定相邻像素边界的反差值，低于这个值不被处理。

图 8-80 "USM 锐化"效果及参数设置

2. 进一步锐化

比锐化滤镜的效果更加强烈，该滤镜无参数设置对话框，参考锐化滤镜。

3. 锐化

通过增加图像像素间的对比度，使图像清晰化。该滤镜无参数设置对话框。

4. 锐化边缘

用来锐化图像的轮廓，使不同颜色之间的分界更加明显，该滤镜无参数设置对话框。

5. 智能锐化

通过设置锐化算法来对图像进行锐化处理，比其他几个锐化滤镜更加精确，也可以控制阴影和高光中的锐化量。打开素材，选择"滤镜"/"锐化"/"智能锐化"命令，参数设置及预览效果如图 8-81 所示。参数详解如下：

数量：调整锐化的程度。

半径：设置锐化的范围。

移去：设置对图像进行锐化的算法。

更加准确：可以更精确地锐化图像。

勾选"高级"单选框可显示"阴影"选项组和"高光"选项组。

图 8-81 "智能锐化"参数设置及预览效果

8.2.9 素描滤镜

素描滤镜使图像产生硬笔绘画的艺术效果。素描滤镜通常用来为图像制作一些质感的变化效果，也可以用它来创建精美的艺术或手绘图像。它通常使用前景色与背景色的变化来渲染图像效果，最终得到的图像往往是一幅单色画面。

素描滤镜包括半调图案、便条纸、粉笔和炭笔等 14 个滤镜。

单击"滤镜"菜单下的"素描"命令，即可应用素描滤镜，如图 8-82 所示。

以素材图片"梅花"为例，如图 8-83 所示，详细讲解各素描滤镜。

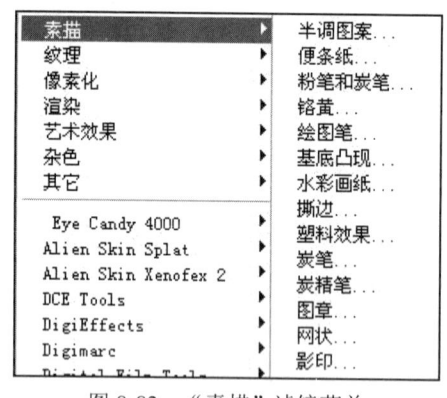

图 8-82 "素描"滤镜菜单

图 8-83 梅花

同画笔描边路径一样，此栏目下各选项使用也相差不大，这里仅解释一下其中的相关参数。单击"素描"菜单下的任何一个选项均会出现如图 8-84 所示选项及预览图。

1. 半调图案

使用前景色和背景色在图像中产生网屏图案效果。打开素材，选择"滤镜"/"素描"/"半调图案"命令，滤镜效果如图 8-85 所示。参数详解如下：

大小：设置网屏图案的大小。
对比度：设置网屏图案的对比度。
图案类型：有圆圈、网点和直线图案 3 种类型。

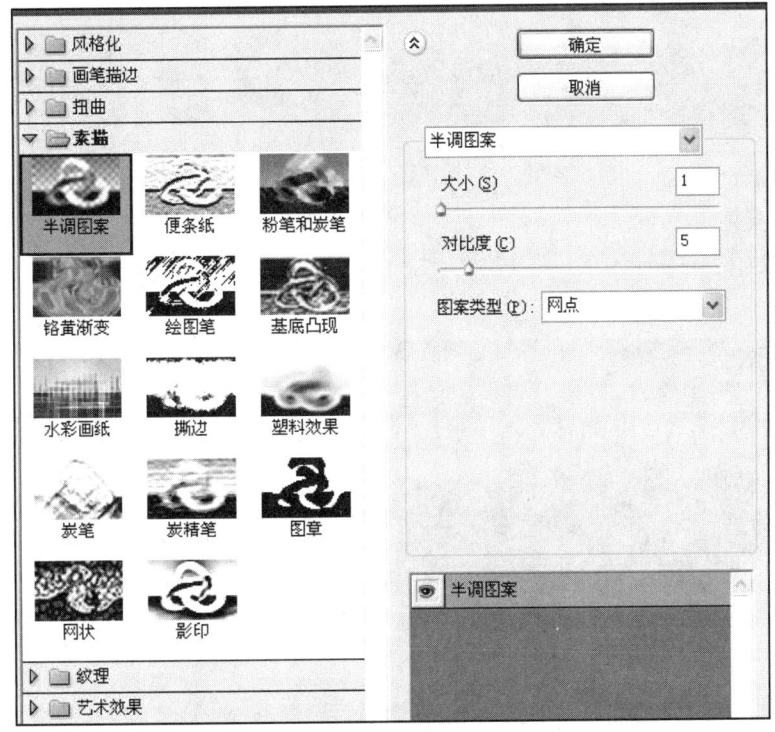

图 8-84　"素描"选项图（半调图案）

图 8-85　半调图案效果（参数按上图设置）

2．便条纸

便条纸滤镜模拟凹隐压印图案，使图像产生草纸画效果。参数设置及滤镜效果如图 8-86 所示。参数详解如下：

图像平衡：控制图像明暗区域的平衡，值越大，阴影越多。

粒度：控制图像杂色效果。

凸现：设置图案凹凸的程度。

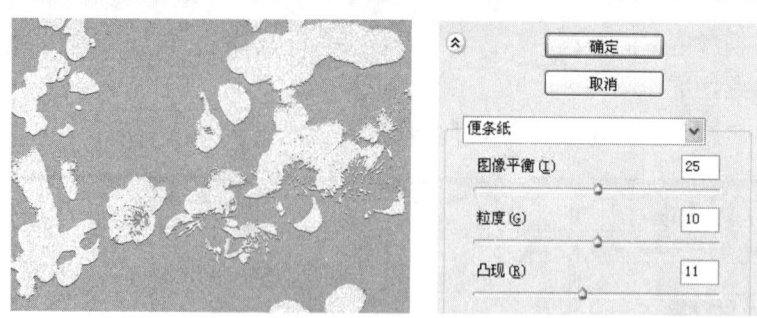

图 8-86 "便条纸"参数设置及效果

3．粉笔和炭笔

模拟同时使用粉笔和炭笔绘画的效果。"粉笔和炭笔"参数设置及效果如图 8-87 所示。参数详解如下：

 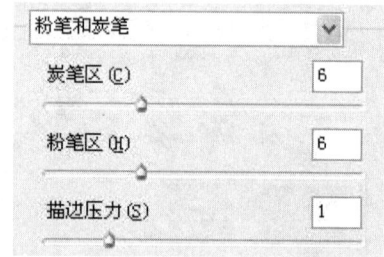

图 8-87 "粉笔和炭笔"参数设置及效果

炭笔区：设置炭笔的区域和颜色。
粉笔区：设置粉笔的区域和颜色
描边压力：设置笔触的压力大小。

4．铬黄渐变

应用铬黄渐变，使图像中的颜色产生流动效果，以产生液态金属流动的效果。参数设置及效果如图 8-88 所示。参数详解如下：

细节：设置图像细节保留的程度。
平滑度：设置图像的平滑程度。

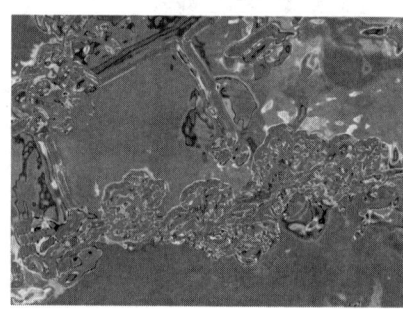 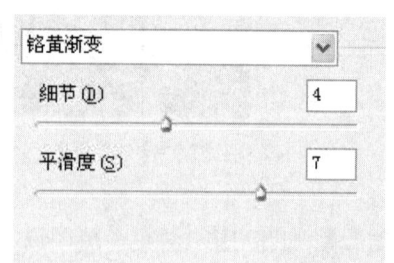

图 8-88 "铬黄"参数设置及效果

5．绘图笔

使用绘图笔滤镜可以使图像产生钢笔画效果。"绘图笔"参数设置及效果如图 8-89 所示。参数详解如下：

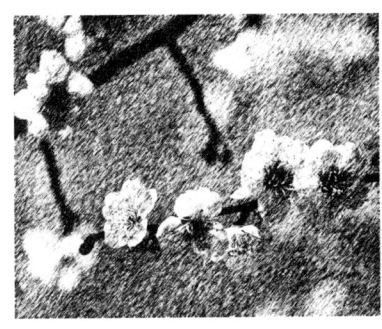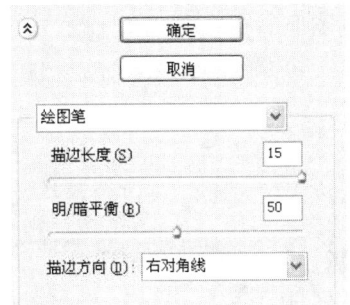

图 8-89 "绘图笔"参数设置及效果

描边长度：设置笔触线条的长短。
明/暗平衡：控制图像的明暗平衡。
描边方向：设置笔触的方向。

6. 基底凸现

使图像产生浮雕效果。参数设置及效果如图 8-90 所示。参数详解如下：
细节：控制产生浮雕效果的程度。
平滑度：设置图像的平滑程度。
光照：设置光照方向。

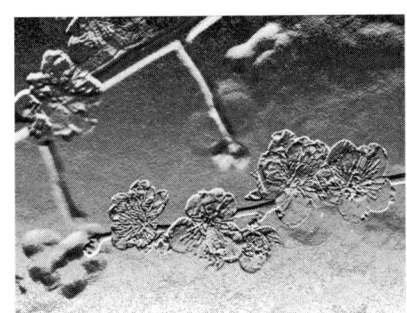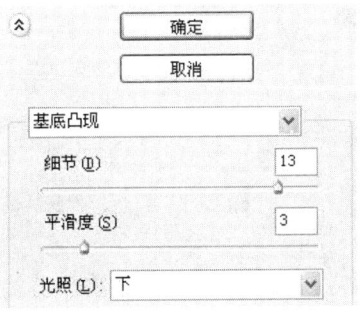

图 8-90 "基底凸现"参数设置及效果

7. 水彩画纸

模仿在潮湿的纤维纸上涂抹颜色而产生画面浸湿、颜色扩散的效果。"水彩画纸"参数设置及效果如图 8-91 所示。参数详解如下：

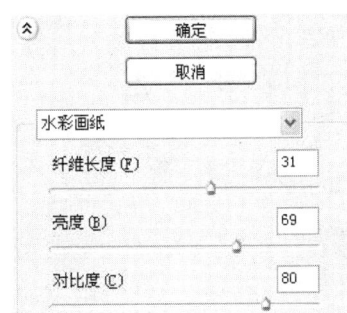

图 8-91 "水彩画纸"参数设置及效果

纤维长度：控制潮湿纤维纸上纤维的长度。

亮度：设置图像的亮度。
对比度：设置图像的对比度。
8. 撕边

用前景色来填充图像的暗部区，用背景色来填充图像的高亮区，并且在颜色相交处产生粗糙及撕破的纸片形状效果。参数设置及效果如图8-92所示。

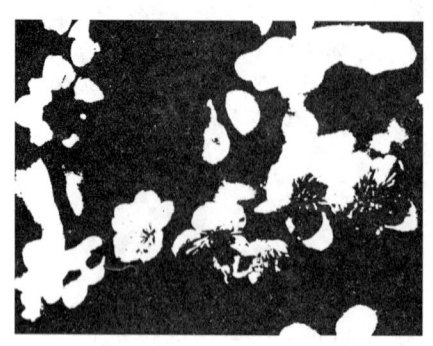 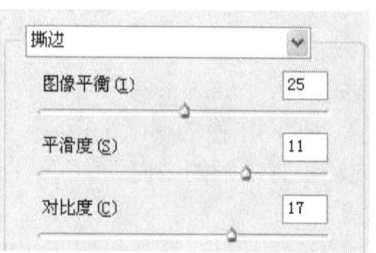

图8-92 "撕边"参数设置及效果

9. 塑料效果

使图像产生塑料效果。"塑料效果"参数设置及效果如图8-93所示。

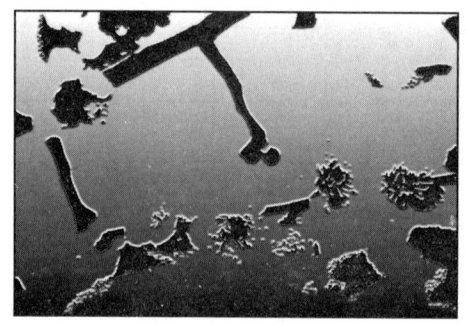 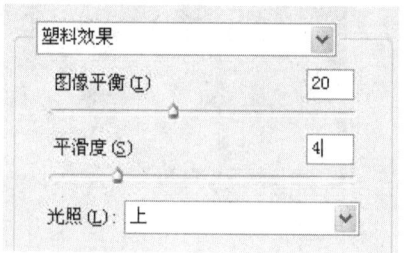

图8-93 "塑料效果"参数设置及效果

10. 炭笔

模拟使用炭笔在纸上绘画效果。"炭笔"参数设置及效果如图8-94所示。

 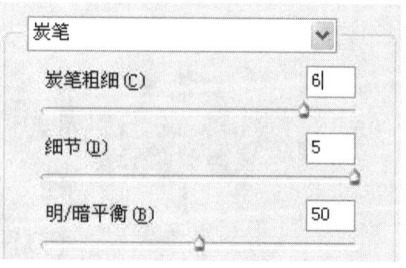

图8-94 "炭笔"参数设置及效果

11. 炭精笔

模拟使用炭精笔绘画效果。参数设置及效果如图8-95所示。参数详解如下：

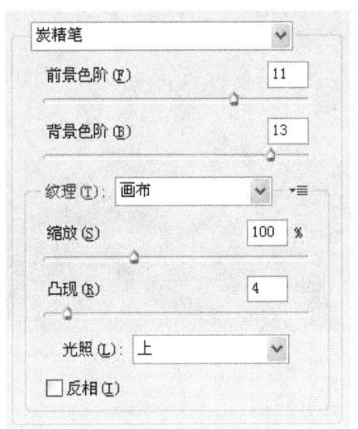

图 8-95 "炭精笔"参数设置及效果

前景色阶：设置前景色范围。
背景色阶：设置背景色范围。
纹理：设置纹理的种类。
缩放：设置纹理缩放的比例。
凸现：控制纹理的凹凸。
光照：设置光照方向。
反相：反转光照方向。

12. 图章

用来模拟图章盖在纸上产生的颜色不连续效果。"图章"参数设置及效果如图 8-96 所示。

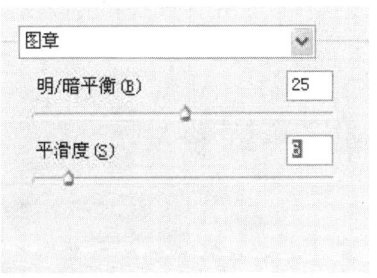

图 8-96 "图章"参数设置及效果

13. 网状

使用前景色和背景色填充图像，产生一种网眼覆盖效果。"网状"参数设置及效果如图 8-97 所示。参数详解如下：

浓度：控制产生网点的多少。
其他参考"炭精笔"参数设置。

14. 影印

能使图像产生影印效果。"影印"参数设置及效果如图 8-98 所示。参数详解如下：

细节：控制图像的细腻程度。
暗度：控制图像的明暗。

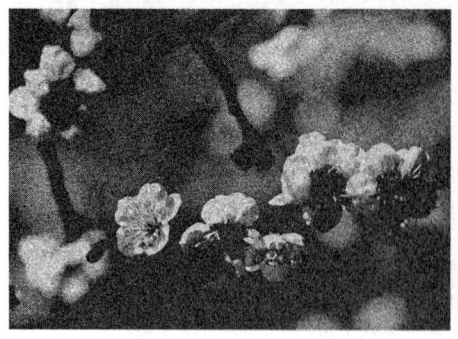 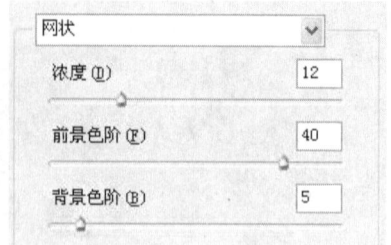

图 8-97 "网状"参数设置及效果

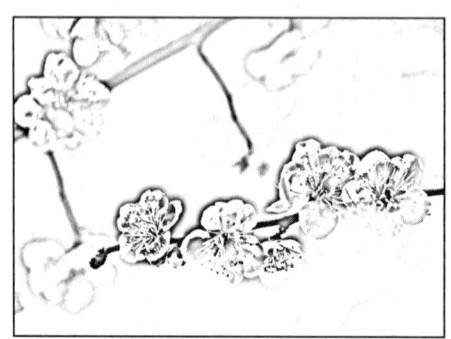 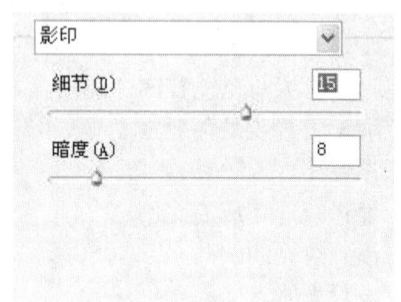

图 8-98 "影印"参数设置及效果

8.2.10 风格化滤镜

风格化滤镜通过替换像素、增强相邻像素的对比度，使图像产生加粗、夸张的效果。风格化滤镜通过置换像素并且查找和提高图像中的对比度，在选区上产生一种绘画式或印象派艺术效果，以丰富创意时的效果表现。

风格化滤镜包括查找边缘、等高线、风等9个滤镜。

单击"滤镜"菜单下的"风格化"命令即可应用风格化滤镜，如图8-99所示。

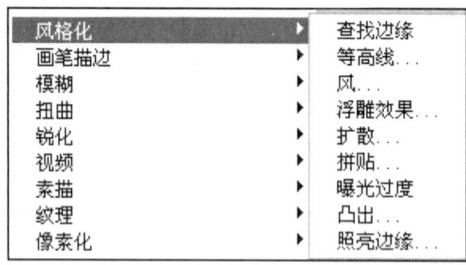

图 8-99 "风格化"滤镜

下面以素材"蓝天"（图8-100）为例来详解风格化滤镜组中的滤镜。

1. 查找边缘

使图像中相邻颜色之间产生用铅笔色勾划过的轮廓效果。该滤镜无参数设置对话框。滤镜效果如图8-101所示。

2. 等高线

沿图像的亮区和暗区的边界绘出比较细、颜色比较浅的轮廓效果。参数设置及滤镜效果如图 8-102 所示。参数详解如下：

图 8-100　蓝天原图

图 8-101　"查找边缘"效果

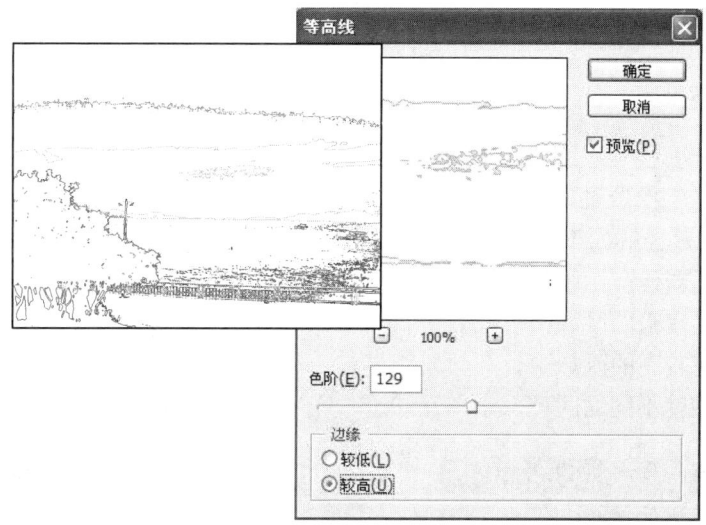

图 8-102　"等高线"参数设置及效果

色阶：设置绘制轮廓颜色的亮度级。

边缘：设置边缘轮廓的显示位置。较低：在较暗的区域勾画轮廓；较高：在较亮的区域勾画轮廓。

3．风

可以在图像中添加一些短而细的水平线来模拟风吹的效果。参数设置及滤镜效果如图 8-103 所示。

参数中"方法"选项组用于选择风的强度，"方向"选项组用于选择风吹的方向。

4．浮雕效果

将图像中颜色较亮的部分分离出来，并将周围的颜色降低生成浮雕效果。参数设置及滤镜效果如图 8-104 所示。参数详解如下：

角度：设置画面中光照的方向。

高度：设置浮雕的凹凸程度。

数量：设置浮雕效果的颜色值变化程度。

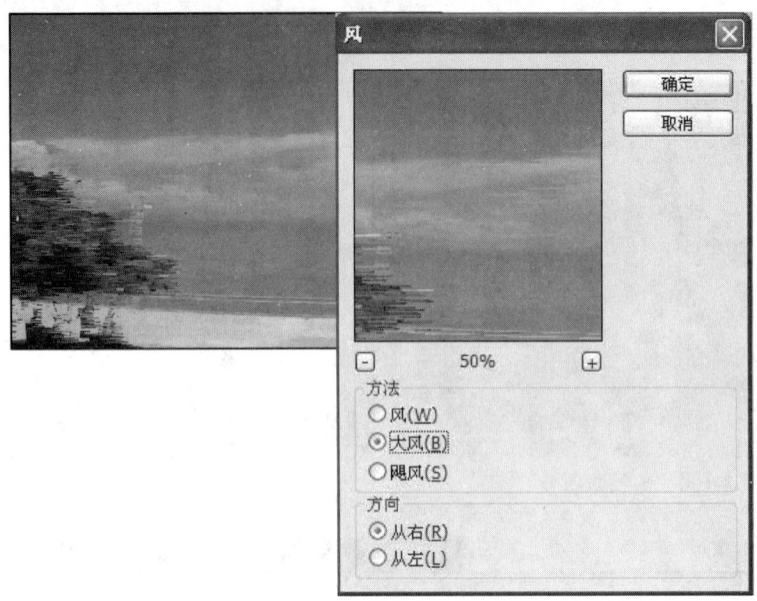

图 8-103 "风"参数设置及效果

5. 扩散

可以使图像产生像透过磨砂玻璃观察图像一样的分离模糊效果。参数设置及滤镜效果如图 8-105 所示。参数详解如下：

正常：对整幅图像产生扩散效果。

变暗优先：在较暗的区域中扩散效果明显。

变亮优先：在较亮的区域中扩散效果明显。

各向异性：亮度不同的区域像素相互渗透，产生透过磨砂玻璃观看的模糊效果。

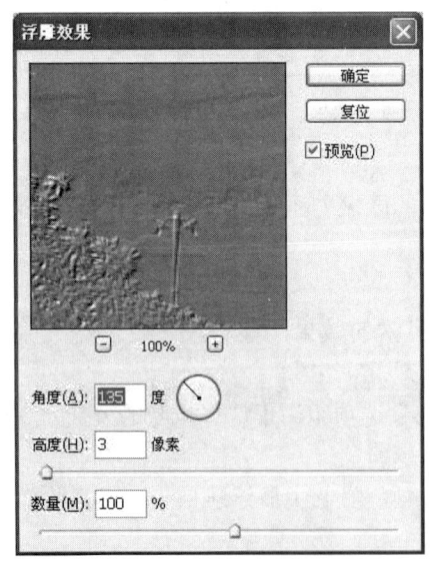

图 8-104 "浮雕效果"及参数设置

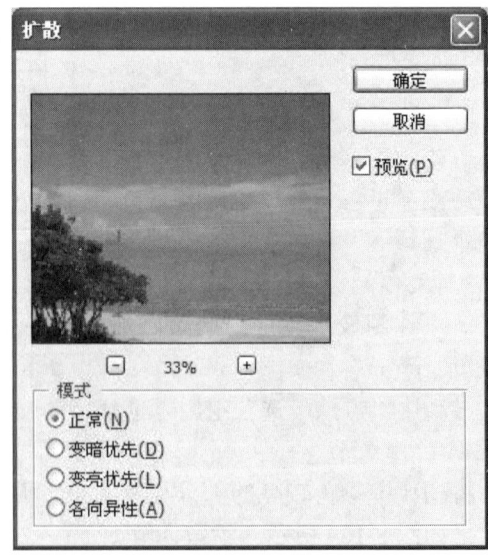

图 8-105 "扩散"效果及参数设置

6. 拼贴

可以使图像分割成若干小块并进行位移，产生瓷砖拼贴的效果。打开素材，选择"滤镜"

/"风格化"/"拼贴"命令,参数设置及滤镜效果如图8-106所示。参数详解如下:

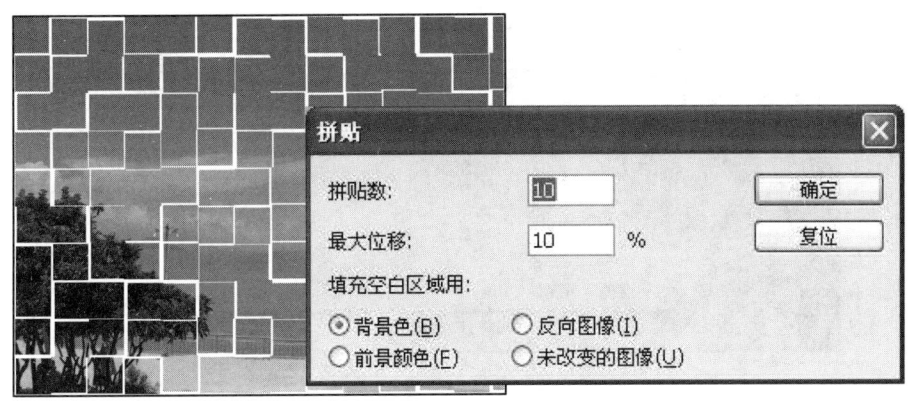

图8-106 "拼贴"参数设置及效果

拼贴数:设置图像在行和列上的拼贴方块数目。

最大位移:设置方块移动的最大距离。

填充空白区域用:设置方块移动后空白区域填充的方式。背景色:用前景色填充空白区域;反向图像:将原图反方向填充空白区域;前景颜色:用前景色填充空白区域;未改变的图像:用原图像填充空白区域。

7. 曝光过度

使图像产生正片和负片混合的效果,类似于摄影中增加光线强度产生的过度曝光效果。该滤镜无参数设置对话框。滤镜效果如图8-107所示。

图8-107 "曝光过度"效果

8. 凸出

将图像分成一系列大小相同但有机叠放的三维块或立方体,从而扭曲图像并创建特殊的三维背景效果。参数设置及滤镜效果如图8-108所示。参数详解如下:

类型:设置立体图像的造型,有块和金字塔两种选择。

大小:设置块和金字塔的大小。

深度:设置块和金字塔的高度。随机:为每个块和金字塔的高度都给一个随机值;基于色阶:使块和金字塔的高度和亮度对应起来,越亮深度越大。

立方体正面:用立方体的平均颜色填充正面。

蒙版不完整块：隐藏边界不完整的块和金字塔。

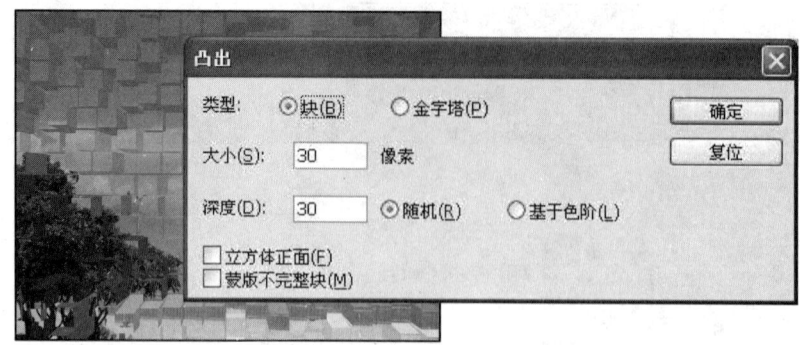

图 8-108 "凸出"参数设置及效果

9. 照亮边缘

对图像中颜色对比反差较大的边缘产生发光效果，并加重显示发光轮廓。参数设置及滤镜效果如图 8-109 所示。参数详解如下：

边缘宽度：设置边缘线条的宽度。

边缘亮度：设置边缘线条的亮度。

平滑度：设置边缘线条的平滑度。

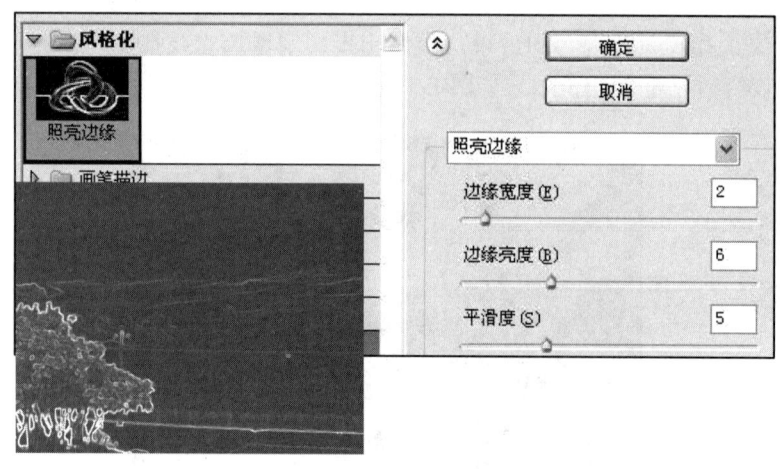

图 8-109 "照亮边缘"参数设置及效果

8.2.11 纹理滤镜

纹理滤镜通过替换像素、增强相邻像素的对比度，使图像产生加粗、夸张的效果。使用纹理滤镜来生成一些纹理的变化，产生材质上的质感变化。常用来创建图像的凹凸纹理和材质效果。

纹理滤镜包括龟裂缝、颗粒、马赛克拼贴等 6 种滤镜。单击"滤镜"菜单下的"纹理"命令，即可应用纹理滤镜，如图 8-110 所示。

下面以素材"溪流"如图 8-111 为例来详解纹理滤镜组中的滤镜。此滤镜也有共同的参数窗口，如图 8-112 所示。

第 8 章 滤镜

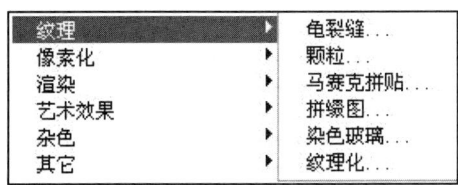

图 8-110 "纹理"滤镜菜单　　　　图 8-111 溪流原图

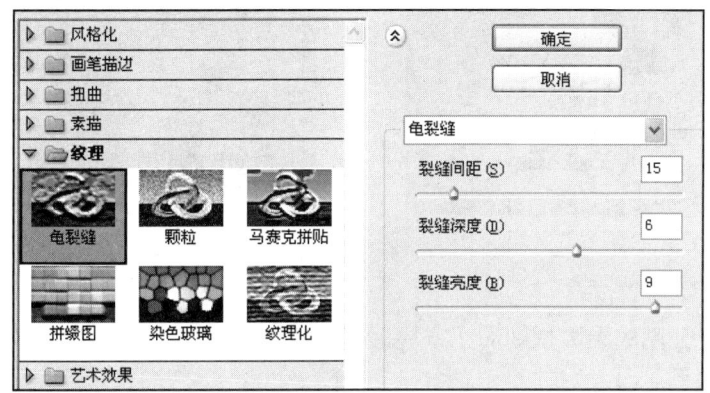

图 8-112 纹理参数窗口

1. 龟裂缝

滤镜原理是沿着图像等高线生成精细的网状裂缝，产生一种浮雕效果。效果如图 8-113 所示。参数详解如下：

裂缝间距、裂缝深度、裂缝亮度分别用来设置纹理的间距、纹理的深度和纹理的亮度。

图 8-113 龟裂缝效果

2. 颗粒

颗粒滤镜可以在图像中随机加入不同类型的、不规则的颗粒，以使图像产生颗粒纹理效果。"颗粒"效果如图 8-114 所示。参数详解如下：

强度：设置颗粒的数量多少。

对比度：设置颗粒颜色的对比度。

颗粒类型：设置颗粒的类型。

253

3. 马赛克拼贴

马赛克拼贴滤镜使图像产生马赛克拼贴的效果。"滤镜"效果如图 8-115 所示。参数详解如下：

拼贴大小：设置马赛克的大小。

缝隙宽度：设置马赛克凹陷部分的宽度。

加亮缝隙：设置马赛克凹陷部分的亮度。

图 8-114 "颗粒"效果

图 8-115 "马赛克拼贴"效果

4. 拼缀图

该滤镜将图像分割成无数规则的小方块，模拟建筑拼贴瓷砖的效果。滤镜效果如图 8-116 所示。参数详解如下：

方形大小：设置正方形块的大小。

凸现：设置正方形块的立体效果。

5. 染色玻璃

该滤镜在图像中颜色的不同产生不规则的多边形彩色玻璃块，玻璃块的颜色由该块内像素的平均颜色来确定。滤镜效果如图 8-117 所示。参数详解如下：

单元格大小：设置图像中彩色单元格的大小。

边框粗细：设置彩色单元格的边框粗细。

光照强度：设置光照的强度。

图 8-116 "拼缀图"效果

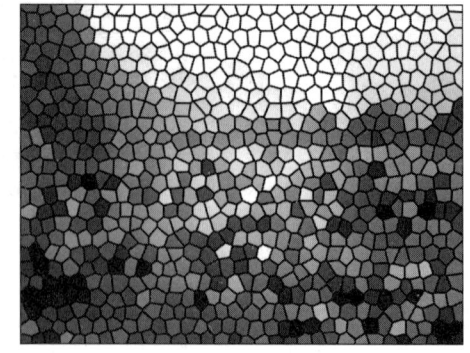

图 8-117 "染色玻璃"效果

6. 纹理化

该滤镜可以为图像添加预知的纹理图案，从而使图像产生纹理压痕效果。滤镜效果如图

8-118 所示。参数详解如下：

　　缩放：设置纹理的缩放比例。

　　反相：勾选，可使图像纹理的凹凸翻转。

　　其余参数参照其他滤镜。

图 8-118　纹理化效果

8.2.12　视频滤镜

视频滤镜主要包括 NTSC 颜色滤镜和逐行滤镜。NTSC 颜色滤镜把一幅 RGB 图像中的一系列颜色恢复成电视的全部色彩，减少条纹及渗色，这样一幅数字图像就能在电视上显示。逐行滤镜用于使用视频捕获适配卡和视频源（如录像机）捕获到的图像。逐行滤镜将视频信息组合在一起，以创建位图图像。

如果处理的图像最终需要进行视频输出，则会用到这两个滤镜。单击"滤镜"菜单下的"视频"命令即可应用视频滤镜，如图 8-119 所示。

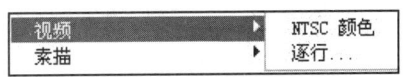

图 8-119　视频滤镜菜单

下面详细介绍视频滤镜组中的滤镜。

1. NTSC颜色

NTSC 是美国国家电视标准委员会的缩写，NTSC 颜色滤镜转换图像的色域，使图像的颜色更适合视频标准色域。该滤镜无参数设置，效果不是太明显，可自行用狗狗图（图 8-120）进行操作放大观察效果。

图 8-120　狗狗原图

2. 逐行

逐行滤镜通过删除图像中的奇数或偶数隔行线，利用复制或内插法置换失去的像素，使视频上捕捉的运动图像变得平滑。参数设置如图 8-121 所示。参数详解如下：

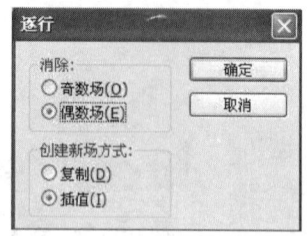

图 8-121 "逐行"参数设置

奇数场：消除奇数场。
偶数场：消除偶数场。
复制：利用复制的方式创建新场。
插值：利用插值的方式创建新场。

8.2.13 其他滤镜

使用"其他"子菜单可以创建自己的滤镜，允许使用滤镜修改蒙版，还允许在图像中使选区发生位移和快速调整颜色。单击"滤镜"菜单下的"其他"命令即可应用其他滤镜，如图 8-122 所示。

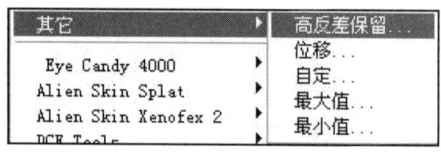

图 8-122 "其他"滤镜菜单

以素材美女图 8-123 为例来详解其他滤镜组中的滤镜。

图 8-123 美女原图

1. 高反差

保留指定半径内的边缘细节，并隐藏图像的其他部分。该滤镜可以去掉图像中低频率的细节。滤镜参数设置及预览效果如图 8-124 所示。参数详解如下：

半径：设置边缘附近保留细节的范围。

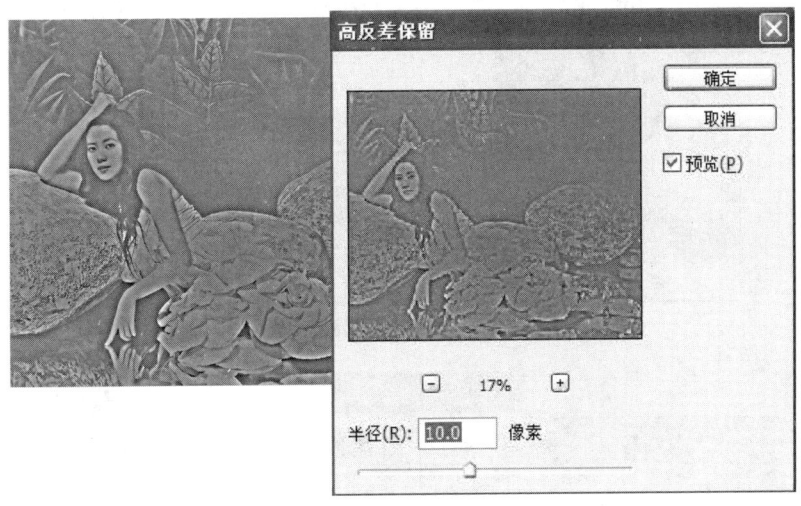

图 8-124 "高反差保留"参数设置及效果

2. 位移

将图像垂直或水平移动一定数量。滤镜参数设置及预览效果如图 8-125 所示。

图 8-125 "位移"参数设置及效果

参数详解参照扭曲滤镜组。

3. 自定义

让用户设置自己的滤镜效果。根据预定义的数学运算（称为卷积），可以更改图像中每个像素的亮度值，再根据周围的像素值为每个像素重新指定一个值。类似通道的加、减计算。

打开素材，选择"滤镜"/"其他"/"自定"命令，滤镜参数设置及预览效果如图 8-126 所示。

参数中，正中间的文本框，代表要进行计算的像素。输入的是要与该像素的亮度值相乘的值（-999~+999）。

4. 最大值

向外扩展白色区域，收缩黑色区域。滤镜参数设置及预览效果如图 8-127 所示。参数详解如下：

半径：在此范围内，用周围像素的最大亮度值替换当前亮度值。

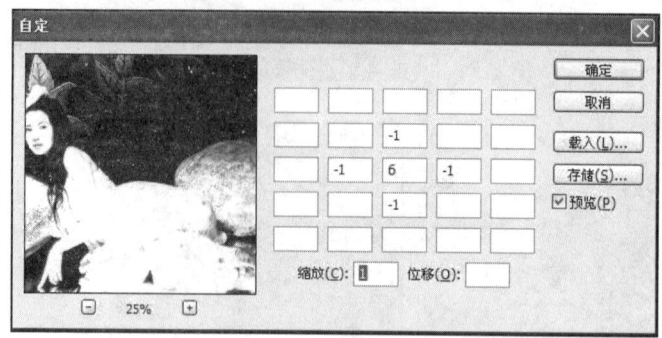

图 8-126 "自定义"参数设置及效果

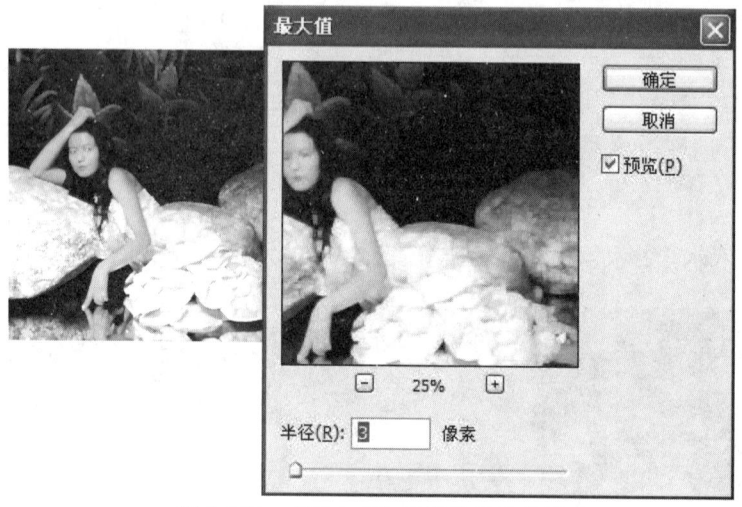

图 8-127 "最大值"参数设置及效果

5. 最小值

向外扩展黑色区域，并收缩白色区域。滤镜参数设置及预览效果如图 8-128 所示。参数详解如下：

半径：在此范围内，用周围像素的最小亮度值替换当前亮度值。

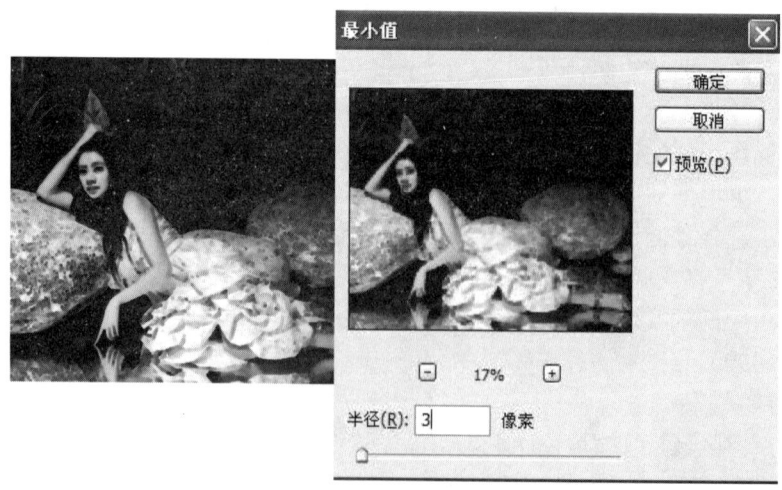

图 8-128 "最小值"参数设置及效果

8.3 几个常用滤镜

抽出滤镜、液化滤镜，图案生成器以及消失点滤镜是经常用到的几个滤镜。

8.3.1 抽出滤镜

抽出滤镜主要用于分离图像，有很多方法可以用来分离图像，如前面所学的各种选择工具的方法、蒙版通道的方法、图层的方法、路径工具的方法等，但当选择图像区域边缘细微复杂时，使用抽出滤镜则可以高效率地将选择对象从背景图像中分离出来。

打开素材，如图 8-129 所示。选择"滤镜"/"抽出"命令，弹出如图 8-130 所示的对话框。

图 8-129　古典人物原图

1．左侧工具

边缘高光器工具：标记所要保留区域的边缘。

填充工具：填充要保留的区域。

橡皮擦工具：擦除边缘高光。

吸管工具：当强制前景打开时，挑出所要保留的颜色。

清除工具：在预览区中擦除多余的区域，使之变得透明。

边缘修饰工具：可擦除绿色高光边缘下方的残留像素。

缩放工具：缩放图像的大小，直接单击图像放大，按住 Alt 键单击图像缩小。

抓手工具：当图像放大后，可用此工具在窗口中拖动图像以查看不同部位。

2．右侧选项

（1）工具选项。

画笔大小：设置边缘高光器、橡皮擦、清除工具和边缘修饰工具输入的大小。

高光：指定边缘高光器所使用的颜色，默认为绿色。

填充：指定填充工具所使用的颜色，默认为蓝色。

智能高光显示：选择此选项，高光加亮明确的边缘时，只使用足够的高光颜料覆盖此边缘。

图 8-130 "抽出"对话框

(2)抽出。

带纹理的图像：如果前景或背景为杂色或带有纹理，则应选择此选项。

平滑：设置平滑值，使边缘消除锯齿变得柔和。

通道：用于选择通道。

强制前景：在高光显示区域内取出具有与强制前景色相似颜色的区域。

颜色：设置强制前景色。

(3)预览。

显示：显示原图像还是抽出后的图像。

显示：显示去除背景色之后显示背景区域的方式。

显示高光：是否显示边缘高光色。

显示填充：是否显示填充颜色。

3. 操作方法

选择抽出滤镜后，弹出如图 8-130 所示的对话框，然后进行下面的操作。

(1)选择要保留的区域，即选择要分离出来的图像。选中"带纹理的图像"复选框，选择边缘高光器工具，在图像的周围单击或拖动鼠标制作出边缘线，并用橡皮擦工具对边缘线进行修整。效果如图 8-131 所示。

(2)填充保留区域。选择填充工具，在高光边缘线的内部单击填充。效果如图 8-132 所示。

(3)预览。单击"预览"按钮，预览效果如图 8-133 所示。

(4)选取边缘修饰工具，在人物的边缘部分拖动鼠标修饰未处理好的边缘细节。清除工具可以清除多余像素，按住 Alt 键，用清除工具可以恢复删除的像素。此时完成的效果也是最终效果，单击"确定"按钮分离完毕。如图 8-134 所示。

图 8-131　选择保留区域

图 8-132　填充保留区域

图 8-133　预览效果

图 8-134　修饰后的完成效果

8.3.2　液化滤镜

液化滤镜是 Photoshop 提供的一种强大的变形工具，它包括了变形、湍流、旋转、褶皱、膨胀、移动和对称等各种工具。变形的程度可以随意控制，可以是轻微的变形，也可以是非常夸张的变形效果，因而"液化"命令成为修饰图像和创建艺术效果的有效工具。另外，还可以通过工具或 Alpha 通道将某些区域保护起来，不受各种变形操作的影响。所有的操作都是在"液化"对话框中实现的，可以边操作边预览结果。打开如图 8-135 所示的图片文件。

选择"滤镜"/"液化"命令，弹出对话框。中间为预览窗，左右侧分别为相关工具与参数选项。如图 8-136、图 137 所示。

1. 左侧工具

向前变形工具：单击并拖动鼠标，可使图像产生弯曲变形效果。

重建工具：利用此工具，可以将变形的图像部分或全部恢复。

顺时针旋转扭曲工具：按住鼠标不动，即可使图像成漩涡状。

褶皱工具：可收缩像素。

图 8-135　洗发水广告

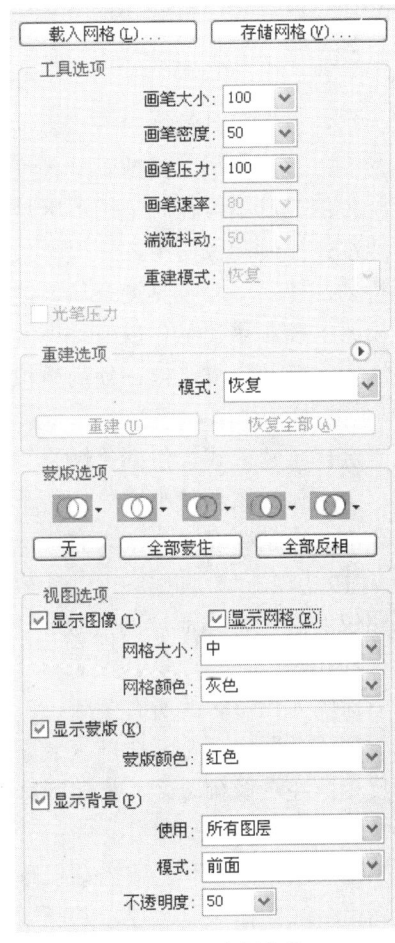

图 8-136　左侧工具　　　　图 8-137　右侧参数

膨胀工具：可扩展像素。

左推工具：单击并拖动鼠标，将在垂直于光标移动的方向上移动像素，从左向右拖动，像素将向上移动；从右向左拖动，像素将向下移动；从上向下拖动，像素将向右移动；从下向上拖动，像素将向左移动。

镜像工具：单击并拖动鼠标，可以复制与它垂直的方向上的像素，产生类似水中倒影的反射效果。从左向右拖动鼠标，镜像上方的图像；从右向左拖动鼠标，镜像下方的图像；从上向下拖动鼠标，镜像右边的图像；从下向上拖动鼠标，镜像左边的图像。

湍流工具：单击并拖动鼠标，可使图像弯曲。按住鼠标不动，可使鼠标下方的像素平滑流动。

冻结蒙版工具：如果用此工具进行涂抹，可使被涂抹部分冻结，不受其他变形工具的影响。

解冻蒙版工具：对冻结的部分进行解冻。

工具选项：设置画笔的大小、压力、流速等。

重建选项：可选择一种模式，部分或全部地恢复图像。

蒙版选项：在此可以设置冻结的通道，或者对冻结区域进行反选。

视图选项：对预览区中的图像显示进行设置。

2. 右边选项

（1）工具选项。

画笔大小：设置工具箱中对应工具的画笔大小。

画笔密度：设置变形工具的画笔密度。减小画笔密度更容易控制变形程度。

画笔压力：控制图像在画笔边界区域的变形程度。值越大，变形程度越明显。

画笔速率：控制图像变形的速度。值越大，变形速度越快。

湍流抖动：控制湍流工具混杂像素的复杂程度。

重建模式：控制重建工具以何种方式重建变形区域的图像。

光笔压力：勾选该复选框，使用数位板的压力值调整图像变形程度。

（2）重建选项。

模式：选择重建模式，包括"恢复"、"刚性"、"生硬"、"平滑"和"松散"等多种模式。

重建：单击该按钮可减小图像的变形程度，或以所选重建模式重新构建图像。

恢复全部：撤销图像（包括未完全冻结的区域）的全部变形。

（3）蒙版选项。

将原图像的选区、当前层的蒙版和透明区域载入到图像预览区，并与图像预览区中的蒙版选区进行替代、求并、求差、求交和反转等运算。

无：清除图像预览区的所有蒙版。

全部蒙住：在图像预览区全部区域添加蒙版。

全部反相：在图像预览区，将蒙版区域与未蒙版区域反转。

（4）视图选项。

显示图像：用来显示和隐藏当前层预览图像。

显示网格：在图像预览区显示和隐藏网格。

网格大小：设置网格的大小。

网格颜色：设置网格的颜色。

显示蒙版：在图像预览区显示和隐藏蒙版。

蒙版颜色：设置蒙版的颜色。

显示背景：在图像预览区显示和隐藏背景幕布。

使用：选择某个图层作为背景幕布。

模式：确定背景幕布与当前图层及变形网格的叠加方式。

不透明度：通过改变不透明度值调整背景幕布与当前图层及变形网格的叠加效果。

3．操作方法

该滤镜中的参数较多，一般直接使用液化滤镜对话框左侧的工具就可做出不错的效果，如不满意，可在右侧选项中进行参数设置即可。对图 8-135 应用液化滤镜，将头发使用顺时针旋转扭曲工具使之扭曲，使用膨胀工具将其眼球放大，使用向前变形工具对鼻子及嘴巴进行处理，所得效果如图 8-138 所示。

图 8-138　液化效果

8.3.3　图案生成器

图案生成器是 Photoshop 提供的一个制作图案的工具滤镜，它是根据选择区域或剪贴板内容制作无限多种图案，而这些图案都是基于样本中的像素内容，因此它具有与样本相同的视觉特点。由图案生成器制作的图案可以保存为预设图案，以供将来使用。

打开素材，如图 8-139 所示。选择"滤镜"/"图案生成器"命令，弹出如图 8-140 所示的对话框。

图 8-139　图案生成器原图

图 8-140 "图案生成器"对话框

1. 左侧工具

矩形选框工具：用于拖出制作图案样本的区域。

2. 右侧选项

（1）拼贴生成。

使用剪贴板作为样本：可将剪贴板中的图案作为样本建立新的图案。

使用图像大小：生成的图案将与原图一样大，并且只显示一个图案。

宽度/高度：设置图案的大小。

位移/数量：设置图案之间是否有位移/位移量的大小。

（2）预览。

显示：用于选择显示的是原稿还是效果图。

拼贴边界：是否显示每个图案的边界。

（3）拼贴历史记录。

此选项中有一个图案预览区，并且有前后箭头随时可以查看每一个效果图。"保存"按钮用于将图案存储为预设图案，"删除"按钮用于删除一个图案。

3. 操作方法

首先选择工具箱的"矩形选框工具"，为图片中的小亭子建立一个矩形选区，如图 8-141 所示。

然后按照默认设置，单击"生成"按钮，得到图案效果如图 8-142 所示。

图 8-141　建立矩形选区

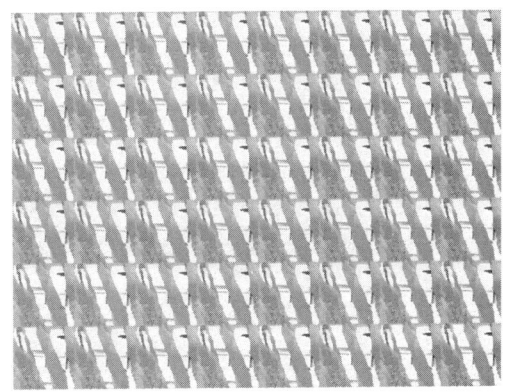
图 8-142　生成图案

8.3.4　消失点滤镜

消失点滤镜允许用户在包含透视平面（如建筑物侧面或任何矩形对象）的图像中进行透视校正编辑。也可以在图像中指定平面，对其进行绘画、仿制、复制或粘贴等编辑操作。利用消失点滤镜，用户不用再把透视平面作为单一的平面来工作，而是以立体方式在图像中的透视平面上工作。因此使用消失点滤镜来修饰、添加或移去图像中的内容时，结果将更加逼真。

应用消失点滤镜，在选定的图像区域内进行克隆、喷绘或粘贴图像等操作时，可以自动应用透视原理，按照透视的角度和比例来适应图像的修改。

打开素材，如图 8-143 所示。选择"滤镜"/"消失点"命令，弹出如图 8-144 所示对话框。主要参数详解如下：

图 8-143　街道

创建平面工具：通过单击，确定平面的 4 个点以创建平面。平面创建好后将自动切换到编辑平面工具。

编辑平面工具：用于选择、移动、缩放和编辑平面。按住 Ctrl 键拖动平面边的中点可创建与该平面相关的垂直平面。在相关的平面内编辑图像时可保持一致的比例和透视效果。

选框工具：用于创建矩形选区。按住 Alt 键拖动选区可复制选区内图像。按住 Ctrl 键拖动选区可使用原图像填充选区。其中"修复"选项设置在复制选区或填充选区时，选区图像与对应区域图像的混合模式，"关"表示不混合，"开"表示选区图像与对应区域图像的颜色、亮度、纹理和阴影等属性进行混合，"亮度"表示选区图像与对应区域图像的亮度混合；"移动模式"选项设置选区图像与对应区域图像的彼此替代关系,包括"目标"和"源"两种模式。

图 8-144 "消失点"对话框

图章工具:按住 Alt 键单击取样,在目标区域拖移绘画。

变换工具:类似"自由变换"命令。

其他工具比较简单,可参考前面所学知识。

3. 操作方法

消失点又称为灭点。以图 8-144 为例,灭掉最后一辆车。

(1) 使用创建平面工具创建平面。如果平面显示为红色或黄色,说明平面 4 个角的节点位置有问题,应重新调整。创建的平面可以无限扩展。如图 8-145 所示。

图 8-145 创建平面并扩展

(2) 在创建的平面内使用图章工具取样灭点。如图 8-146 所示。

(3) 按住 Alt 键,单击取样,推动鼠标单击,会自动遵循透视原理,覆盖掉图像中不想要的部分，单击"确定"按钮，获得最终效果。如图 8-147 所示。

图 8-146 选取图章工具取样

图 8-147 最终效果

8.4 使用滤镜插件KPT 7.0

  Photoshop 的外挂滤镜有很多，本文只简单介绍一下比较常用的滤镜插件 KPT，KPT 是 Metatools 公司发布的一款滤镜插件。读者可以从网上下载该插件，直接安装到 Photoshop 的 plus-ins 目录下即可，安装以后可以在 Photoshop 的滤镜菜单中找到对应的 KPT 菜单，KPT 的目前版本是 KPT 7.0，KPT 7.0 一共有 9 个滤镜：

  通道滤镜：可以对图像的任一通道进行模糊、锐化、对比度等操作。
  流动滤镜：可以在图像中加入模拟的流动效果、刷子带水刷过物体表面的痕迹等。
  捕捉滤镜：能捕捉及修改不规则的几何形状，并能对这些几何形状进行对比、扭曲等操作。
  倾斜滤镜：可以创建各种不同形状、高度、透明度的色彩组合并应用到图像中。
  瓷砖滤镜：借鉴瓷砖贴墙的原理，产生类似瓷砖效果。
  墨滴滤镜：能产生墨水滴入静止水中的效果。
  闪电滤镜：能在图像上产生像闪电一样的效果。

相叠滤镜：将原图像转换成具有类似"叠罗汉"一样对称、整齐的效果。
质点滤镜：它可以控制图像上的质点及添加质点位置、颜色、阴影等效果。

8.5 综合案例实训

实例：使用滤镜制作"下雪"效果。

1. 效果分析

应用滤镜制作下雪效果。效果图如图 8-148 所示。通过该实例的制作，应用杂色滤镜、模糊滤镜等加深对滤镜的理解和应用。

使用的工具与命令：杂色滤镜、模糊滤镜、图层混合模式、色阶等。

2. 制作过程

（1）打开素材，如图 8-149 所示。

图 8-148 下雪效果图　　　　　　　　图 8-149 雪舍

（2）新建图层，命名为"雪花层"，填充黑色。选择"滤镜"/"杂色"/"添加杂色"命令，效果和参数设置如图 8-150 所示。

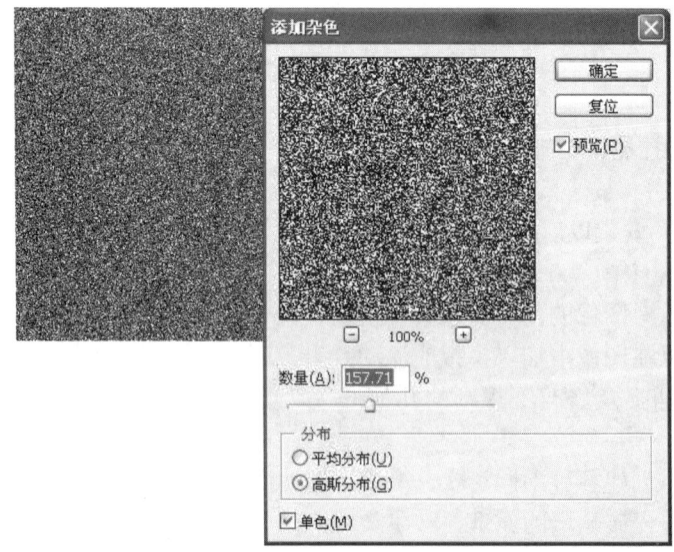

图 8-150 为新图层添加杂色效果

(3) 对"雪花层"执行"滤镜"/"模糊"/"进一步模糊"命令，然后再选择"图像"/"调整"/"色阶"命令。效果及参数设置如图 8-151 所示。

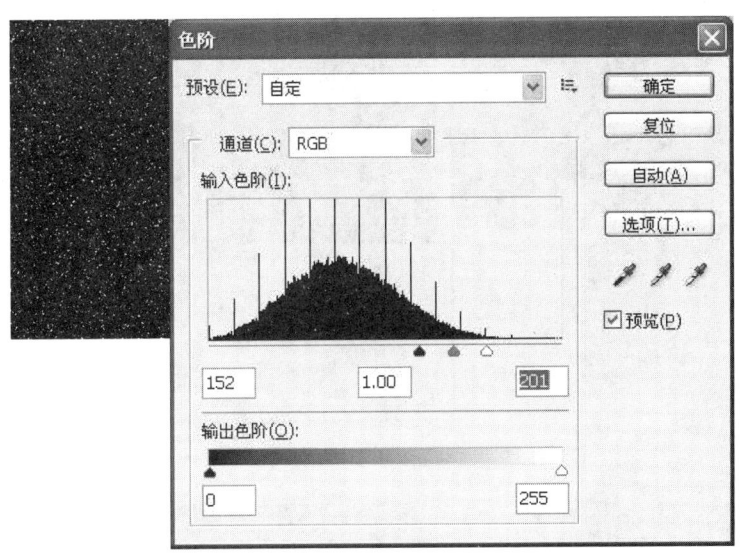

图 8-151　模糊及色阶调整后效果及参数设置

(4) 将"雪花层"的混合模式设为"滤色"，屏蔽掉黑色。效果如图 8-152 所示。

图 8-152　设置滤色模式效果

(5) 对"雪花层"执行"滤镜"/"模糊"/"动感模糊"命令，参数设置及效果如图 8-153 所示。

(6) 复制"雪花层"，对"雪花层副本"按住 Ctrl+T 组合键，然后旋转 180 度，再执行"滤镜"/"像素化"/"晶格化"命令，参数设置及效果如图 8-154 所示。

(7) 对"雪花层副本"执行"滤镜"/"模糊"/"动感模糊"命令，效果及参数设置如图 8-155 所示。

(8) 合并"雪花层"和"雪花层副本"，合并成新的"雪花层"，再复制"雪花层"成为"雪花层副本"，将副本图层的透明度适当降低，打造逼真的下雪场景，如图 8-156 所示。

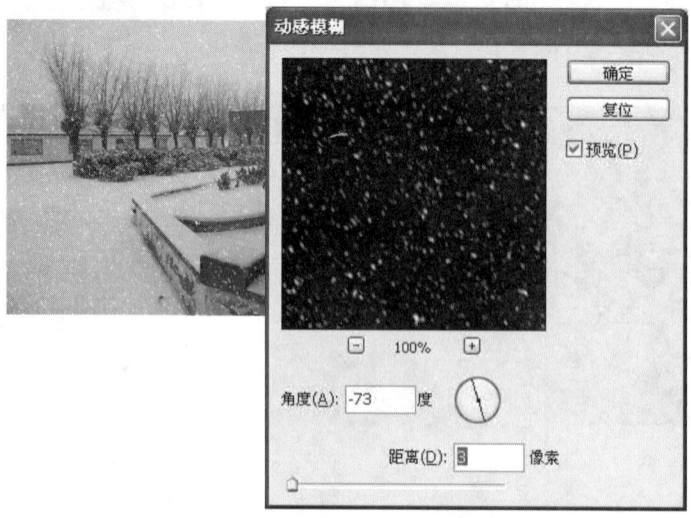

图 8-153 "动感模糊"效果及参数设置

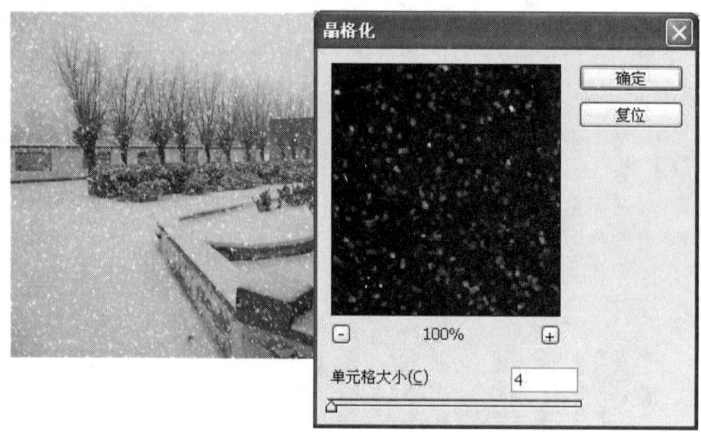

图 8-154 "晶格化"效果及参数设置

图 8-155 "动感模糊"效果及参数设置

图 8-156 最终效果

习题与实训

一、单项选择题

1．下面（　　）滤镜可以用来去掉扫描照片上的斑点，使图像更清晰。
   A．模糊/高斯模糊   B．艺术效果/海绵
   C．杂色/去斑   D．素描/水彩画笔

2．下列对滤镜描述不正确的是（　　）
   A．Photoshop 可以对选区进行滤镜效果处理，如果没有定义选区，则默认为对整个图像进行操作
   B．在索引模式下不可以使用滤镜，有些滤镜不能使用 RGB 模式
   C．扭曲滤镜的主要功能是让一幅图像产生扭曲效果
   D．3D 变换滤镜可以将平面图像转换成为有立体感的图像

3．"滤镜"/"风格化"/"风"命令可以产生不同程度的风效，下列关于风向设置的描述正确的是（　　）。
   A．风向只能设置为从左和从右两个方向
   B．风向只能设置为从上和从下两个方向
   C．可以任意设置风向的角度数值
   D．不能设置风向

4．如果要模拟用固定的曝光时间给运动的人物进行拍摄的照片效果，可以应用"模糊"菜单中的（　　）命令来处理背景图像。
   A．"特殊模糊"   B．"镜头模糊"
   C．"动感模糊"   D．"高斯模糊"

5．"锐化"菜单中的（　　）命令综合了其他锐化滤镜的作用效果，该滤镜主要用于改善图像边缘细节、阴影及高光锐化，使图像像素对比更加强烈。
   A．"锐化边缘"   B．"智能锐化"
   C．"USM 锐化"   D．"进一步锐化"

二、操作实训题

利用适当的工具做出如图 8-157 片效果。

操作提示：

（1）去掉素材图片左上方和右上方的标志，并利用魔棒工具将图片下方的蓝色区域改为白色。

（2）应用修复画笔工具去除衣服上的白字。

（3）使用滤镜纹理化图片。

（4）利用填充工具、滤镜云彩效果、龟裂效果等制作相片相框。

（5）通过图层的混合选项，给相框添加"描边"和"斜面和浮雕"效果。

（6）利用文字工具输入"星星工作室"，并设置内发光和投影。

图 8-157　效果图

第 9 章 文字特效

教学目标

通过对本章的学习,要求读者掌握输入文字的方法,区别文字图层与文字蒙版,掌握编辑点文字和段落文字属性的方法,学会将文字转换成路径、形状的方法,并会用栅格化命令将文字转换为普通图层;掌握文字变形操作、沿路径排列等特效制作。

教学重点与难点

1. 掌握输入文字的方法,掌握编辑点文字和段落文字属性的方法以及学会将文字转换成路径、形状的方法。
2. 区别文字图层与文字蒙版,以及掌握文字变形操作、沿路径排列等特效制作。

在 Photoshop CS 中除了具有十分强大的图像处理功能之外,还有强大的文字处理功能,可以进行文字的属性设定、版式的编辑、图层的效果制作,还可以随时进行修改。利用文字工具还可以制作出各种各样的文字特效。右击工具箱中"文字工具"图标 ,弹出如图 9-1 所示的文字工具组。

图 9-1 文字工具组

9.1 文字与图层的关系

前面已经学到 Photoshop 中图层的种类有多种,如背景图层、普通图层、形状图层、调整图层和填充图层等,本章所学的文字也是一类特殊的图层,也就是 Photoshop 中的文字图层,在工具箱中单击"文字工具"图标,即可输入文字,在"图层"调板中会有相应的文字图层,如图 9-2 所示。

文字图层不同于一般的普通图层,有些操作需要把文字图层转化为普通图层才能执行,如不能直接给文字图层应用滤镜操作。

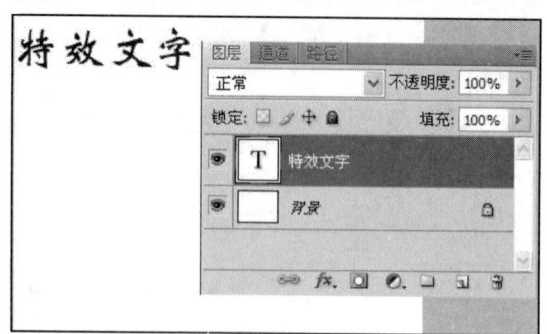

图 9-2　输入的文字及相对应的文字图层

9.2　文字的输入与转换

在 Photoshop CS4 中，文字工具包括横排文字工具、直排文字工具、横排文字蒙版工具和直排文字工具。输入文字只需要在工具箱中单击相应的文字工具即可，输入文字以后还可以把文字转化为形状，还可以通过文字蒙版工具创建文字选区。

9.2.1　横排与直排文字

选择"横排文字工具"或"直排文字工具"，在图像或新建背景中单击进入横排或直排文字编辑模式，横排文字工具可以在水平方向上输入文字，直排文字工具可以在垂直方向上输入文字，类似于 Word 文档的编辑文字方式。

打开素材如图 9-3 所示，选择"横排文字工具"，输入"古典美女"，再选择"直排文字工具"，输入"婀娜多姿"，效果如图 9-4 所示。

图 9-3　古典美女

9.2.2　横排与直排文字蒙版

横排文字蒙版工具 和直排文字蒙版工具 是用来创建文字选区的。仍以图 9-3 为例，使用横排文字蒙版工具和直排文字蒙版工具分别输入"古典美女"和"婀娜多姿"，此时在当前图层上添加了一个红色的蒙版，输入的文字将以蒙版的形式出现，在图像文件中生成的是以文字的形状创建的选区，如图 9-5 所示。生成选区后，可以对选区进行复制、描边以及渐变填充等操作。图 9-6 是对文字选区进行渐变填充操作后的文字效果。

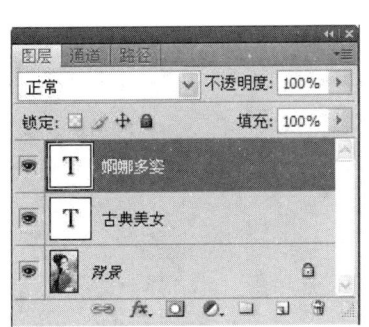

图 9-4　横排和直排文字的输入和对应的图层

图 9-5　古代美女

图 9-6　文字选区的渐变填充

9.2.3　点与段落文字

Photoshop 中的文字可以分为两类：点文字和段落文字。点文字就是选中文字工具，在图像或新建背景上单击开始输入的文字,段落文字则是在图像或新建背景上单击并拖动鼠标拖出的一个段落文本框内输入的文字。

1. 点文字

不管是选择横排还是直排文字工具,只要单击一下即可进入点文字的输入和编辑状态。打开素材,如图 9-7 所示,在点文字状态下输入《枫桥夜泊》古诗,效果如图 9-8 所示。

图 9-7　枫桥夜泊

图 9-8　输入文字

2. 段落文字

不管是选择横排还是直排文字工具,只要按下鼠标并拖动即可进入段落文字的输入和编辑状态。

在段落文字状态下输入《枫桥夜泊》古诗,效果如图 9-9 所示。

在输入文字的过程中可以看出段落文字的输入是在段落文本框中进行的,文字可以自动换行,点文字的输入必须要手动回车换行。

段落文字的文本框如果不够容纳要输入的文字时候可以拖动段落文本框的四角将段落文本框拉大。

9.2.4　文字属性

选择文字工具后,在工作区的上方会出现文字工具选项栏,如图 9-10 所示。

工具选项栏中包含了文字的常用属性,这些属性也可以在"字符"调板和"段落"调板中设置。单击工具选项栏中的 图标可打开"字符"调板和"段落"调板。

图 9-9　枫桥夜泊段落文字

图 9-10　文字工具选项栏

1. 点文字属性

单击 图标默认打开的是"字符"调板，如图 9-11 所示。

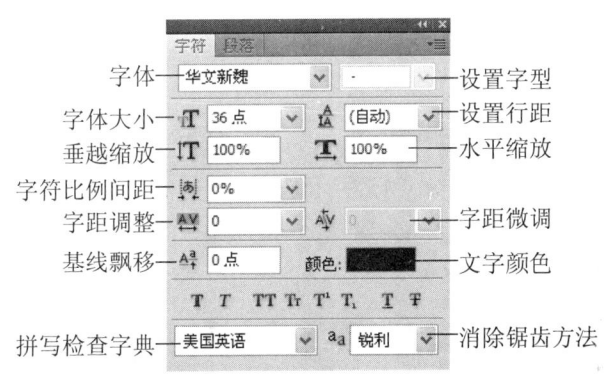

图 9-11　"字符"调板

在"字符"调板里可以设置点文字的属性。

2. 段落文字属性

单击 图标，打开调板后，选择"段落"选项卡，打开"段落"调板，如图 9-12 所示。

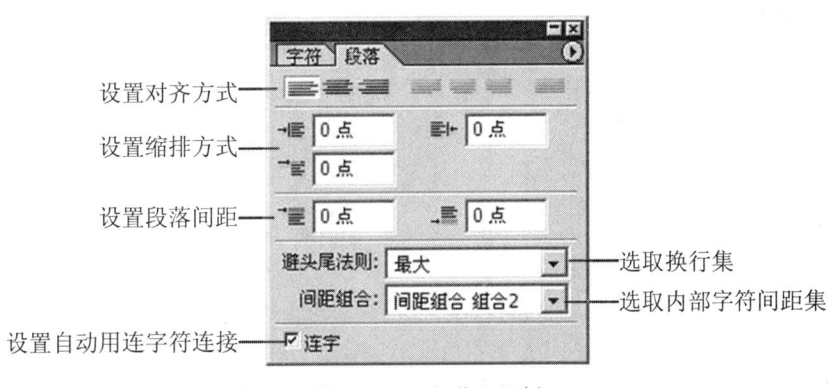

图 9-12　"段落"调板

在"段落"调板里可以设置段落文字的属性。对文字属性的操作,读者可以联想所学过的 Word 排版操作。

9.2.5 文字的转换

在 Photoshop 中输入的文字可以转换为普通图层,可以转换为形状、路径等,转换过后可以对文字进行特效处理,将在 9.3 节特效文字中详细讲解。

9.3 特效文字

在 Photoshop 中可以对输入的文字进行特效处理,比如对文字进行变形、让文字沿路径排列,以及对文字添加一些滤镜效果等。

9.3.1 变换与变形文字

文字的变换与变形是属于两类不同的操作。变换可以针对普通图层,而变形只针对文字。

1. 变换文字

变换文字主要是对文字进行缩放、旋转、斜切等变换操作。选中文字图层,选择"编辑"/"变换"或者"编辑"/"自由变换"菜单命令即可对文字进行变换。图 9-13 是对文字进行了旋转和斜切操作后的效果。

2. 变形文字

选择"图层"/"文字"/"文字变形"命令,弹出如图 9-14 所示的对话框。该对话框中包含了所有对文字进行变形的样式。图 9-15 所示是应用了"波浪"变形样式并设定了参数的效果。

图 9-13 变换文字

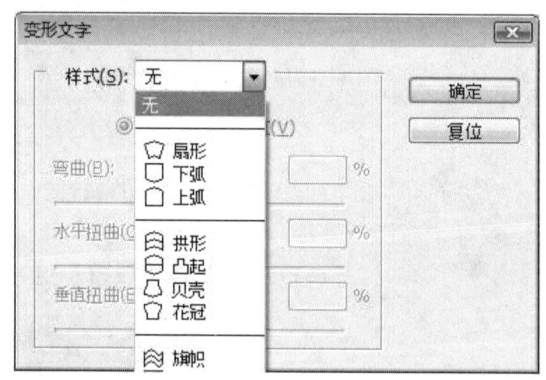

图 9-14 "变形文字"对话框

9.3.2 路径文字

路径文字需要将文字转换为路径。选择"图层"/"文字"/"创建工作路径"命令,即可将文字转换为与文字外形相同的工作路径。该工作路径可以像其他路径一样执行存储、填充和描边等操作,但不能将此工作路径中的字符作为文本进行编辑,而原文字图层仍然存在并可编辑。除了文字可以转换为路径外,文字还可以沿着路径进行排列。

 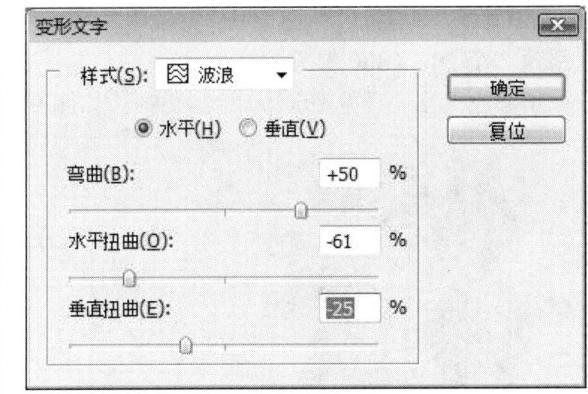

图 9-15 波浪变形效果及参数设置

1．描边路径

以图 9-13 为例，对图像上的文字进行描边。步骤如下：

（1）选中文字图层，选择"图层"/"文字"/"创建工作路径"命令，在"路径"调板中会自动建立一个工作路径。如图 9-16 所示。

 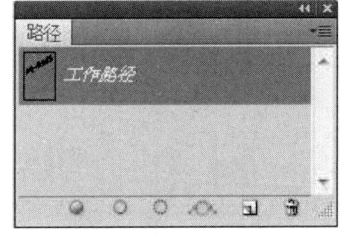

图 9-16 创建工作路径

（2）选择画笔工具，设置画笔的直接大小为 5 个像素，颜色 R：255，G：0，B：0。

（3）在"图层"调板中取消文字图层的选中状态，单击"路径"调板的"用画笔描边路径"按钮 或者在工作路径上右击，在子菜单中选择"描边路径"命令弹出如图 9-17 所示的对话框。

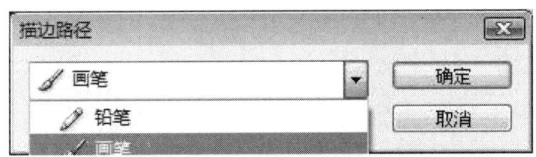

图 9-17 "描边路径"对话框

默认的情况下是画笔，也可以选择铅笔等，因此在此之前需要先设定画笔或铅笔等工具的画笔大小以及颜色等，

（4）单击"确定"按钮。最终效果如图 9-18 所示。

2. 文字沿路径进行排列

下面使用钢笔工具创建一个路径来举例说明文字可以沿路径进行排列。

（1）新建一个 500×400 像素的文件。

（2）单击"钢笔工具"按钮 ，绘制路径。如图 9-19 所示。

图 9-18　画笔描边效果

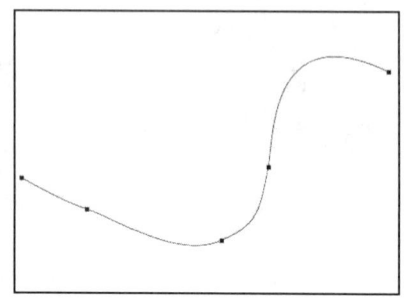
图 9-19　钢笔创建路径

（3）选择文字工具，直接将光标放在路径上，路径会自动吸附光标，然后输入文字，文字会自动沿路径进行排列。此时可在"路径"调板中将路径删除，文字仍保持路径的形状。最终效果如图 9-20 所示。

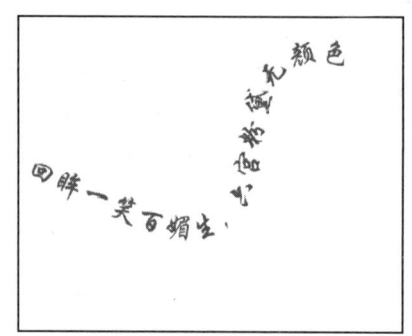
图 9-20　文字沿路径排列效果

9.3.3　形状文字

文字转换成形状，可以对文字运行更加细致精巧的变形操作，成为形状图层后，图层中的字符将无法再作为文本运行编辑，此时可使用编辑路径的工具，通过调节节点，可以对文字形状任意编辑，包括文字的大小、位置、形状等属性。

选择"图层"/"文字"/"转换为形状"菜单命令，即可将文字图层转化为形状图层。图 9-21 是将文字转换为形状后，用直接选择工具编辑节点达到的效果。

9.3.4　文字栅格化处理

前面提到文字图层是一种特殊的图层，在该图层上无法应用滤镜等命令，要进一步编辑文字图层，则需要将其栅格化。选择文字图层，执行"图层"/"栅格化"/"文字"命令，将文字图层转换为普通图层。

图 9-21　形状文字

9.4　综合案例实训

实例：制作三维立体字。

效果分析：制作三维效果的文字。通过该实例的制作，掌握文字工具的使用，掌握文字图层转换为普通图层的方法，回顾图层操作，如合并图层、图层样式等操作。

使用的工具与命令：文字工具、栅格化命令、变换命令等。

制作过程：

（1）新建一个 500×400 像素的文档，文档设置如图 9-22 所示。

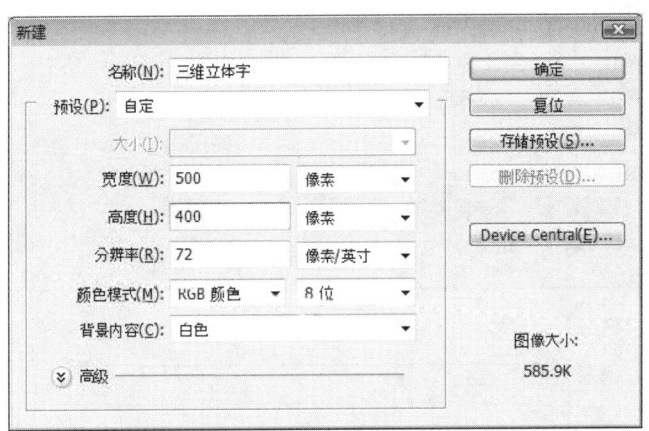

图 9-22　新建文档设置

（2）输入文字，字体大小为 100 点，字体为"华文琥珀"。如图 9-23 所示。

（3）选中文字图层，选择"图层"/"栅格化"/"文字"命令，将文字转换为普通图层，然后选择"编辑"/"变换"/"透视"命令，对文字进行变换，效果如图 9-24 所示。

（4）按 Ctrl+T 组合键复制"古典美女"图层。双击图层副本添加"斜面和浮雕"和"颜色叠加"的图层样式。参数设置如图 9-25 所示。

（5）单击"图层"调板中"古典美女副本"图层，按住 Ctrl+Alt+T 组合键进行复制变换，在工具选项栏中将宽高的百分比例为 101%，把位置稍微向右移动一点距离以产生立体感。效果如图 9-26 所示。

图 9-23　输入文字　　　　　　　　　　图 9-24　文字处理

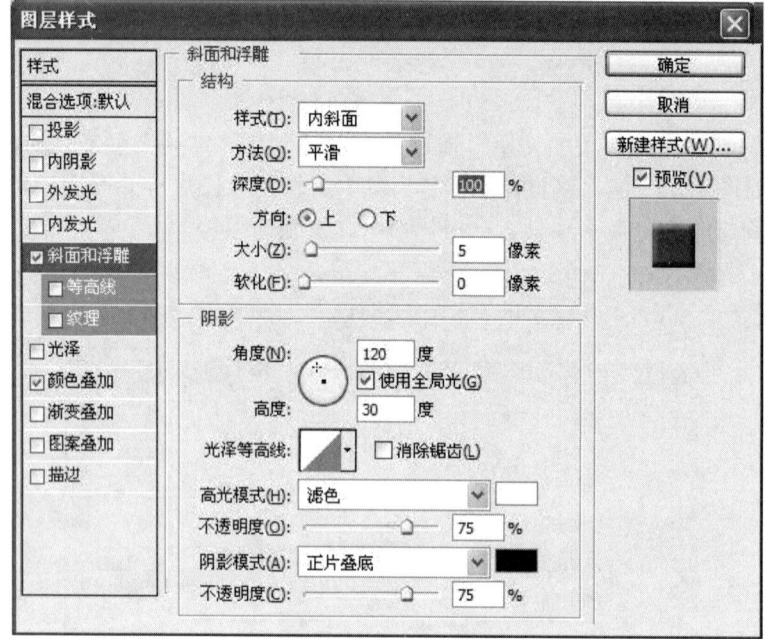

图 9-25　图层样式

图 9-26　变换复制后效果

(6) 按 Ctrl+Alt+Shift+T 组合键再次进行复制变换，反复执行，直到感觉立体效果较为明显为止。如图 9-27 所示。

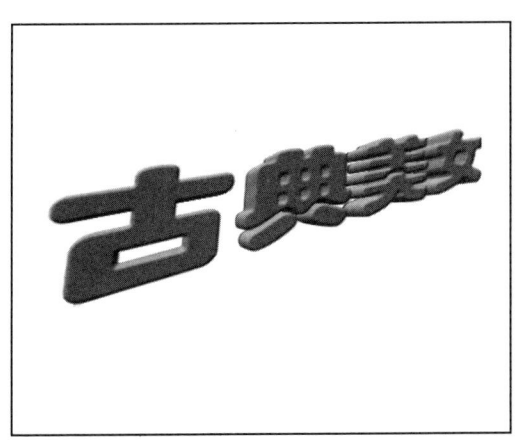
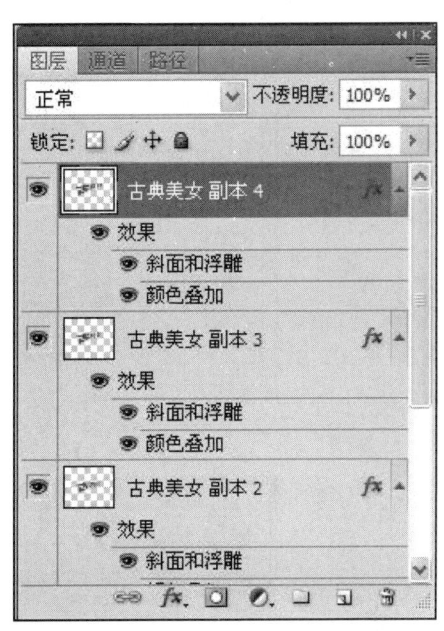

图 9-27　再次变换复制后效果及"图层"调板状态

(7) 合并所有副本图层。将合并后的副本图层放在"古典美女"图层的下方，调整"古典美女"的大小使之与立体感的副本大小相当。如图 9-28 所示。

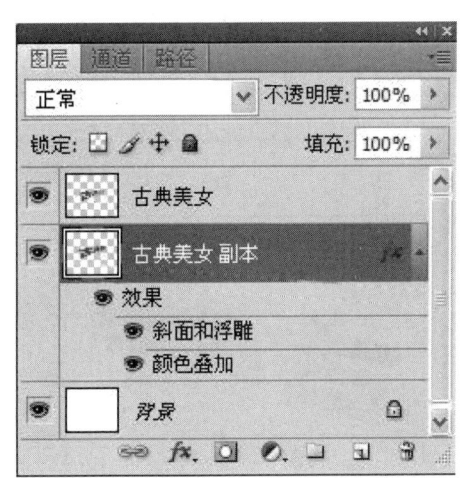

图 9-28　交换图层并变换后效果及"图层"调板状态

(8) 对"古典美女"图层应用图层样式"颜色叠加"，将颜色设为比较浅的红色，具体设置如图 9-29 所示。

(9) 合并原图层与副本图层。添加图层样式"投影"，如图 9-30 所示。单击"确定"按钮，效果如图 9-31 所示。

(10) 按 Ctrl+Alt+T 组合键，复制变换制作出立体字的倒影。最终效果如图 9-32 所示。

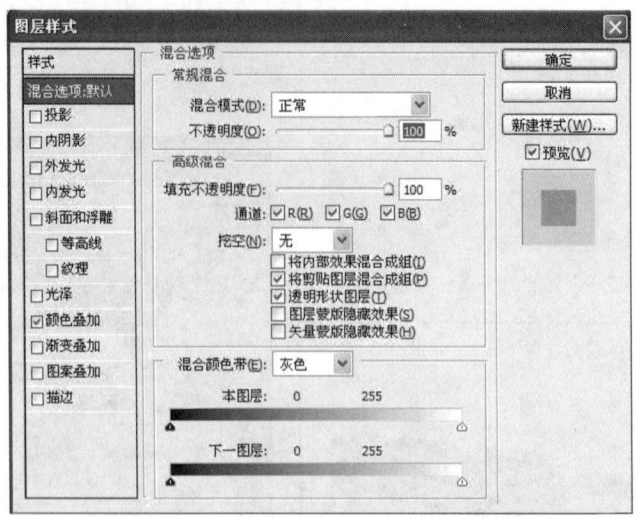

图 9-29 "古典美女"图层样式设置

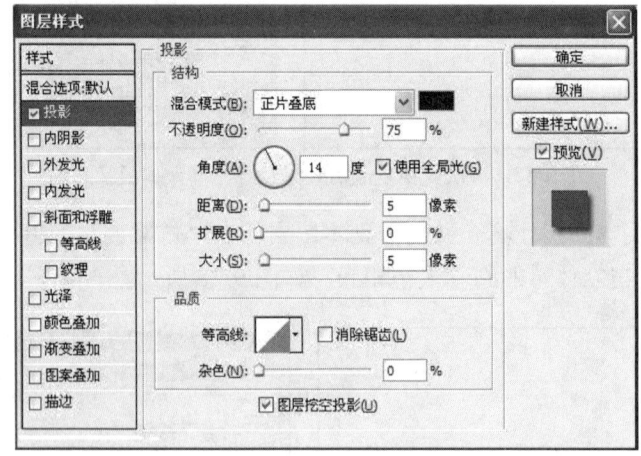

图 9-30 投影参数设置

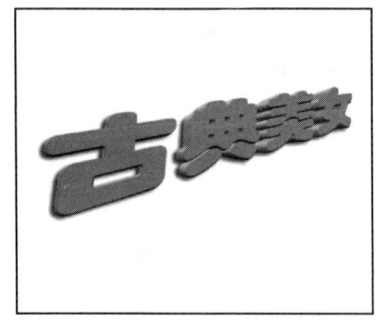

图 9-31 投影完成后效果

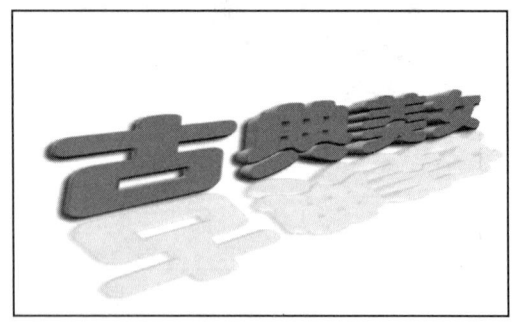

图 9-32 最终效果

习题与实训

一、单项选择题

1. 在"变形文本"对话框中提供了很多种文字弯曲样式，下列选项中的（　　）不属于

Photoshop 中的弯曲样式。

　　A．"扇形"　　　　B．"拱形"　　　　C．"放射形"　　　　D．"鱼形"

2．为文字添加"投影"样式时，如果要使投影边缘的模糊程度增大，需要在"图层样式"对话框中调节的参数是（　　）。

　　A．大小　　　　　B．距离　　　　　C．扩展　　　　　　D．等高线

3．下列选项属于 Photoshop 中文字排版功能的有（　　）。

　　A．可以实现多页排版

　　B．可以采用横排文字和直排文字两种方式输入文本

　　C．可以沿路径输入文本

　　D．可以在路径区域内输入文本

4．在一幅广告中，要制作沿弧形排列的标题文字，可采用的方法有（　　）。

　　A．Photoshop 不能实现沿弧形排列文字

　　B．输入文字，然后应用"编辑"/"变换"菜单下的功能对其进行扭曲变形

　　C．输入文字，然后在属性栏内单击 按钮，在弹出的"变形文字"对话框中设置弯曲变形

　　D．先绘制出弧形路径，然后将鼠标放置在路径上任意位置单击，即可沿路径输入文字

二、操作实训题

制作带红漆的文字特效。如图 9-33 所示。

图 9-33　带红漆的文字

操作提示：

（1）新建文字图层。

（2）新建一个图层。单击背景图层，再单击图层的新建图层。填充为白色。执行"滤镜"/"杂色"/"添加杂色"命令。

（3）执行"滤镜"/"模糊"/"动态模糊"命令。

（4）将图层定义为"图案"，执行"编辑"/"定义图案"命令。

（5）对文字图层执行"图层样式"命令。先设置"图案叠加"，选择刚刚创建的那个图案，"模式"选"正常"。再设置光泽。"混合模式"处选择"正片叠底"。

（6）"斜面与浮雕"选项功能，第一项样式选择"枕状浮雕"，第二项方式选择"平滑"，倒数第二项"暗调模式"选择"正片叠底"。

（7）自定义红漆笔刷，新建图层并添加红漆。

第 10 章　Photoshop CS4 的综合应用实训

本章主要介绍网站美工、产品包装设计、数码照片处理、广告设计与制作等一些比较实用的知识,通过对本章的学习,提高读者的自行设计能力,使读者更加有主见地设计出具有自己风格的作品。

1. 行业应用的基本知识。
2. 学会自己美化网站和设计产品的包装、广告的制作,以及数码照片的处理等。
3. 自主设计的重要性。

10.1　网站美工

10.1.1　网页页面布局

网页是构成网站的最基本元素。网页设计是面向用户的设计,网站在向浏览者传递信息的同时也要为用户的方便而考虑,要讲究布局和版面的规划,使用户在浏览信息的过程中感受到一种协调美。如图 10-1、图 10-2 所示,这两个网站在版面设计上充分地突出了布局的合理性,至少不会使用户反感和不舒服。

图 10-1　网页布局 1

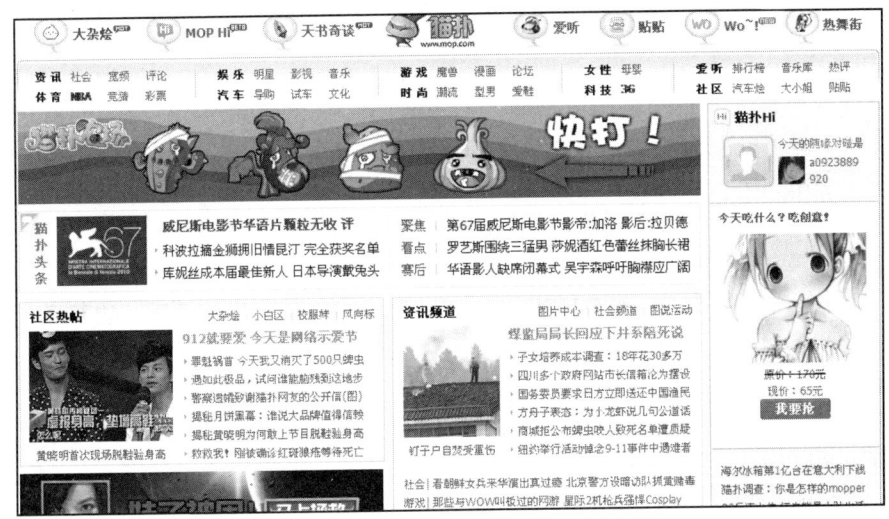

图 10-2　网页布局 2

在设计网页之前，要规划好在这个页面上放上什么，然后根据自己要放内容的多少进行合理的布局。布局时要讲究主次原则。例如，一个网站的主页上有 Logo、菜单栏、导航条以及最新动态、广告等，都要主次分明。要把这个网页最想传递给用户的信息重点突出出来。

10.1.2　色彩搭配

色彩是艺术表现的要素之一。在网页设计中，根据和谐、均衡和重点突出的原则，将不同的色彩进行组合、搭配以构成美丽的页面。根据色彩对人们心理的影响，要合理地加以运用。按照色彩的记忆性原则，一般暖色较冷色的记忆性强。色彩还具有联想与象征的作用，如红色象征太阳、血，用红色色系设计的网页给人一种有朝气、比较热情的感觉。蓝色象征大海、天空等，用蓝色色系设计的网页给人一种凉爽中又带有一点冷酷的感觉。

色彩搭配，首先要知道色彩原理。在前面几章中已了解到红、绿、蓝被称为色光的"三原色"（英文简称 RGB）。日常生活中的彩色电视机、计算机显示器，其成像原理都是基于色光的三原色。所谓原色，又称为第一次色，或称为基色，即用以调配其他色彩的基本色。原色的色纯度最高，最纯净、最鲜艳。可以调配出绝大多数色彩，而其他颜色不能调配出三原色。

色光加色法的呈色原理可用下面的公式表达：

红（R）+绿（G）=黄（Y）

红（R）+蓝（B）=品红（M）

蓝（B）+绿（G）=青（C）

红（R）+绿（G）+蓝（B）=白（W）

除了色光三原色之外，还有颜料三原色（英文简称 CMY）。从理论上说，色料三原色可以调制出成千上万种颜色。色料三原色呈现的色相是从白光中减去某种单色光，得到的另一种色光的效果，所获得的颜色明度降低，故称颜料色料的混合减色法。

色料减色法的呈色原理可以用下面的公式表达：

黄（Y）+品红（M）=白（W）−蓝（B）−绿（G）=红（R）

黄（Y）+青（C）=白（W）−红（R）−红（R）=绿（G）

青（C）+品红（M）=白（W）−红（R）−绿（G）=蓝（B）

青（C）+品红（M）+青（C）=白（W）−蓝（B）−绿（G）−红（R）=黑（K）

要理解和运用色彩，必须掌握进行色彩归纳整理的原则和方法。其中最主要的是掌握色彩的属性。

色彩可分为无彩色和有彩色两大类。无彩色有明有暗，表现为白、黑，也称色调。有彩色表现很复杂，但可以用三个属性来确定，即色相、亮度、饱和度。这三个量是颜色的基本特征，而且缺一不可。

1. 色相

色相是色彩最基本的特征，可以区别于另外一种颜色，人们根据色彩来称呼颜色，如红色、绿色、黄色等。色光的色相是其辐射的光波对人眼的刺激产生的感觉；色料的色相取决于色料本身对可见光选择吸收和反射的结果。

2. 亮度

在光度学上把颜色的亮度描述成光的数值（即光的能量），也可以把亮度理解为人眼所能感觉到的色彩明暗程度。一般认为，物体表面的反射率高，亮度就大。亮度和色相之间没有必然的联系，相同的色相可以有不同的亮度。

3. 饱和度

饱和度指颜色的纯洁度。色光或色料中各种原色成分是最饱和的颜色。在色光中加入白光成分或黑色成分越多时，就越不饱和。

网页的颜色应用并没有数量限制，但不能无节制地运用多种颜色，一般情况下，先根据总体风格的要求定出一至两种主色调。

下面来看一组关于网页配色方面的配色表，如图10-3～图10-7所示。

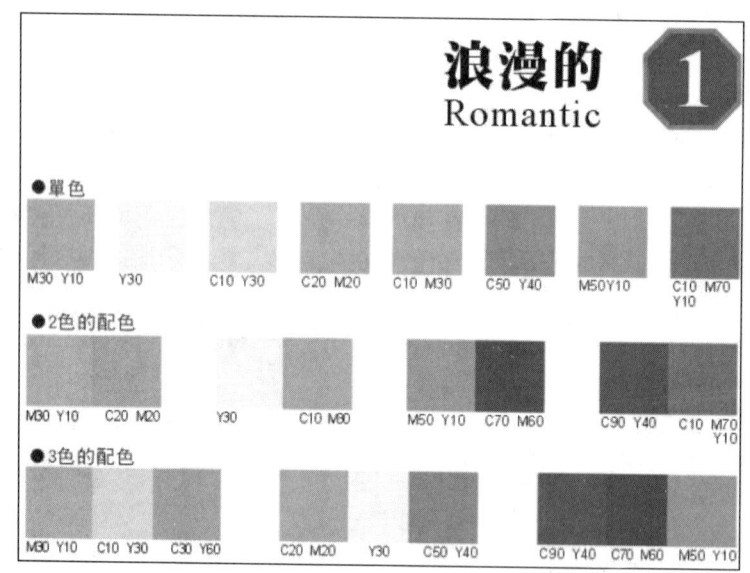

图10-3 配色表1

看了这些色彩搭配之后，你是不是有所想法呢？这些颜色搭配是不是看起来很舒服呢？所以，在设计网页时也要讲究一个色彩搭配均衡，这样才不会使人看上去不自然。

在色彩运用过程中，还应注意的问题是：由于国家和种族、宗教和信仰的不同以及生活的地理位置、文化修养的差异等，不同的人群对色彩的喜恶程度有着很大的差异。

例如，儿童喜欢对比强烈、个性鲜明的纯颜色；生活在闹市中的人们喜欢淡雅的颜色；生活在干旱地区的人们喜欢绿色。在设计中还要考虑主要读者群的背景和构成。

第 10 章 Photoshop CS4 的综合应用实训

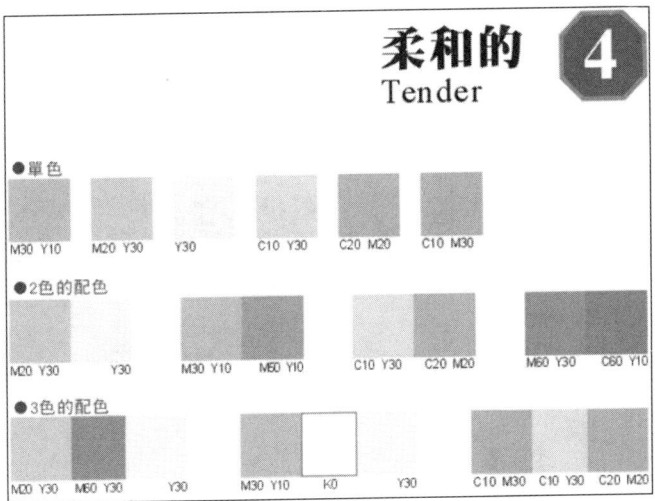

图 10-4 配色表 2

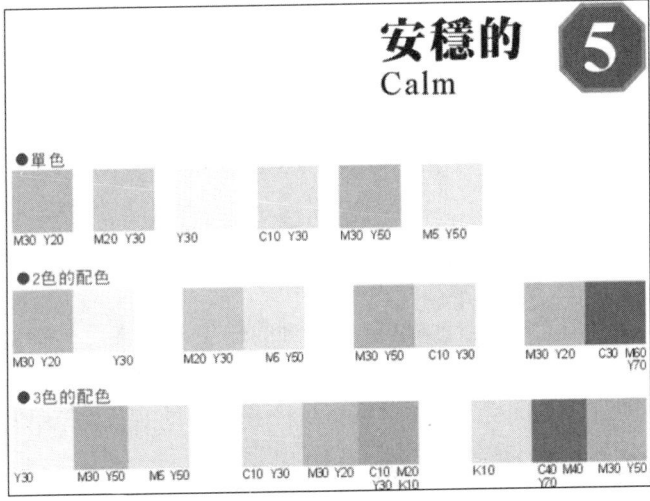

图 10-5 配色表 3

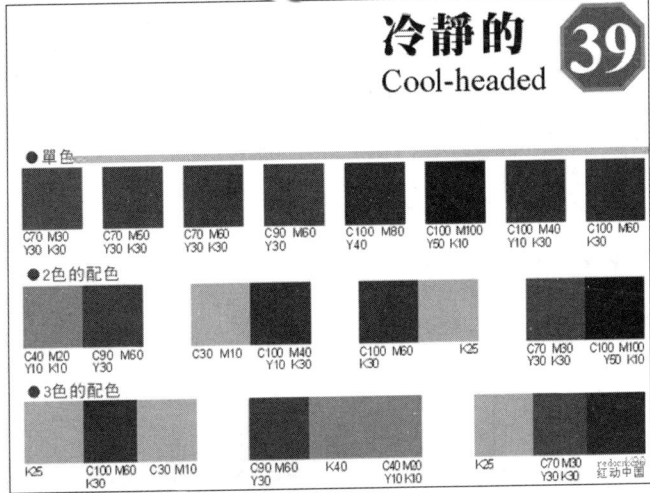

图 10-6 配色表 4

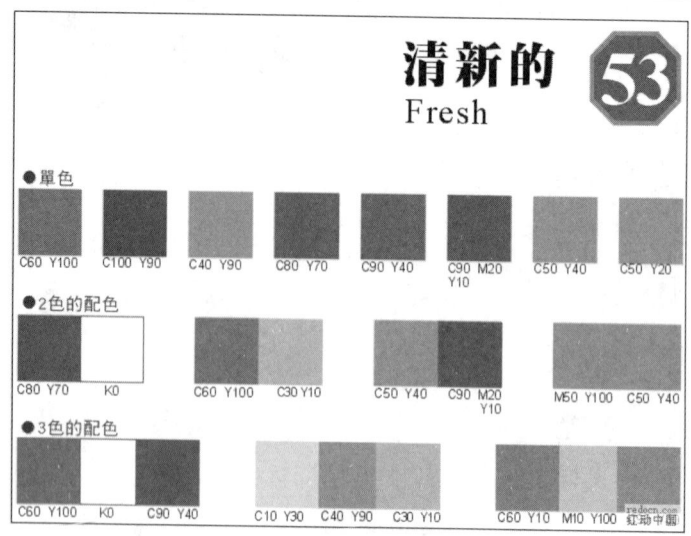

图 10-7　配色表 5

10.1.3　文字的选择

前面了解到网页的设计中要注意布局、色调，这一节，继续来了解关于文字的选择。不管是页面布局、色彩搭配，还是文字和图片的选择，都是为了让网页看起来更美观，更协调。

文字的选择要结合背景的颜色。如果网站采用了大面积背景颜色，必须要考虑到背景用色与前景文字的搭配问题。一般的网站侧重的是文字，所以背景可以选择纯度或者明度较低的颜色，文字则用较为突出的亮色显示，让人一目了然。

当然，有些网站为了让浏览者对网站留有深刻的印象，在背景上做文章。下面来欣赏一个个人网站，如图 10-8 所示。它突出的是背景，所以文字就要显得暗一些，这样文字才能与背景分离开来，便于浏览者阅读文字。如果背景选的是较深的颜色，而中间内容文字则要选用较亮的颜色，以强烈的对比来突出主题，如图 10-9 所示。

图 10-8　文字选择 1

图 10-9　文字选择 2

另外，编排网页上的文字信息需要考虑字体、字号、字间距和行间距等。从美学的观点看，既保证网页整体视觉效果的和谐、统一，又保证所有文字信息的醒目和易于识别，这是评价文字选择工作的最高标准。

10.1.4　图片的选择

前面提到不管是页面布局、色彩搭配，还是文字和图片的选择，都是为了让网页看起来更美观、更协调，毫无疑问图片的选择也要为网页的协调考虑。同样要注意图片与网站背景色的搭配，如果想突出图片，则要选择与背景色反色或鲜艳的图片，如图 10-10 所示。

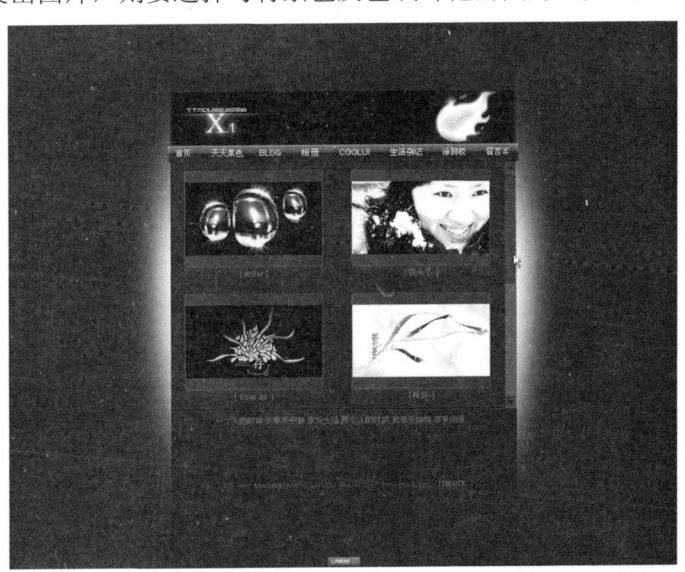

图 10-10　图片选择

10.1.5　浏览导航

导航菜单是网站的指路灯。浏览者要在网页间跳转，要了解网站的结构、网站的内容，都必须通过导航菜单或者页面中的一些小标题来引导实现。如图10-11所示。可以使用稍微跳跃的色彩，以吸引浏览者的视线，并使人感觉网站清晰、明了、层次分明。

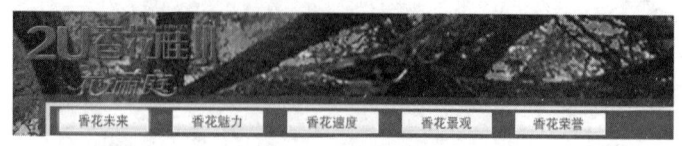

图10-11　浏览导航

10.2　产品包装设计

10.2.1　包装设计概述

包装是在流通过程中保护产品、方便运输、促进销售、按一定技术方法而采用的容器、材料及辅助物等的总称。随着经济的发展和商品的极大丰富，包装的作用越来越重要，包装的形式和材料也越来越多样。包装设计的重要性与地位取决于某个国家和地区的经济生产是否发达，产品是否充裕。

包装的主要功能是保护和美化商品。除此之外还具有使商品增值、便于运输、促进销售等作用。如果没有精良的包装设计，就算商品本身的品质优良，也很容易在市场竞争中失败。因此包装设计不是单纯地为了艺术，而是要为产品创造更多的销售机会。更有"商品包装和装潢设计如果不能充当商品的助产士，便会成为商品的掘墓人"的说法。

包装分类的方法很多。

按包装形态分，有固体、液体、气体及粉状、粒状等。

按包装形式分，有包装纸、袋、盒、瓶、管及筒、罐等，或小包装、中包装、外包装等。

按使用方法分，有易开启式包装、适量小包装、一次性包装、便于携带包装、可回收包装和复用包装等。

按包装材料分，有木箱包装、纸箱包装、纸板包装、塑料包装、金属包装、搪瓷包装、玻璃包装、陶瓷包装、软性包装和复合包装等。

按包装内容分，有食品包装、饮品包装、药品包装、化妆品包装、文教体育用品包装、纤维织物包装、机械电子产品包装、玩具包装、蔬菜包装、工艺品包装等。

10.2.2　包装设计常识

包装设计需要注意的几个问题：

（1）清楚此包装的功能，熟悉包装技术和材料。

（2）了解市场需求，了解消费者的心理需求，把握"科学、经济、美观、适销"的原则。

（3）了解一定的法律知识和各地文化、信仰的差异。

（4）要便于展示、便于携带，尤其是要有视觉冲击力，利于引导购买。

（5）要考虑到消费者的使用，方便、安全而且可靠。

10.2.3　实例制作

（1）新建800×600的画布，用渐变填充，执行"滤镜"/"渲染"/"镜头光晕"命令，弹出"镜头光晕"对话框如图10-12所示。

第 10 章 Photoshop CS4 的综合应用实训

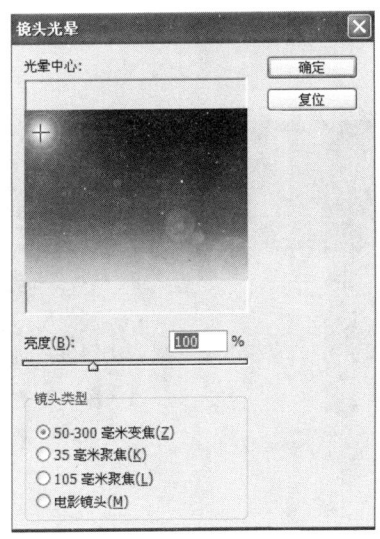

图 10-12 "镜头光晕"对话框

（2）用钢笔工具绘制一片花瓣，然后复制三片，放到合适位置，效果如图 10-13 所示。

图 10-13 绘制花瓣

（3）打开素材图片，创建背景副本，把需要的部分选中，拖过来，用自由变形工具调整图片的大小和位置，效果如图 10-14 所示。

图 10-14 调整后的效果

（4）同上，各自选取需要的图片，拖过来，用自由变形工具调整图片的大小和位置，效果如图 10-15 所示。

图 10-15　调整后的效果

（5）按 Ctrl 键提取右侧面图片的选区，然后再新建一层，填充渐变，并设置它的不透明度为 40%，如图 10-16 所示，效果如图 10-17 所示。

图 10-16　图层面板

图 10-17　设置阴影后的效果

（6）用多边形套索工具绘制一个阴影，用渐变填充，效果如图 10-18 所示。

图 10-18　填充后的效果

（7）把阴影层调到底层，效果如图 10-19 所示。

图 10-19　最终效果

10.3　数码照片处理

10.3.1　艺术照片制作

所谓艺术照片，就是通过 Photoshop 来美化照片，让人感觉有种艺术成分在里边，给人一种视觉美。一般的，可以在网上找一些模板或图片，有了这些素材，想美化自己的照片，可以说是易如反掌。下面来做一个小制作。

（1）首先按 Ctrl+O 组合键打开一张照片和一个背景图片（如图 10-20、图 10-21 所示）并创建背景副本。

图 10-20　照片素材

图 10-21　背景素材

（2）接下来要做的是，把这个人物从原照片中抠出来，放到选好的背景图片上。前面已经学过抠图了，这里就不再细说。

（3）放到背景图片上之后，选择人物图层，如图10-22所示，在"图层"调板中单击"添加矢量蒙版"按钮，添加一个蒙版。

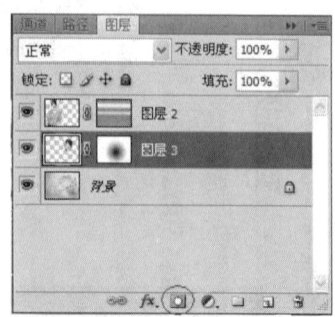

图 10-22 "图层"调板

（4）用渐变工具，在渐变工具选项栏上选择一种渐变样式，用鼠标在人物图像上拖动即可呈现出图10-23的效果。

（5）再一次切换到人物选区图层，用椭圆选框工具选中人物的脸部，如图10-24所示，切换到移动工具，把选择中的部分拖到背景图层。在人物的头部有小块的空缺，可以用"图章工具"按钮 来加以修复。

图 10-23 蒙版渐变后的效果

图 10-24 选区效果

（6）再次在"图层"调板单击"添加矢量蒙版"按钮，添加一个蒙版，重复第（4）步的操作。

（7）这样，一个所谓的艺术照片就做好了，效果如图10-25所示。

图 10-25 最终效果

10.3.2 照片修复

通常有一些旧照片、污损照片不知道怎么处理，下面就以污损旧照片为例简单学习照片的修复。如图 10-26 所示为老照片与修复后的照片效果。

图 10-26　老照片与修复后的照片效果

（1）在 Photoshop 中按 Ctrl+O 组合键打开这张照片，创建背景副本。

（2）用修复工具来修复照片上那些大的褶皱，再用图章工具来修复人物头像上的损痕。线条不太清晰的地方，用加深工具来勾勒出人物的轮廓。完成后再按 Ctrl+Shift+U 组合键去色，效果如图 10-27 所示。

图 10-27　修复、去色后的效果

（3）打开"历史记录"调板，在上一步的基础上，进行拍照，如图 10-28 所示，再选择"滤镜"/"模糊"/"高斯模糊"命令，如图 10-29 来对图像进行磨皮操作，使人物的皮肤变得光滑。把值调到人物的皮肤看起来光滑时为止，然后再一次拍照。

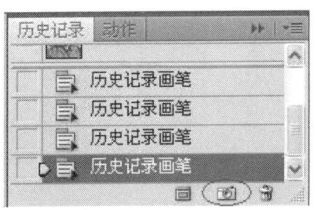

图 10-28　"历史记录"调板

（4）这一步要用到的是"历史记录画笔工具"按钮，在"历史记录"调板中设置"快照 2"为历史记录画笔，如图 10-30 所示，然后单击"快照 1"在它上面进行磨皮操作。

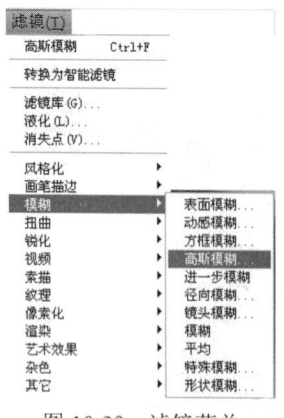

图 10-29　滤镜菜单　　　　　　　　图 10-30　"历史记录"调板

（5）上述操作完成后，这张照片基本上就算修复完整了。其效果如图 10-31 所示。

图 10-31　最终效果

10.3.3　照片合成

照片的合成，在日常生活中经常会用到，简单地学会一两招，就可以把自己的照片修饰得更加美丽了。这一节就来学习一招很有趣的合成——换脸。

（1）在 Photoshop 中，按 Ctrl+O 组合键打开两张素材图片，如图 10-32 所示，并创建背景副本。

　　　　（a）　　　　　　　　　　　　　　　（b）

图 10-32　用到的照片素材

（2）设置羽值为 2，抠出图 10-32（b）人脸，如图 10-33 所示。

（3）把抠出来的人脸拖到图 10-32（a）上，按 Ctrl+T 组合键调出自由变形工具，调整人物脸部的位置和大小，如图 10-34 所示。

图 10-33　选区效果

图 10-34　调整后的效果

（4）隐藏刚拖过来的人物脸部图层，使用吸管工具选取图 10-32（a）的脸部颜色，尽量选取中间色调，不要过明也不要过暗。如图 10-35 所示。

（5）在人物脸部图层上方创建新图层，并用之前选取的颜色填充，将图层混合模式设为"颜色"。再按住 Ctrl 键并单击脸部图层获得选区，选择颜色填充层，按 Ctrl+Shift+I 组合键反选，按 Delete 键删除。效果如图 10-36 所示。

图 10-35　本例选取色

图 10-36　填充后的效果

（6）选择脸部图层，使用带柔角的橡皮擦工具将多余的头发和脸部轮廓擦除。效果如图 10-37 所示。

（7）选中背景副本，按 Ctrl+M 组合键调出"曲线"调板，调整一下整体效果。

（8）使用有柔角的橡皮擦工具擦除颜色填充层与背景层过渡部分，使得过渡更加自然。这样，这张合成照片就完成了，其效果如图 10-38 所示。

10.3.4　个人写真的制作

个人写真听起来很神秘，但做起来也就很简单，素材在其中起到了主导地位，只要找来好看的素材，就不怕做不出好看的写真。这一节就以图 10-39～图 10-42 为例，做一张个人写真。

图 10-37　修改后的效果　　　　　　图 10-38　最终效果

图 10-39　照片素材 1

图 10-40　照片素材 2

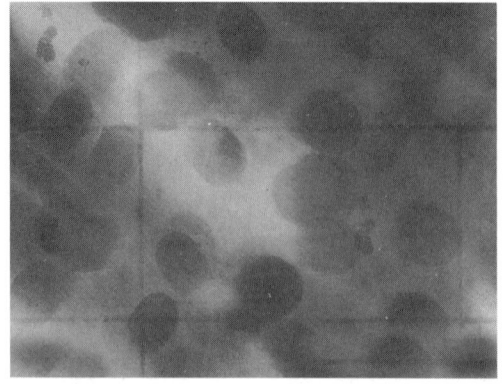

图 10-41　背景素材

图 10-42　蒙版素材

（1）在 Photoshop 中按 Ctrl+O 组合键打开以上 4 张图片并创建背景副本。

（2）用魔术棒配上魔术橡皮擦工具把图 10-40 边缘的多余部分去掉，效果如图 10-43 所示。再把图 10-43 放到图 10-41 的背景副本上，调整到合适的位置。

图 10-43　擦除后的效果

（3）用笔刷工具将图 10-39 的边缘刷上一圈，然后载入选区，按 Ctrl+Shift+I 组合键反选，按 Delete 键删除，删除多余的部分，放到图 10-41 的背景副本上，调整到合适的位置。效果如图 10-44 所示。

图 10-44　调整后的效果

（4）把图 10-42 放到所有图片之上，把它的混合模式设为"正片叠底"。效果如图 10-45 所示。

（5）选中图 10-42 所在的图层，用橡皮擦擦去人物脸上的痕迹，效果如图 10-46 所示。

（6）再用画笔工具刷上自己喜欢的笔刷，这里用系统自带的，效果如图 10-47 所示。

图 10-45 蒙版后的效果

图 10-46 擦除后的效果

图 10-47 最终效果

这样，一张好看的写真照片就合成了，用到的都是常用的工具，过程并不复杂，简单又漂亮。

10.4 广告设计与制作

10.4.1 广告设计概述

广告设计是平面设计的一种。广告设计是一种职业。是基于在计算机平面设计技术应用的基础上，随着广告行业发展所形成的一个新职业。该职业技术的主要特征是对图像、文字、色彩、版面、图形等表达广告的元素，结合广告媒体的使用特征，在计算机上通过相关设计软件来为实现表达广告目的和意图所进行平面艺术创意性的一种设计活动或过程。广告设计是广告的主题、创意、语言文字、形象、衬托等 5 个要素构成的组合安排。其精髓在于创意。

随着中国经济持续高速增长、市场竞争日益扩张，竞争不断升级，商战已开始进入"智"战时期，广告也从以前的所谓"媒体大战"、"投入大战"上升到广告创意的竞争，"创意"一词成为中国广告界最流行的常用词。Creative 在英语中表示"创意"，其意思是创造、创建、造成。"创意"从字面上理解是"创造意象之意"，从这一层面进行挖掘，则广告创意是介于广告策划与广告表现制作之间的艺术构思活动，即根据广告主题，经过精心思考和策划，运用艺术手段，把所掌握的材料进行创造性的组合，以塑造一个意象的过程。简而言之，即广告主题意念的意象化。

平面广告设计既是一种创造性的艺术形式，也是经济性的价值体现，同时，它还具有特定的文化品位。设计与市场具有密切的关系：一方面，市场制约着设计；另一方面，设计也创造着市场。常见的平面广告有报纸广告、杂志广告、墙体广告等。平面广告的特点和优势之一，就是能够做到诗画结合。一则优秀的广告，必然是通过最具创意的平面设计，配以巧妙的语言起到画龙点睛的作用，使画面和语言相互支持，相得益彰。高明的广告甚至不需要言语，完全靠形象与画面激发人的无穷联想，达到诉求的目的，取得无声胜有声的效果。

广告设计中的对比手法有：

（1）形的对比。我们可以把所能想象得到的各种形列举一下，很明显，有直线就有曲线，有竖线就有横线，有方就有圆，有长就有短，有大就有小，有实有就有虚，有平面就有立体，但对比的最基本要素是主次关系和统一的效果，形的对比同样如此。但最终还要看形在视觉上和心理上给人的感觉而论，对比到最终还是要得到统一，统一是个形式问题，用大去统一小；用整去统一缺；用实统一虚，用平面去统一立体等。

（2）色彩对比。

（3）质感对比。

首先，平面设计作品与其他设计形式一样都是人们设计观念的物化，也是人所创造的审美价值的载体，因此所有的平面设计内容必须具有合目的性、规律性和审美的对象性三个特征。

其次，设计美学重视人的主体地位，但美学所追求的最高境界是人与自然的和谐、人与物的和谐。

第三，功能虽然是设计产品的本质特征，但形式与功能同样重要，忽视了形式，也就忽视了人对自然的精神需求。

第四，优秀的产品设计在融入了设计师的审美理想和审美个性后，还应考虑客观对象的功能、材料、技术、成本、目的以及运营管理等多方面的因素。

平面设计的目标是视觉传达，为传达而设计实际上就是为沟通而设计。要达到为沟通而设计的目标，就必须获得一种确切的视觉语言形态。就平面设计而言，充满智慧的图形创意，画龙点睛的文字效应，和谐悦目的色彩视觉，灵活多变的形式魔方，这些能动要素在共同为主题概念服务的基础上，不但具有鲜明的符号化信息传播功能，而且还具有特定的文化精神和审美情趣。

10.4.2 广告设计制作过程

要制作一则广告，首先得有要广告的对象，有的公司会有代言人，这就要求我们有丰富的想象力，以便于将这个广告的实物与人物结合，制作出超视觉的创意广告。

制作前的准备工作有：

（1）收集市场上相关产品的广告，通过对比找出其他相关产品广告的优缺点，以便于在设计广告时做到扬长避短。

（2）收集与产品相关的素材，在设计时恰当地传递出产品的相关信息。

（3）设计多方案、多风格的广告，通过对比选出最优秀的设计方案。

（4）召集人员进行市场调查，当设计方案确定后应先在小范围内试用，然后调查这个广告在消费者中的反映，看其能否对销售起到促进的作用，能否吸引更多人的注意。

10.4.3 广告设计案例

（1）在 Photoshop 中，打开素材图片，如图 10-48 所示，并创建背景副本。

人物

戒指

背景

飘带

图 10-48　广告素材

（2）用钢笔工具抠出一枚戒指，按 Ctrl+Enter 组合键载入选区，再按 Ctrl+J 组合键复制到新建图层，如图 10-49 所示。

（3）再用钢笔工具抠出戒指中多余的部分，按 Ctrl+Enter 组合键载入选区，如图 10-50

所示，按 Delete 键删除。

图 10-49　新建图层后的效果

图 10-50　载入选区后的效果

（4）把人物、飘带和戒指从原图副本上抠出来按顺序放到背景副本上，调整位置及大小，如图 10-51 所示。

图 10-51　调整后的效果

（5）用柔角橡皮擦工具在戒指上擦去一个缺口，如图 10-52 所示。

图 10-52　擦除后的效果

（6）用直排文字工具，如图 10-53 所示，插入广告语"等待改变，期待有你"，如图 10-54 所示。

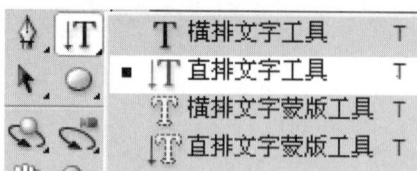

图 10-53　文字工具

图 10-54　插入文字效果

（7）按 Ctrl+Enter 组合键完成输入，如图 10-55 所示。

图 10-55　完成插入后效果

（8）在"图层"调板选中文字图层，右击，选择"栅格化文字"命令，再选择"选择"菜单中的"载入选区"命令，如图 10-56 所示。

图 10-56　载入选区后的效果

（9）选择一种渐变效果，用渐变工具在文字上拖动，如图 10-57 所示。

图 10-57　填充渐变效果

（10）按 Ctrl+D 组合键撤销选区，再用移动工具把文字放到合适的位置，如图 10-58 所示。

图 10-58　最终效果

习题与实训

1．利用适当的工具做出如图 10-59 所示效果。

操作提示：

（1）利用渐变、分层云彩、反相、对比色阶、色相饱和度等工具制作闪电。

（2）利用多边形套索工具或者磁性套索工具抠像，调整曲线和色阶，并利用径向模糊滤镜体现速度感。

(3) 利用自定义形状工具、路径转换选区、渐变、描边制作闪电图标。
(4) 利用动作制作栅栏效果，并设置混合选项、阴影和描边。
(5) 利用文字工具输入不同字体的文字，并对齐。
(6) 整体效果。

图 10-59　闪电汽车

2．利用适当的工具做出如图 10-60 所示效果，并将制作好的文件保存为 2.psd 和 2.jpg。要求制作尺寸为：14cm×13.5cm，分辨率为：300 像素。

图 10-60　高山流水

2. 请为"ITAT 教育工程"设计一套 VI，设计项目有基础部分和应用部分两大内容。请将制作好的文件保存为对应的文件名，如 logo.psd 和 logo.jpg 以及"工作证.psd"和"工作证.jpg"等。

制作要求：

（1）基础部分设计：Logo、标准字体、标准色、标志和标准字的组合。（Logo 还需写出设计理念）

（2）应用部分设计：工作证、名片、信纸、信封、手提袋、职工服装。

（3）设计要求：设计要体现出"ITAT 教育工程"主题思想；构图完整，色彩协调，卷面清晰整洁；画面内容健康、积极向上、活泼却不失稳重。

参考文献

[1] 孟庆伟．计算机组装与维护．北京：中国铁道出版社，2009．
[2] 李立新．中文版 Photoshop CS4 图像处理实用教程．北京：清华大学出版社，2010．
[3] 达达视觉编著．Photoshop CS4 完美创意设计．北京：科学出版社，2009．
[4] 得心应手学 Photoshop CS3．北京：电子工业出版社，2008．
[5] 赵玲，黄娟．Photoshop CS2 图像处理与实例教程．北京：冶金工业出版社，2006．
[6] 刘显丽．图形图像处理教程．北京：北京理工大学出版社，2007．
[7] 姚琳．网页设计与制作三合一（CS3）．北京：中国铁道出版社，2008．
[8] 洪光，赵倬．Photoshop CS4 实用案例教程（第三版）．大连：大连理工大学出版社，2009．
[9] 卢宇清，潘玫玫．Photoshop CS2 平面设计实用教程．北京：清华大学出版社，2008．
[10] 彭德林，明丽宏．Photoshop CS3 中文版技能教程．北京：中国水利水电出版社，2008．

参考网站

[1] 新客网．http://www.xker.com．
[2] 查皮博客．http://chapi.blogbus.com/tag/PS/．
[3] http://www.ooopic.com/tuku/4096/．
[4] http://publish.it168.com/．
[5] http://www.sina.com.cn．
[6] http://xy.zhubajie.com/html/2009/03-11/194018.html．
[7] http://www.pconline.com.cn/pcedu/sj/pm/photoshop/sm/0509/703508.html．